McGreal/Jocham

Der professionelle Product Owner

Die Originalausgabe erschien 2018 unter dem Titel „The Professional Product Owner" bei Addison-Wesley, einem Imprint von Pearson.

ISBN Print: 978 3 8006 6081 0
ISBN E-Book: 978 3 8006 6082 7

Satz: Fotosatz Buck
Zweikirchener Str. 7, 84036 Kumhausen
Druck und Bindung: Beltz Grafische Betriebe GmbH
Am Fliegerhorst 8, 99947 Bad Langensalza
Umschlaggestaltung: Ralph Zimmermann – Bureau Parapluie
Bildnachweis: © Malchev / © Maxutov – depositphotos.com

Gedruckt auf säurefreiem, alterungsbeständigem Papier
(hergestellt aus chlorfrei gebleichtem Zellstoff

Der professionelle Product Owner

Erfolgreiches Scrum Product Ownership: Wie der Wert eines Produkts über den gesamten Lebenszyklus maximiert wird

von

Don McGreal

und

Ralph Jocham

Übersetzt aus dem Amerikanischen von
Luitgard Köster

Verlag Franz Vahlen GmbH

Für meine unglaublich geduldige, unterstützende und großartige Ehefrau Marita und für meine kleinen M&Ms, Meagan und Molly, dafür, dass sie mir eine stetige Quelle für Lachen, Liebe und Inspiration sind.

– Don

Für meine Familie – danke für euer Verständnis und eure andauernde Unterstützung. Das alles, die Reisen, die stundenlange Arbeit, wäre ohne euch nicht möglich gewesen. Natascha, du bist die Beste und ich liebe dich. Noémie und Anaïs, danke, dass ihr mich immer auf den Boden der Tatsachen zurückholt. Ich könnte mir keine besseren Töchter wünschen.

– Ralph

Vorwort

Es gibt vielleicht etwas, das Sie umsetzen, eine Vision, die Sie verwirklichen möchten (eine neue Möglichkeit für Menschen, sich zwischen zwei Orten zu bewegen), ein Produkt, das Sie gerne entwickeln (eine Wasserrutsche an einem See oder einen Quantencomputer) oder etwas, das Sie verbessern möchten (schnelleren, effektiveren und freundlicheren Kundenservice). Sie sind die Person, die die Autorität und die Ressourcen besitzt, um das zu bekommen, was Sie möchten, aber Sie halten dies für äußerst schwierig.

Ihre Fähigkeit ist, sich vorzustellen, was Sie möchten, aber nicht unbedingt, dies auch zu konstruieren (selbst wenn Sie es könnten, haben Sie nicht die Zeit dafür). Sie müssen nur jemandem sagen, was Sie möchten, denjenigen entsprechend ausstatten und finanzieren, und das Ergebnis wird großartig sein (oder zumindest zufriedenstellend).

Wir gehen in der Regel davon aus, dass uns andere Menschen verstehen, wenn wir mit ihnen kommunizieren. Das ist allerdings nicht immer der Fall. Vielleicht sprechen Sie undeutlich oder unverständlich oder die Menschen, mit denen Sie kommunizieren, sind Dummköpfe.

Wir gehen immer ganz selbstverständlich davon aus, dass wir wissen, was wir meinen, auch wenn wir es nicht gründlich oder vollständig durchdacht haben. Wir sind vielleicht etwas voreilig, aber wer hat schon die Zeit zu warten?

Dieses Buch stellt Methoden vor, mit deren Hilfe wir unsere Wünsche überzeugend, zusammenhängend und ohne großes Getue kommunizieren können. Wenn wir das nicht tun, können wir unsere Verbündeten verprellen, unser Kapital verschwenden und irreparablen Schaden verursachen. Ich kenne das.

Der große Vorteil von Scrum besteht darin, dass Sie die Möglichkeit haben, häufig zu überprüfen, wie deutlich Sie kommunizieren und wie gut dies andere erfassen.

Das ist sehr wichtig, besonders zu Beginn eines Projekts, wenn wir noch dabei sind zu lernen, wie wir die möglichen Ergebnisse kommunizieren. Wenn wir unsere Kommunikation verbessern, wird sie präziser. Wir lernen ohne großen Aufwand, das Unbekannte zu bestimmen und es in Klarheit zu verwandeln. So erhalten wir die erwünschten Ergebnisse.

Wenn Sie Scrum nutzen, um die Kommunikation und die Ergebnisse zu verbessern, sind Sie die Person, die etwas möchte. Diese Rolle nennt sich Product Owner. Don McGreal und Ralph Jocham haben dieses Buch geschrieben, um Ihnen zu helfen, Scrum für diesen Zweck zu nutzen. Die beiden sollten sich auskennen, denn sie haben es bereits erprobt.

– Ken Schwaber

Inhaltsverzeichnis

Einführung

Dieses Buch beschreibt, wie man künstliche Produkte, vorrangig aus dem Bereich Software, effektiv managt. Es könnte aber genauso gut andere künstliche Produkte betreffen, wie Stromnetze, Atomkraftwerke, Apfelplantagen, Nanoroboter, selbst Systeme zur Regenentwässerung. Alles, was sich Menschen vorstellen, erschaffen, erhalten und schließlich ausmustern oder ersetzen, befindet sich innerhalb unseres Aufgabenbereichs.

Wir behandeln vor allem komplexe Produkte, von deren Kontext mehr unbekannt als bekannt ist. Der Gestalter des Produkts – sein Product Owner – erfasst Ideen und konzipiert etwas, das andere vielleicht wertvoll oder nützlich finden.

Nehmen Sie beispielsweise die erste Version von iOS, die für das iPhone entwickelt worden ist. Als dieses Produkt konzipiert und erschaffen wurde, war mehr unbekannt als bekannt. Es konnte erfolgreich sein oder scheitern. Der Product Owner stellte die Vision einer kleinen Gruppe vor, die Kenntnisse über die notwendige Technologie, den Markt und die Produkte hatte. Diese Gruppe nutzte Empirie und kleine, sich selbst organisierende Teams, um das Entstehen und die Entwicklung von iOS zu managen, das Risiko zu kontrollieren und einen Wert zu schaffen.

Manchmal ist eine Idee noch nicht bereit für die breite Anwendung. Die Technologie entspricht vielleicht noch nicht der Vision oder die Menschen sind noch nicht entsprechend ausgebildet.

Das Risiko wird jedoch durch kurze Experimentierzyklen kontrolliert.

Dieser Prozess nennt sich Scrum[1]. Es ist ein Framework, um komplexe Produkte zu erschaffen und danach weiterzuentwickeln. Scrum identifiziert den Product Owner als die Person, die das Produkt von der Vision bis zur Gestaltung zum Leben erweckt und die verantwortlich bleibt für die Lebensfähigkeit des Produkts, während es sich über seinen Lebenszyklus hin entwickelt. Ein Product Owner ist die Person, die zu jeder Zeit für das Produkt verantwortlich ist.

Ein Produkt bewirkt etwas, führt Funktionen aus, verändert etwas oder liefert Ergebnisse. Der Lebenszyklus eines Produkts umfasst die folgenden Stationen:

- **Erschaffung:** Man stellt sich ein Produkt vor und Teile davon entstehen, sodass es einige der Fähigkeiten besitzt und einige der Funktionen durchführen kann, für die es gedacht ist.
- **Emergenz:** Wenn das Produkt genutzt wird und die Zeit verstreicht, tauchen neue Fähigkeiten und Funktionen auf. Diese können dafür entwickelt worden sein oder aufgrund von Schnittstellen zu anderen Produkten hinzugefügt werden.
- **Reife:** Das Produkt erreicht seine Reife, wenn es vollständig funktioniert, wie man es sich vorgestellt und es weiterentwickelt hat und wie es von Marktkräften, neuen Technologien und den Fähigkeiten seiner Product Owner geformt worden ist.

[1] *Scrum Guides*, Scrum.org, shttp://scrumguides.org, abgerufen am 4. März 2018.

- **Alterungsprozess:** Wenn das Produkt den Zenit überschritten hat, wird es immer noch genutzt, aber durch neuere, leichtere und attraktivere Produkte in den Schatten gestellt, die mehr oder weniger Fähigkeiten haben, teurer oder billiger sind, aber vom Markt bevorzugt werden und nützlicher sind.

Ein Produkt kann ein Computer oder eine Software sein, ein Sicherheitssystem, eine Kamera, ein Auto, ein Workflow-System, eine Just-in-Time-Inventarisierungssoftware, eine Rakete oder ein Unternehmensbereich, der eines oder mehrere der oben genannten Produkte nutzt und der eine Rolle für ein Unternehmen spielt.

Beispiele für bekannte Produkte und ihre Product Owner sind:

- selbstlandende Raketen – *Elon Musk*
- Elektroautos – *Elon Musk*
- iPhones – *Steve Jobs*
- Polaroid-Kameras – *Edwin Land*
- T-Modell-Auto – *Henry Ford*
- Scrum – *Ken Schwaber und Jeff Sutherland*

Diese Product Owner waren Visionäre, Menschen, die sich verschiedene Wege vorstellten, Dinge zu tun, sich Produkte dafür ausdachten und sie dann entstehen ließen. Damit man sich an diese Produkte erinnerte, mussten ihre Product Owner sie zur Marktreife bringen, wo sie sich als nützlich für Menschen und Unternehmen erwiesen.

Scrum hilft Product Owner während der visionären Phase, indem es die Anforderungen an sie vereinfacht. Product Owner, die sich begeistern können, sich etwas vorstellen und das Produkt entstehen lassen können, sind manchmal weniger fähig, das Produkt während des Reifeprozesses zu managen und zu verwalten. Dazu benötigt man eine Person, die eher traditionelle Kenntnisse besitzt, wie über Herstellung, Inventarisierung, Marketing, Verkauf, Support, Service und Rechnungstellung. Ein Product Owner, der beides kann, ist der professionelle Product Owner.

Die meisten von uns sind Product Owner gewohnt, die für Produkte in der Reifephase ihres Lebenszyklus verantwortlich sind. Sie arbeiten eng mit ihren Stakeholdern zusammen und sind durchdrungen von der Vision. Das macht sie erfolgreich. Product Owner, die auch die Geschäfte führen, auf Marktkräfte reagieren und dem Produkt helfen, sich anzupassen, wenn neue Technologien und Ideen auftauchen, sind noch wertvoller.

Der Alterungsprozess ist ein schwieriger Abschnitt im Lebenszyklus eines Produkts. Wir haben alle schon Produkte gesehen, von IBM, CDC, Xerox, Kodak, Motorola, Nokia, Blackberry, Wang, DEC und anderen Unternehmen, die an diesen Punkt gelangt sind. Bis diese Produkte dankbar zu Grabe getragen werden, stützen sie das Unternehmen, das sie durch den Reifeprozess geleitet hat. Jetzt benötigen sie lebenserhaltende Maßnahmen. Wenn sie erfolgreich durch den Reifeprozess getragen worden sind, haben sie vielleicht anderen Visionären eine Möglichkeit geboten, neue Produkte zu entwickeln, die die Organisation stärken können. Normalerweise ist das jedoch nicht der Fall.

Dieses Buch beschreibt, wie eine Person in der Rolle des Product Owner Scrum nutzen kann, um sich ein Produkt vorzustellen, es entstehen und reifen zu lassen. Während dessen Lebenszyklus wird das Produkt von Person zu Person weitergereicht. Unserer Ansicht nach muss es von einer verantwortlichen Person zur nächsten verantwortlichen Person weitergereicht werden. Diese eine Person, der Product Owner, ist für alles verantwortlich, was in Bezug auf dieses Produkt passiert, hinsichtlich seines Werts für das ausführende Unternehmen und für diejenigen, die es nutzen.

Der Product Owner sorgt auf verschiedene Art und Weise dafür, dass das Produkt lebt und wächst, sei es durch die Entwicklung, durch Partnerschaften oder Schnittstellen. Nur diese eine Person ist verantwortlich. Sie allein, kein Komitee und keine Gruppe, erfüllt diese Funktion.

In den Vereinigten Staaten gibt es ein großartiges Beispiel dafür, den Affordable Care Act (ACA) und die Website HealthCare.gov. Als es so weit war, dass ACA ins Leben gerufen werden sollte, klappte es nicht. Die Website reagierte nicht, Menschen konnten sich nicht registrieren, Daten wurden verfälscht. Wer war für dieses Desaster verantwortlich? Das konnte niemand so genau sagen.

Ein erfolgreiches Kind hat viele Eltern. Ein Misserfolg hat gar keine.
– frei nach Tacitus, Agricola, um 98

Schließlich übernahm die Gesundheitsministerin die Verantwortung, meinte damit aber nur, dass sie zur falschen Zeit am falschen Ort war – sie war nicht der Product Owner.

Wenn Sie ein Produkt haben, das an irgendeinem Punkt seines Lebenszyklus steht, und Sie Scrum nutzen möchten, um es für seine Anwender noch wertvoller zu machen, dann werden Sie sein Product Owner. Dieses Buch will Ihnen erklären, wie das funktioniert.

Das vorliegende Buch ist Teil einer professionellen Serie von Scrum.org. Die Serie gründet auf einheitlichen Werten, die die beteiligten Menschen verbinden, sodass sie einander vertrauen, Verschwendung minimieren und erfolgreich sein können.[2]

ÜBER DIESES BUCH

Dieses Buch geht davon aus, dass Sie bereits einige Vorkenntnisse über Scrum besitzen. Sollte das nicht der Fall sein, schlagen wir vor, dass Sie sich zuerst Teil II anschauen.

Wir beziehen uns im gesamten Buch auf den offiziellen *Scrum Guide* von Ken Schwaber und Jeff Sutherland (Erfinder von Scrum) und haben uns bemüht, dessen Sprache zu verwenden. Beispielsweise nutzen wir offizielle Scrum-Begriffe für Rollen, Artefakte und Events genauso, wie es der *Scrum Guide* tut.

Jedes Kapitel ist relativ unabhängig und jeweils in drei Teile unterteilt:

- **Teil I: Strategie** – In diesem Teil geht es nicht so viel um Scrum an sich, stattdessen richtet sich unser Fokus auf richtiges agiles Produktmanagement und die Maximierung des ROI eines Produkts. Wir stellen die drei Vs vor (Vision, Value, Validation – Vision, Wert, Validierung), mit denen man das erreichen kann.
- **Teil II: Scrum** – Dieser Teil beginnt damit, empirische Prozesssteuerung zu definieren und darzulegen, wie man mit Scrum Komplexität managt und einen kontinuierlichen Wert schafft. Mithilfe des *Scrum Guide* definieren wir jede Rolle, jedes Artefakt und jedes Event unter besonderer Beachtung der Rolle des Product Owner.
- **Teil III: Taktik** – Teil III bietet konkrete Praktiken und Werkzeuge für das Managen von Product Backlogs und Release-Plänen. Zum Schluss untersuchen wir, was es bedeutet, ein professioneller Product Owner zu sein.

---

[2] Weitere Publikationen unter http://scrum.org.

Jedes Kapitel beginnt zur Einführung mit einem kurzen Quiz. Es lädt Sie ein, eigenständig über die Kernthemen nachzudenken. Wir überprüfen d e Ergebnisse des Quiz am Ende des Kapitels, um zu ermitteln, ob sich Ihr Denken überhaupt verändert hat – betrachten Sie dies also als testgetriebenes Lesen.

Im Verlauf des Buchs teilen wir persönliche Erlebnisse. Neben diesen kurzen Texten befinden sich unsere Gesichter, eines oder beide – so wie hier.

Wir haben viele Ideen und Praktiken in den Kurs Professional Scrum Product Owner von Scrum.org eingebracht, den wir beide lehren und pflegen. Wir glauben, dass dieses Buch ein perfekter Begleiter zu diesem Kurs ist, da es dieselben Informationen und noch vieles mehr enthält.

Wir hoffen aufrichtig, dass es Ihnen genauso viel Spaß macht, das Buch zu lesen, wie es uns Spaß macht, zu lehren, zu diskutieren, zu coachen und über diese Themen zu schreiben.

– Don und Ralph

Anmerkung des Verlags: Das Merkmal „Geschlecht“ (männlich, weiblich, trans*) wird in diesem Buch nicht herangezogen oder besonders hervorgehoben. Wenn wir von Kollegen, Scrum Mastern, Mitarbeitern, Führungskräften oder vom Product Owner sprechen, so soll keine Untergruppe ausgeschlossen und Gesamtpersönlichkeiten nicht auf ihr Geschlecht reduziert werden.

Danksagungen

Don und Ralph danken Scrum.org für die Unterstützung bei der Arbeit an diesem Buch, vor allem Ken Schwaber, David West, Kurt Bittner und Eric Naiburg.

Ein weiteres großes Dankeschön geht an alle, die sich die Zeit genommen haben, unser Buch nochmals durchzusehen, und uns wertvolles Feedback gegeben haben, vor allem Ken Howard, Lois Wortley und Hiren Doshi.

Don bedankt sich bei Improving für die Unterstützung und Ermutigung, dieses Buch zu schreiben. Es ist ein großartiges Beispiel dafür, wie die Kraft des Vertrauens alles verändern kann. Improving ist nicht nur ein Unternehmen, es ist eine Familie.

Ralph und Don möchten Christian Botta von Visual Braindump ihren Dank für die fantastischen Zeichnungen, darunter auch unsere Köpfe, aussprechen. Das sind wirklich wir! ☺

Über die Autoren

Don McGreal ist Vice President von Learning Solutions bei Improving (improving.com) sowie praxisorientierter Agile Consultant und Ausbilder. Er ist spezialisiert auf Agile Coaching auf Unternehmens- und Produktmanagement-Ebene in größeren Unternehmen.

Don ist ein Scrum.org Professional Scrum Trainer, der Tausende Softwareprofis weltweit unterrichtet. Er ist Mitgründer von TastyCupcakes.org, einer umfassenden Sammlung von Spielen und Übungen, um agile Prinzipien schneller einzuführen.

Don ist ein irischer, Französisch sprechender Kanadier und lebt in Texas.

Ralph Jocham stammt aus Deutschland und hat die letzten 20 Jahre damit verbracht, in Frankreich, Großbritannien, den USA und jetzt in der Schweiz, Erfahrungen in professioneller Software- und Produktentwicklung zu sammeln. Im Jahr 2000 wurde er Agil-Evangelist und perfektionierte sein Konzept bei ThoughtWorks.

Ralph ist außerdem der erste Trainer von Scrum.org in Europa und hat Tausende Profis weltweit unterrichtet. Wenn er nicht damit beschäftigt ist, sein Unternehmen effective agile. (effectiveagile.com) zu führen oder verschiedenen Arten von Unternehmen in Europa zu helfen, lehrt er an Universitäten.

Ralph findet dennoch regelmäßig Zeit für seine Familie und kocht für sie internationale Küche. Außerdem unternimmt er gerne ausgedehnte Spaziergänge mit dem Familienhund.

Don und Ralph unterrichten weltweit für Scrum.org als Leiter des Kurses Professional Scrum Product Owner.

TEIL I
STRATEGIE

Kapitel 1
Agiles Produktmanagement

> *„Wir haben nichts falsch gemacht, aber irgendwie haben wir verloren."*
>
> – Nokia-CEO Stephen Elop

QUIZ

Zur Einführung in dieses Kapitel überlegen Sie, ob Sie den folgenden Aussagen zustimmen oder nicht. Die Antworten finden Sie am Ende des Kapitels.

Aussage	Stimme zu	Stimme nicht zu
Zeitplan, Budget und Umfang eignen sich am besten, um den Erfolg eines Projekts zu messen.	☐	☐
Produktmanagement ist eine wesentliche Methode für Product Owner.	☐	☐
Ein Product Owner sollte als Bindeglied zwischen der Unternehmensseite und der Technologie agieren.	☐	☐
Ein Product Owner begründet eine Vision für ein Produkt.	☐	☐
Scrum bietet alle nötigen Werkzeuge für erfolgreiches Produktmanagement.	☐	☐
Jede Entwicklung hat ein Produkt.	☐	☐

PRODUKT-MINDSET VS. PROJEKT-MINDSET

Ein *Projekt* beginnt mit einer Idee. Wenn die Idee vielversprechend klingt, kann ein Projekt initiiert werden, damit sie Wirklichkeit wird.

Wichtige Projekte erfordern Organisation und Verantwortlichkeit. Hier kommt der *Projektmanager* ins Spiel. Ein Projektmanager ist jemand, der weiß, wie man Aufgaben und Menschen managt, aber nicht notwendigerweise Kenntnisse über den Fachbereich besitzt oder eine Leidenschaft dafür hat.

Dieser Projektmanager sammelt genügend Informationen, um einen Plan zu entwickeln. Der Plan stellt detailliert den Umfang der Initiative entlang einiger Projekt-Meilensteine dar und schätzt, wie viel Zeit und Geld dafür benötigt werden. Dann bittet dieser Manager um Ressourcen (darunter auch Menschen), bildet ein Team um dieses Projekt und bindet jedes Mitglied an die Aufgabe, um ein erfolgreiches Ergebnis zu gewährleisten. Der Erfolg wird letztlich daran gemessen, wie nah der Projektmanager an seinem ursprünglichen Plan bleibt, was *Umfang, Zeit und Budget* betrifft.

Das erscheint ziemlich vernünftig – zumindest auf den ersten Blick.

Was aber ist mit Projekten, die in der Zeit bleiben, Budget und Umfang nicht überschreiten und trotzdem keinen Erfolg haben? Jahrelang war Nokia Marktführer in der Herstellung von Mobiltelefonen. Es lieferte Handy um Handy innerhalb strikter Zeitpläne. Sie wussten, wie man ein Projekt durchführt und jedes einzelne Projekt war wahrscheinlich auch erfolgreich. Was ist jedoch heute mit den Handys des Unternehmens? Spielt Nokia noch eine Rolle? Ja, als Abteilung von Microsoft. Interessant daran ist, dass Microsoft mehr für Skype gezahlt hat (8,6 Milliarden US-Dollar), einem Serviceunternehmen mit mehreren Hundert Mitarbeitern, als für Nokia (7,2 Milliarden US-Dollar), einem Unternehmen, das einmal eine breite Infrastruktur, Millionen von Hardwarevermögen und 100 000 Angestellte hatte.

Wenn Sie oder Ihr Unternehmen also eher projektbezogen denken und weniger im Hinblick auf Produkte und deren Wert, dann kann sich das Blatt schnell wenden.

Interessanterweise bedeutet das Wort „Projekt", etwas zu tun, bevor (Pro-) man agiert (-jekt). Projektmanagement als solches wurde in den 1950er-Jahren etabliert, als neue Techniken im Maschinenbau und der Rüstungsindustrie eingeführt wurden. Das erweiterte die Definition von „Projekt", da sowohl die Planung als auch die Durchführung einbezogen wurden. Heute haben sich Hunderte von Techniken auch in vielen anderen Branchen etabliert.

Machen Sie sich keine Sorgen. Dies ist kein Buch über Projektmanagement. Ein Verständnis des aktuellen Stands im Projektmanagement sollte jedoch den Kontext aufzeigen, warum wir es geschrieben haben.

Dieses *Projekt-Mindset* (siehe Abbildung 1-1) definiert Erfolg von „innen heraus" und nutzt interne Maßnahmen, die mehr mit Aufgabenmanagement zu tun haben und damit, wie genau der ursprüngliche Plan verfolgt worden ist.

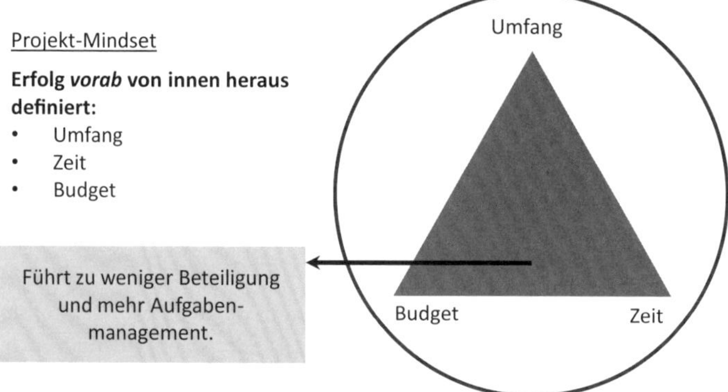

Abbildung 1-1 Visuelle Darstellung eines Projekt-Mindsets

Was ist die Alternative?

Was schätzen Ihre Kunden? Projekte oder Produkte? Das Ziel ist nicht, Projekte zu liefern, sondern Wert durch *Produkte* zu generieren, durch Produkte, die letztlich zu höheren Erträgen und niedrigeren Kosten für Ihr Unternehmen führen und die so großartig sind, dass Sie neue Kunden gewinnen und Ihre bestehenden Kunden Ihnen treu bleiben.

Also vergessen Sie Projekte. Behandeln Sie Ihre Idee und deren Business Case als Produkt. Übergeben Sie Ihre Produktidee einem fähigen Team und bieten Sie dessen Mitgliedern sinnvolle Geschäftsziele wie User-Abnahme, Umsatz und zufriedene Stakeholder. Schärfen Sie dem Team ein, dass der einzige Weg, Ziele wie diese zu beeinflussen, der ist, so schnell wie möglich etwas von Wert auszuliefern und Ihre Geschäftsannahmen zu validieren.

Jetzt hat das Team das richtige Mindset. Die nächste Frage sollte sein: „Was können wir zuerst ausliefern, das die größten Auswirkungen auf unsere Ziele hat?"

Plötzlich verbinden sich die Auslieferung und das Business und überbrücken ihre Kommunikationslücke.

Dieses *Produkt-Mindset* (siehe Abbildung 1-2) ist ein Ansatz „von außen", der externe Messungen nutzt, um die Entwicklung des Produkts aktiv anzuleiten und den Wert zu maximieren.

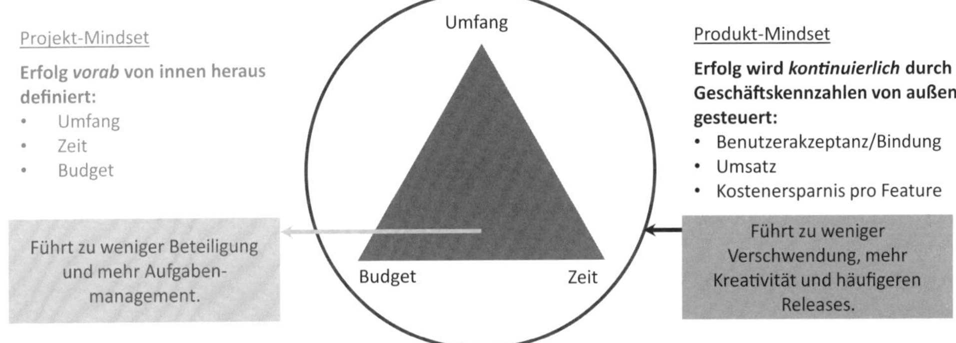

Abbildung 1-2 Produkt- versus Projekt-Mindset

Ein Produkt-Mindset

- unterstützt häufigere Releases, wodurch schnelleres Feedback vom Markt erzeugt wird;
- kommuniziert Ziele statt Aufgaben; Teams werden hinsichtlich ihrer Lösungen kreativer und fühlen sich eher für ihre Pläne zuständig;
- verhindert Verschwendung, da man weniger von Aufgabenverteilung, Reporting und Managemententscheidungen abhängt.

Im Gegensatz dazu führt ein Projekt-Mindset zu

- weniger Einbeziehung des Unternehmens;
- mehr Übergaben;
- mehr Aufgabenverwaltung und
- umfassenderem Personalmanagement.

Wenn es aber nun kein Produkt gibt?

Lesen Sie weiter! Im Verlauf des Kapitels zeigen wir Ihnen, dass Softwareentwicklung immer ein Produkt beinhaltet.

WAS IST PRODUKTMANAGEMENT?

Abbildung 1-3 zeigt die verschiedenen Planungsebenen innerhalb eines Unternehmens, das irgendwelche Produkte entwickelt. Der Kern eines jeden Scrum-basierten Ansatzes ist ein *Daily-Plan* innerhalb eines *Sprint-Plans* (Sprints und Sprint-Planung werden in Kapitel 5 „Empirie" und 6 „Scrum" beschrieben). Das Entwicklungsteam, das die Arbeit erledigt, ist für beide Pläne zuständig. Es ist verantwortlich dafür, einen Plan zu entwickeln, der das Sprint-Ziel am besten erreicht, und ihn jeden Tag zu überprüfen und anzupassen.

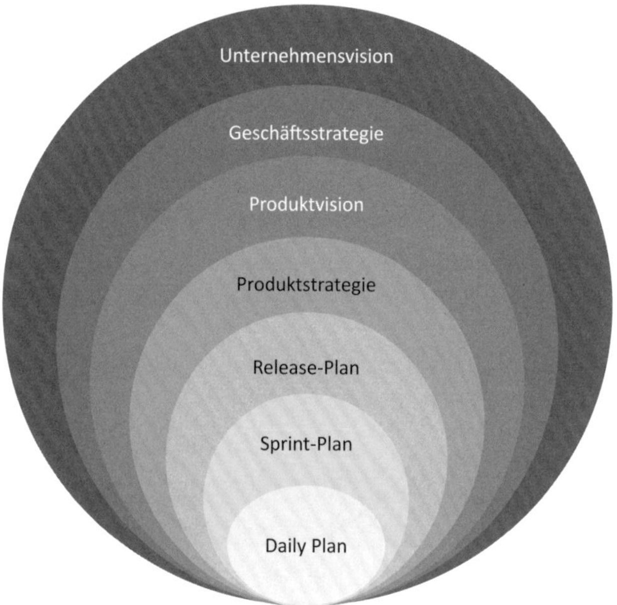

Abbildung 1-3 Die verschiedenen Planungsstufen

Die beiden äußeren Planungsebenen stellen die gesamte *Unternehmensvision* und die *Geschäftsstrategie* dar. Für beide ist normalerweise ein Team aus Führungskräften oder der CEO zuständig, der eine unternehmensweite Vision einführt, kommuniziert und eine entsprechende Gesamtstrategie unterstützt.

Zwischen den größeren Unternehmenszielen und der täglichen Arbeit des Entwicklungsteams besteht eine Lücke (siehe Abbildung 1-4).

Wir nennen dieses Phänomen das Produktmanagement-Vakuum. Es war ein wichtiges Motiv für uns, dieses Buch zu schreiben.

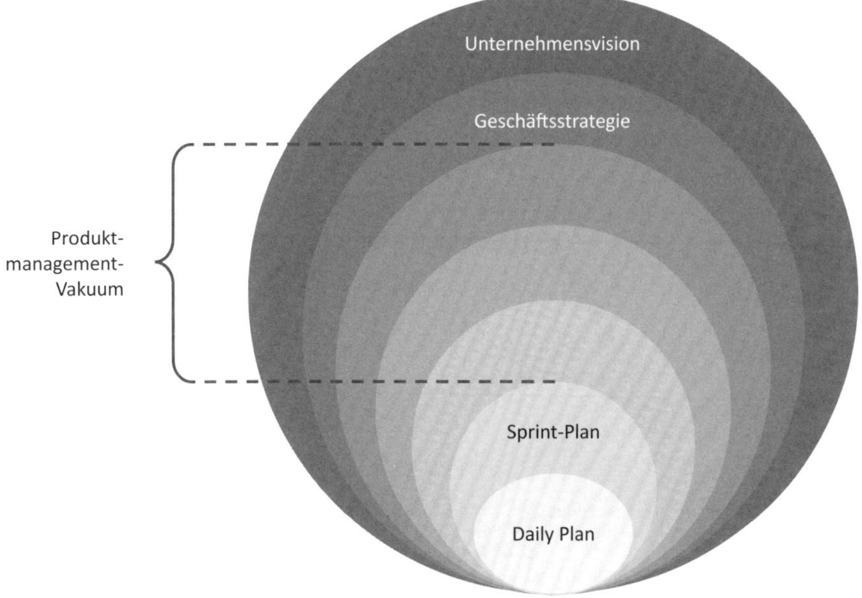

Abbildung 1-4 Das Produktmanagement-Vakuum

DAS PRODUKTMANAGEMENT-VAKUUM UND DIE DREI Vs

Das Wesen eines Vakuums ist sein natürliches Bedürfnis, gefüllt zu werden.

Wenn Sie nicht aufpassen, wird das Produktmanagement-Vakuum mit sinnloser Arbeit und ausuferndem Aufgabenmanagement gefüllt, oftmals geleitet von den Projektkennzahlen, wie wir bereits früher beschrieben haben. Alle diese Ebenen der Budgetierung, der Projektaufträge, der Übergaben und des Zerlegens von Aufgaben verbergen die wahre Absicht der Initiative. Sie laufen Gefahr, sehr beschäftigt, doch ohne klare Richtung zu sein.

Je größer das Vakuum,

- desto weniger sind die Technologiegruppen mit dem Geschäft verbunden;
- desto weniger engagiert sind die Menschen vor Ort;
- desto größer ist die Abhängigkeit von Projekt- und Aufgabenmanagement;
- desto mehr Hierarchien und Übergaben entstehen;
- desto größer ist die Komplexität;
- desto schwieriger wird es, den Kurs zu ändern, wenn sich das Geschäftsklima ändert;
- desto mehr „geschäftige Arbeit" entsteht;
- desto mehr Verschwendung und Nacharbeiten treten auf und
- desto weniger Wert wird den Kunden geliefert.

Echtes Produktmanagement hat das Ziel, Agilität im gesamten Unternehmen über alle Hierarchien hinweg zu verkörpern und dadurch das Produktmanagement-Vakuum zu füllen. Wenn man es richtig macht, entsteht ein echter Wettbewerbsvorteil.

Um dieses Vakuum richtig zu füllen, nutzen Sie die drei Vs, die in Abbildung 1-5 dargestellt sind. Abbildung 1-6 zeigt, wie die drei Vs das Vakuum füllen.

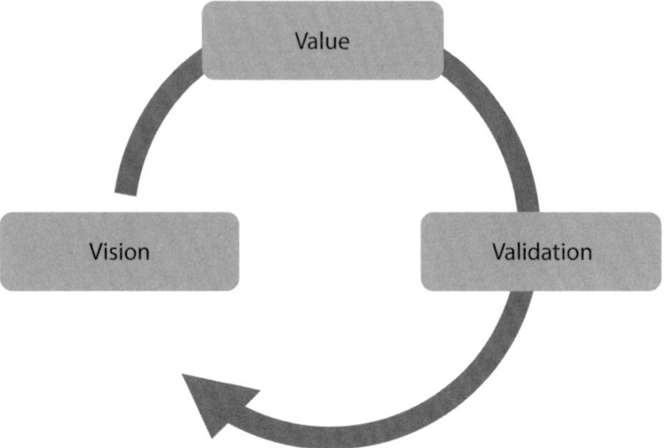

Abbildung 1-5 Die drei Vs

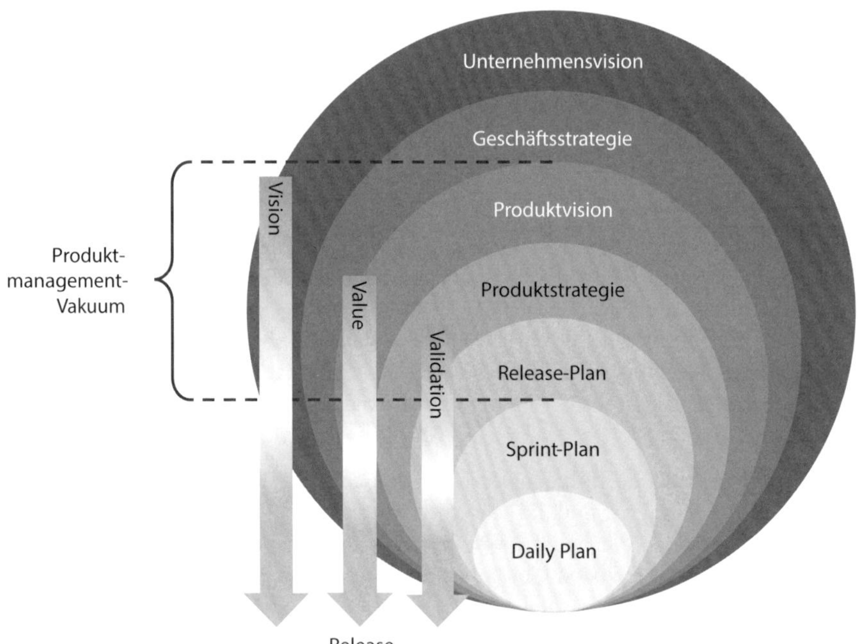

Abbildung 1-6 Wie Value, Vision und Validation das Produktmanagement-Vakuum ausfüllen

Schauen wir uns jedes V einmal an.

VISION

Eine Vision schafft *Transparenz.*

Der erfolgreiche Product Owner führt eine klare Produktvision im Team ein, genauso, wie ein Militärführer seinen Untergebenen eine klare Absicht übermittelt. Das ermöglicht es diesen, die Absichten auch ohne direkte Anweisungen auszuführen.

Aus dem Buch *Auftragstaktik: The Basis for Modern Military Command?* von Major Michael J. Gunther:

> „Die Verwendung von Auftragstaktiken erlaubt untergeordneten Befehlshabern ... zu interpretieren, wie man die Absicht des Kommandanten am besten erreicht, basierend auf ihrem Verständnis der taktischen Situation ... *Der Erfolg der Doktrin beruht darauf, dass der Befehlsempfänger die Absicht des Befehlsgebers versteht und danach handelt, um das Ziel zu erreichen, selbst wenn ihre Handlungen andere Anweisungen oder Befehle missachten, die sie bekommen haben.*"[1]

Selbstorganisation passiert nicht einfach so. Wie beim Militär sind deren Hauptbestandteile eine gemeinsame Vision und klare Grenzen.

Bei der Produktentwicklung liefert Scrum die Grenzen. Die Vision wird durch eine starke Führung sowie die Kommunikation des Produkt Owner zur Verfügung gestellt.

Die Produktvision verankert alles in dem Prozess. Sie schafft Transparenz, da sie die Basis für alle nachfolgenden Gespräche bildet, und führt zu einem gemeinsamen Verständnis dafür, warum dieses Produkt entwickelt wird und was die Kundenbedürfnisse sind. Nach Richard Hackman hängen 30 Prozent des Erfolgs eines Teams davon ab, wie das Produkt eingeführt worden ist.[2] Eine großartige und gut kommunizierte Vision ist für eine erfolgreiche Einführung wesentlich.

Sie müssen die Produktvision immer wieder kommunizieren, damit jeder an Bord bleibt. Vergessen Sie nie, dass diese Vision die Stimme des Kunden darstellt. Wenn Sie aufhören, auf Ihre Kunden zu hören, dann wird das Endprodukt weniger wertvoll sein oder die Kunden sogar verstimmen.

Ich erlebe zu oft, dass der Begriff „Ressourcen" für Menschen benutzt wird. Diese Ressourcen bekommen eine Reihe Anforderungen, die implementiert werden müssen und haben selten eine Vorstellung davon, warum das passiert. Ihnen fehlt der Kontext einer Vision, und darum haben sie kein Bewusstsein für die Situation. Sie erfüllen exakt, was spezifiziert worden ist, verfehlen aber oft das Ziel.

Die Verbindung zur Produktvision (oder sogar zu der des Unternehmens) hilft den Teammitgliedern, sich dem Ziel verpflichtet zu fühlen und vermittelt ihnen das Gefühl, Teil eines größeren Ganzen zu sein. Wie erzeugen Sie also eine klare Vision? Die Techniken dazu erforschen wir in Kapitel 2 „Vision".

---

1 Michael J. Gunther: *Auftragstaktik: The Basis for Modern Military Command?* (Fort Leavenworth, KS: School of Advanced Military Studies, U.S. Army Command and General Staff College, 2012), S. 3 (Hervorhebung hinzugefügt).

2 J. Richard Hackman: *Leading Teams: Setting the Stage for Great Performances* (Boston, MA: Harvard University Press, 2002).

VALUE

Einen Value (Wert) zu definieren, bedeutet, dass Sie etwas *überprüfen* können.

Stellen Sie sich die Vision als einen langen Faden vor. Der Wert sind die einzelnen Perlen, die Sie im Verlauf des Fortschritts aufziehen. Eine Vision bietet eine Grundlage und eine Richtung, aber ohne die aufgezogenen Perlen entsteht kein Wert. Der Job eines Scrum-Teams ist es, die Perlen (Wert) zu identifizieren und sie dann auf den Faden (Vision) aufzuziehen.

Die erste Perle könnte entweder eine große Geschäftsinitiative oder ein kleineres, besonderes Feature sein. Verfolgen Sie zuerst den wertvollsten Punkt und binden Sie ihn vollständig ein, bevor Sie zu dem nächsten kommen. Mit anderen Worten seien Sie immer bereit, einen Wert zu schaffen.

„Wenn Sie nur eine Sache haben könnten, was wäre das?“, ist häufig eine gute Eröffnungsfrage, um das Wertvollste zu identifizieren.

> *„Wenn alles wichtig ist, dann ist nichts wichtig.“*
> – Patrick Lencioni[3]

Sobald Sie eine Antwort haben, häufig erst nach hartnäckigem Bohren, versuchen Sie wirklich die Perspektive der anderen Person zu verstehen. Versuchen Sie das dahinterliegende *Warum* zu erfassen. Vielleicht stellen Sie sogar die Nützlichkeit des Produkts infrage. Wenn Sie es schließlich eingekreist haben und überzeugt sind, fahren Sie fort und definieren Sie, wie sich der Wert offenbaren wird. Würde ein Prozess weniger Klicks benötigen? Wie viele? Wird sich das User-Verhalten ändern? Wie? Wird eine Transaktion schneller sein? Wie viel schneller? Sie müssen mehr Führung bieten, als einfach zu sagen: „Lasst uns das machen!“ Wenn Sie nicht in der Lage sind, Erfolg zu quantifizieren oder die Realisierung eines Werts zu beweisen, dann besteht eher die Chance, dass Sie sich auf dem falschen Weg befinden. Vergessen Sie allerdings nicht, dass nur der Kunde den echten Beweis liefern kann. Bis dahin ist alles nur Spekulation.

Mir gefällt die Vorstellung, dass wir durch die Funktionalität, die wir entwickeln, die Welt tatsächlich verbessern. Wir erreichen vielleicht nicht den Weltfrieden, aber wir haben positive Auswirkungen auf jemandes Leben, selbst wenn es nur ein Klick weniger in einem Prozess ist.

Wie messen Sie also den Wert? Die entsprechenden Techniken untersuchen wir in Kapitel 3, „Value“.

VALIDATION

Validation (Validierung) führt zu *Anpassung*.

---

[3] *Silos, Politics, and Turf Wars: A Leadership Fable about Destroying the Barriers That Turn Colleagues into Competitors* (San Francisco: Jossey-Bass, 2002).

Die meisten Geschäftsannahmen sind schlichtweg falsch.[4] Auf dem Papier sehen sie gut aus, aber in der echten Welt bestehen sie nicht. Jede nützliche Idee muss so schnell wie möglich validiert werden. Bei Scrum ist eine Möglichkeit das Sprint Review. Das ist die Chance für alle Stakeholder, den derzeitigen Stand des Produkts zu überprüfen und Einblicke in die nächsten Schritte zu erhalten. Je dichter die Prüfer am tatsächlichen Kunden sind und je näher das Inkrement am Release ist, desto realistischer sind das Feedback und die nachfolgenden Anpassungen.

Selbst wenn die Sprint Reviews gut laufen und jeder zufrieden zu sein scheint, haben Sie immer noch keine echte Validierung, bis das Produkt oder Feature in der Produktion ist und genutzt wird. In Scrum bedeutet „done", dass das Produkt potenziell bereit für die Auslieferung ist. Um jedoch die endgültige Validierung zu bekommen und das gesamte Produktrisiko zu verringern, müssen Sie eine Feedbackschleife über den Markt einführen. Darum müssen Sie so häufig ausliefern, wie es das Unternehmen unterstützen kann.

Die zwei wichtigsten Feedbackschleifen in Scrum befinden sich auf der Prozessseite und der Produktseite:

- *Prozess*-Validierung – es geht darum, zu überprüfen und anzupassen, *wie* das Scrum-Team arbeitet.
- *Produkt*-Validierung – es geht darum, zu überprüfen und anzupassen, *was* das Scrum-Team entwickelt.

Validierung im Zusammenhang mit Produktmanagement und den drei Vs betrifft das Letztere: *Produkt-Validierung*. Kapitel 4 „Validation" beschreibt das noch eingehender.

PRODUKTMANAGEMENT UND SCRUM

Produkte zu entwickeln, erfordert, dass Sie sich eine Reihe von strategischen Aktivitäten überlegen. Beachten Sie die folgende Liste:

- Analyse der Branche und der Konkurrenz
- Maximierung des ROI
- Vorhersage und Beurteilung der Durchführbarkeit
- Entwickeln einer Produktstrategie
- Planen der Releases
- Identifizieren der Kunden und ihrer Bedürfnisse
- Erstellen einer Roadmap für das Produkt
- Prüfen der Ergebnisse
- Erzeugen ausgehender Meldungen
- Aufrechterhalten des Produkts
- Durchführen des Release
- Entwickeln des Business Case
- Identifizieren der Produktanforderungen
- Einführen des Produkts
- Entwickeln einer Strategie zur Kundenbindung

---

[4] Ronny Kohavi et al.: *Online Experimentation at Microsoft* (Think Week paper, Microsoft Corp., Seattle, WA, 2009).

- Definieren der Produkt-Features und Initiativen
- Zurückziehen des Produkts
- Marketing und Branding

Wie viele dieser Punkte fallen in den Bereich von Scrum? Vielleicht drei oder vier, aber nicht viele.

Die Welt des Produktmanagements ist viel größer als Scrum, wie in Abbildung 1-7 dargestellt. Das erklärt vielleicht, warum es in der Softwarebranche so ein großes Produktmanagement-Vakuum gibt.

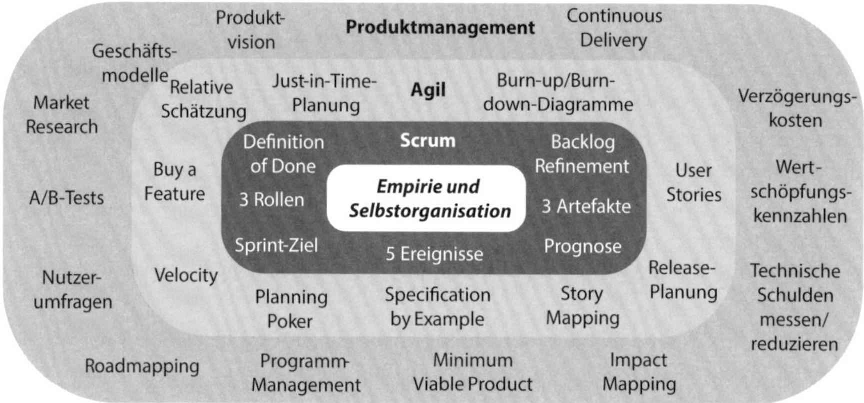

Abbildung 1-7 Scrum wird durch unzählige Praktiken erweitert (© 1993-2016 Scrum.org. Alle Rechte vorbehalten.)

Hier kommt der Product Owner ins Spiel. Product Owner ist eine der drei Scrum-Rollen. Obwohl die meisten Aktivitäten beim Produktmanagement kein Teil des Scrum Framework sind, wie in Abbildung 1-8 dargestellt, wird ein guter Product Owner sie nutzen, um das Produktmanagement-Vakuum zu füllen.

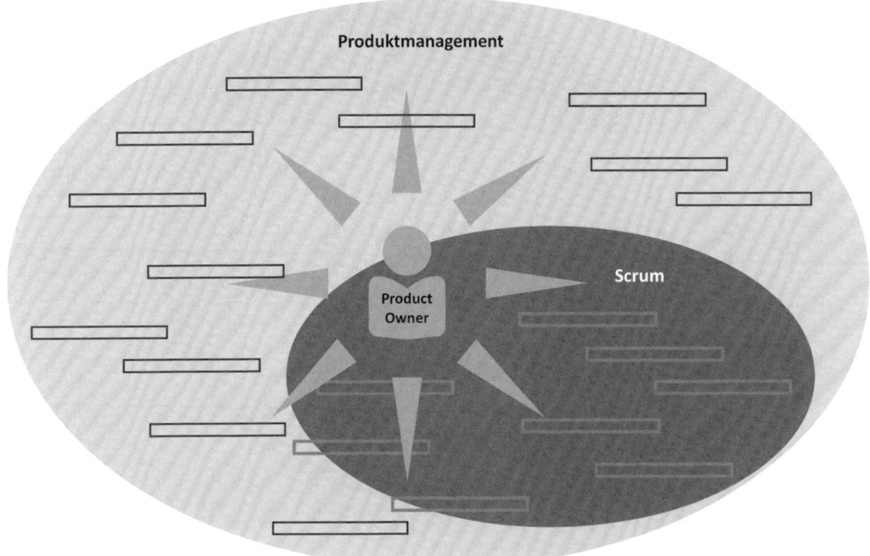

Abbildung 1-8 Product Ownership ist agiles Produktmanagement, das Scrum nutzt.

Mit anderen Worten, ein guter Product Owner ist ein agiler Produktmanager.

Wenn ich mit einem Unternehmen arbeite, um den idealen Kandidaten für die Rolle des Product Owner zu identifizieren, frage ich zuerst nach den übergeordneten strategischen Aktivitäten und wer sie durchführt. Wenn es im Unternehmen bereits einen Produktmanager dafür gibt, denke ich, dass das der ideale Kandidat für die Rolle des Product Owner ist. Wenn niemand diese Aktivitäten durchführt oder die Person nicht willens oder in der Lage ist, die Rolle des Product Owner zu übernehmen, dann insistiere ich, unseren Product Owner zu autorisieren, ***Ownership*** *für diese Aktivitäten zu übernehmen. Das ist eine Möglichkeit, die Rolle von der taktischen auf die strategische Ebene zu heben.*

Ein autorisierter und unternehmerischer Product Owner füllt das Produktmanagement-Vakuum aus, wie in Abbildung 1-9 dargestellt.

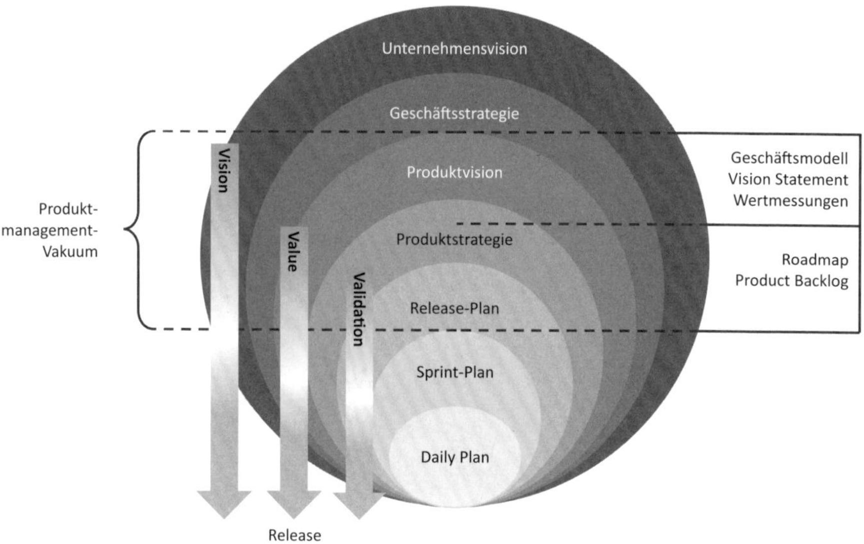

Abbildung 1-9 Der Product Owner und das Produktmanagement-Vakuum

DER PRODUCT OWNER

Wer sollte die Rolle des Product Owner übernehmen?

Im Verlauf des Buchs werden wir noch mehr Zeit auf bestimmte Aufgaben und Verantwortlichkeiten des Product Owner verwenden. Dieses Kapitel bleibt eher auf einem strategischen Level.

In Scrum brauchen Sie einen Product Owner. Das bedeutet jedoch offensichtlich mehr, als nur eine Rolle auszufüllen. Die Effektivität dieser Rolle und die gesamte Scrum-Implementierung hängen sehr vom Typ der Person in dieser Rolle ab (siehe Abbildung 1-10).

Ein **Scribe** ist wahrscheinlich jemand von der Technologieseite, der die Aufgabe hat, Anforderungen an das Entwicklungsteam festzuhalten. Diese Person wird oft als Assistent des Teams betrachtet und soll während der Meetings mit der Unternehmensseite alles mitschreiben. Er hat wenig oder gar keine Entscheidungsbefugnis, was ernste Auswirkungen auf seine Effektivität als Product Owner hat und Verspätungen verursacht.

Ein **Proxy** kommt wahrscheinlich auch eher von der Technologieseite, wird aber als Vertreter der Unternehmensseite betrachtet, vielleicht sogar als einer ihrer bestimmten Produktmanager. Häufig trägt er den Titel Business Analyst oder Systemanalytiker. Das Problem ist, dass ein Proxy einen unnötigen Umweg zwischen dem Entwicklungsteam und den echten Einflussnehmern darstellt.

Wie antwortet ein Proxy wahrscheinlich auf Fragen des Teams? „Da muss ich mal fragen.“ Das führt zu weiteren Verspätungen.

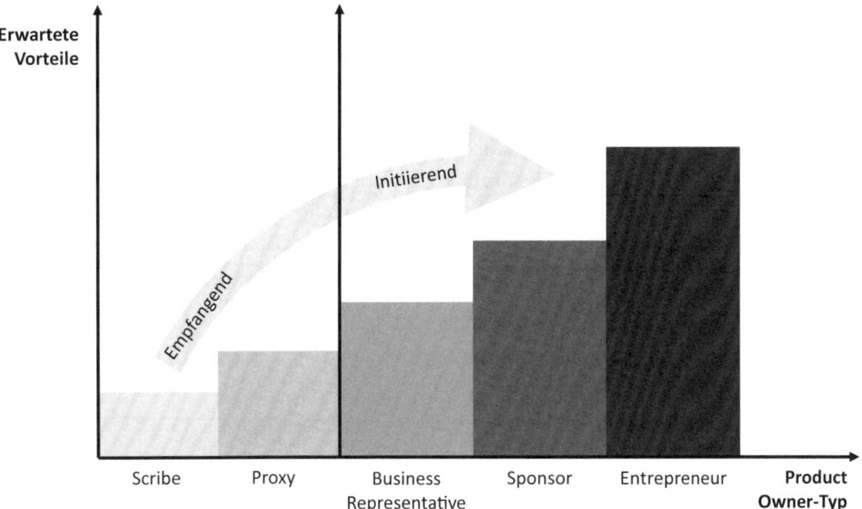

Abbildung 1-10 Erwartete Vorteile der Product Owner-Typen

Könnte der Proxy seine Rolle schützen und jede direkte Kommunikation zwischen dem Team und der Unternehmensseite ausschalten wollen? Sehr wahrscheinlich. Das beobachten Sie sicher ständig.

Scribe und Proxy befinden sich auf der empfangenden Seite dessen, was in das Produkt einfließt. Sie bekommen gesagt, was zu tun ist. Im besten Fall arbeiten sie Details aus.

Ein **Business Representative** ist eher jemand von der Unternehmensseite als aus dem Technologiebereich. Diese Rolle ist eine deutliche Verbesserung gegenüber der Proxy-Rolle, da sie eine Verpflichtung der Unternehmensseite gegenüber dem Produkt darstellt. Im Gegensatz zum Proxy Product Owner bietet diese Rolle mehr direkten Zugang zu Fachwissen und den Erwartungen der Stakeholder. Es kann jedoch immer noch Verzögerungen bei der Entscheidungsfindung geben, da der Business Representative häufig nur eine eingeschränkte Autonomie in Bezug auf das Produktmanagement besitzt.

Der Business **Sponsor** ist eine deutlich bessere Product-Owner-Rolle. Ein Sponsor ist jemand, der den ursprünglichen Business Case angeführt und das Budget akquiriert hat. Infolgedessen besitzt er das Vertrauen und das Mandat, finanzielle und produktbezogene Entscheidungen sofort zu treffen. Dadurch ergeben sich weniger Störungen, weniger Kontextwechsel und ein erheblich verbesserter Fluss. Das Entwicklungsteam kann sich dann mehr fokussieren und Dinge schneller erledigen.

Der ultimative Product Owner ist ein **Entrepreneur.** Das ist jemand, der sein eigenes Geld für die Entwicklung des Produkts zur Verfügung stellt. Dadurch hat er die komplette Verantwortung für alle Entscheidungen des Produktmanagements, sowohl für die geschäftliche Seite als auch für die IT-Strategie. Obwohl das vielleicht für viele Organisationen keine realistische Situation ist, ist eine unternehmerische Denkweise jedoch etwas, dass Product Owner annehmen sollten. Sie sollten den ROI (Return on Investment) so betrachten, als ob ihr eigenes Geld auf dem Spiel stünde.

Der Business Representative, der Sponsor und der Entrepreneur befinden sich eher auf der anstoßenden Seite des Produkts. Aufgrund ihres tiefer gehenden Geschäftsverständnisses und ihrer wechselseitigen Kommunikation entwickeln sie eine stärkere Empathie für den Kunden. Dadurch können sie die richtigen Anforderungen initiieren, statt sie einfach nur zu empfangen.

Bedenken Sie, dass je näher ein Product Owner einem Sponsor ist, desto weiter wird er sich vielleicht vom Entwicklungsteam zurückziehen. Es wird daher umso wichtiger, Wege zu finden, um die Verbindung zur Produktvision aufrechtzuerhalten. Das ist es auch, was von einem unternehmerischen Product Owner erwartet wird.

Abbildung 1-11 zeigt eine Übersicht über die verschiedenen Rollentypen des Product Owner.

	Scribe	Proxy	Business Representative	Sponsor	Entrepreneur
Vision	Keine	Niedrig	Mittel	Hoch	Hoch
Entscheidungsfindung	Keine	Niedrig	Mittel	Hoch	Hoch
Fachkenntnisse	Niedrig	Niedrig	Hoch	Hoch	Hoch
Budget	Keins	Keins	Niedrig	Hoch	Hoch
Einbeziehung des Entwicklungsteams	Hoch	Hoch	Mittel	Niedrig	Hoch
Einbeziehung des Unternehmens	Niedrig	Mittel	Hoch	Hoch	Hoch
Verantwortung	Keine	Niedrig	Mittel	Hoch	Hoch

Abbildung 1-11 Übersicht über die Product Owner-Typen

Wenn ich mit Unternehmen spreche, ertappe ich mich oft dabei, diese fünf Rollentypen des Product Owner aufzuschreiben. Ich frage sie dann gerne, wo sie ihre Product Owner sehen. Es ist nicht überraschend, dass sie häufig näher an den Rollen des Scribe und des Proxy sind. Daraus ergibt sich oft eine Diskussion über praktischere Handlungen des Product Owner, um in dieser Liste aufzusteigen. Könnte ein Scribe damit anfangen, eher ein Business Representative zu sein? Könnte ein Proxy beginnen, mehr über die Unternehmensseite zu lernen? Könnte ein Business Representative mehr in Budgetierung und Strategie eingebunden werden? Wenn die Antwort auf eine dieser drei Fragen „nein" lautet, sollten wir uns fragen, ob die richtige Person die Rolle des Product Owner innehat.

DEFINITION EINES PRODUKTS

Was ist ein Produkt? Diese Frage scheint auf den ersten Blick einfach zu sein. Sie ist es aber nicht.

„Ein Produkt ist alles, was in einem Markt angeboten werden kann und vielleicht einen Wunsch oder Bedarf befriedigt."[5]

Unternehmen verkaufen viele Produkte, der Einzelhandel, Finanzprodukte, Flugzeugsitze, Autos.

Im Bereich der Softwareentwicklung stellen auch Sie Produkte her:

- Einige sind reine Waren, wie Textverarbeitung, Spiele, Betriebssysteme.
- Andere sind Kanäle zu anderen Produkten, wie Onlinehandel, Online-Reisebuchung, Onlinebanking-Apps, Suchmaschinen.

In diesem Buch beziehen wir uns im Allgemeinen auf Softwareprodukte. Viele der besprochenen Konzepte können jedoch auch in anderen Bereichen angewandt werden.

Einige Behauptungen zu Beginn:

1. Es gibt immer ein Produkt. Es ist vielleicht nicht immer offensichtlich, aber es ist da und muss identifiziert werden.
   UND
2. Jedes Produkt hat einen *Kunden*. Dieser ist ein:
   a. *Konsument:* jeder, für den Ihr Produkt einen Wert darstellt, egal ob er dafür bezahlt oder nicht;
   b. *Käufer:* jeder, der für Ihr Produkt bezahlt, egal ob er es nutzt oder nicht;
   c. *beides.*
   UND
3. Jedes Produkt hat einen *Hersteller*, der einen wichtigen Vorteil erlangt durch:
   a. Umsatzzuwächse
   b. Kostensenkung oder -vermeidung
   c. gesellschaftlichen Nutzen

Viel zu häufig werden kleinere Funktionsbereiche oder sogar kleinere technische Komponenten als Produkte betrachtet, obwohl es keinen eindeutigen Kunden oder das Versprechen eines Nutzens gibt.

In einer meiner Schulungen für Product Owner stellte sich ein Teilnehmer vor mit den Worten „Ich heiße … und ich bin der Product Owner für Tests." Normalerweise bin ich für meine Schlagfertigkeit bekannt, aber ich diesem Fall war ich sprachlos.

Ein anderes typisches Muster ist das Gesetz von Conway:

> „Organisationen, die Systeme entwerfen …, sind gezwungen, Designs zu erzeugen, die ein Abbild der Kommunikationsstrukturen dieser Organisationen sind."[6]

---

[5] Philip Kotler, Linden Brown, Stewart Adam, Suzan Burton, and Gary Armstrong: *Marketing*, 7. Auflage (Frenchs Forest, New South Wales: Pearson Education Australia/Prentice Hall, 2007).

[6] Melvin E. Conway: *How Do Committees Invent? Datamation* 14, Nr. 5 (1968): S. 28–31.

Das Ergebnis von Conway's Gesetz ist eine Reihe miteinander verbundener „Systeme“, die von verschiedenen Abteilungen (oder Hierarchien) innerhalb einer Organisation entwickelt werden, mit nur einem geringen Fokus auf das tatsächliche Produkt oder darauf, wer der Kunde eigentlich ist. Aus diesem Grund nennt Scrum diese Rolle Product Owner und nicht System, Feature oder Component Owner.

Der beste Ansatz ist, das Produkt aus der Perspektive des Kunden zu betrachten. Welche Kundenbedürfnisse sprechen Sie an? Was erwarten Kunden? Welche Verbesserungen des Produkts werden das Leben der Kunden erleichtern?

Wenn wir mit Unternehmen arbeiten, um ihre Produkte zu definieren, betonen wir, dass das letztlich eine Geschäftsentscheidung ist. Richten wir doch unsere Technologiegruppen auf die Produkte aus, die unser Unternehmen den Endkunden präsentieren möchte.

Unternehmen A geht zum Beispiel strategisch vor und präsentiert seinen Kunden eine ganze Reihe von Produkten, um deren Bedürfnisse zu befriedigen, während Unternehmen B sich entscheidet, seinen Kunden nur ein einziges größeres Produkt anzubieten. Beides sind gültige Optionen und keine sollte durch die technische Struktur der Softwareauslieferung eingeschränkt werden. Es muss eine strategische Geschäftsentscheidung bleiben und die Technologie sollte sich so reibungslos wie möglich anpassen.

So wird die Kluft zwischen Geschäft und Technologie überwunden.

Wenn Sie an Autos denken, was ist dann das Produkt? Der Motor, das Unterhaltungssystem, die Steuerung, die Klimaanlage, das Auto selbst? Was genau ist das Produkt?

Wie oben erwähnt, beginnen Sie mit dem Kunden. Wer ist der Konsument und wer ist der Käufer?

Wenn Sie ein Auto für sich selbst kaufen, dann sind Sie sowohl der Käufer als auch der Konsument. Wenn Sie als Eltern ein Auto für Ihr Kind kaufen, dann sind Sie der Käufer, aber Ihr Kind ist der Konsument.

Autohersteller müssen bei dem Produktdesign beides im Hinterkopf behalten. Autos brauchen Airbags und Sicherheitseinstufungen für die Eltern und knallige Farben und Multimediasysteme für die Kinder.

Sie können das Ganze aber auch von einem anderen Standpunkt aus betrachten: Der Autohersteller ist sowohl Käufer als auch Konsument für Komponenten innerhalb des Autos. Die Produkte sind Motoren, Unterhaltungssysteme, Airbags und dergleichen, die von Zulieferern oder sogar von internen Gruppen produziert werden.

Also, um Ihr Produkt zu kennen, müssen Sie den Konsumenten und den Käufer kennen, die Kunden Ihres Produkts.

Tabelle 1-1 veranschaulicht einige realistische Beispiele aus dem Softwarebereich. Schauen Sie, ob diese Behauptungen immer noch zutreffen.

Tabelle 1-1 Produktbeispiele

Hersteller	Beschreibung	Käufergruppe	Konsument	Gewinn des Herstellerns
Microsoft	Bürosoftware für den täglichen und temporären Gebrauch	Unternehmen Individuelle Nutzer	Unternehmen Individuelle Nutzer	Umsatz (Lizenzierung)
Technologie-Abteilung innerhalb einer Organisation	Ersetzen des alten Backend-Systems mit aktualisierter Webservice-API	Technologie-Abteilung	Individuelle Programmierer	Kosteneinsparungen (geringere Wartungskosten)
Wikipedia	Nonprofit-Enzyklopädie mit ehrenamtlich Beitragenden	Spender	Informationssucher	Sozialer Beitrag (freie Information)
Callcenter	Ein System für Kundendienstmitarbeitende zum Protokollieren von Anrufen	Callcenter	Kundenservicemitarbeiter im Callcenter	Kosteneinsparungen (kürzere Rufzeiten)
QA-Bereich	Automatisierte Tests für Entwicklungsteams erstellen	QA-Bereich	Interne Entwicklungsteams	Kosteneinsparungen (bessere Qualität)
Business-Analysten-Gruppe	Erstellen von Dokumenten zur Übergabe an die IT zur Implementierung	Kaufmännische Abteilung	IT-Entwicklungsabteilung	Umsatz (Löhne)
Amazon.com	Handelswebsite	Individuen	Individuen	Umsatz
Facebook	Social Media	Werber	Individuen	Umsatz (Werbeerlöse)

Nachdem Sie Ihr Produkt identifiziert haben, lautet die nächste Frage: „Ist es ein tragfähiges Produkt?"

Ein tragfähiges Produkt ist eines, bei dem der aufgezeigte Herstellervorteil verwirklicht wird. Das bedeutet, dass Sie Methoden brauchen, um den Vorteil ständig zu messen. Im

Kapitel 3 „Value" erklären wir mehr darüber, wie man das macht. Im Augenblick betrachten Sie es als wichtige Verantwortung des Product Owner, um den ROI zu maximieren.

Die vorangegangenen Beispiele der getrennten Gruppen für automatisierte Tests und für die Geschäftsanalyse ergeben selten einen tragfähigen ROI.

Zugegeben, Sie werden immer wieder Beispiele von Initiativen sehen, die gescheitert sind. Entwickelt die Gruppe für automatisierte Tests ein Produkt? Sicher. Ist jedoch der angegebene Vorteil einer besseren Qualität tragfähig? Werden die anderen Entwicklungsteams Testumgebungen annehmen, die sie nicht selbst entwickelt haben? Wer wird dieses Testsystem nach seiner Implementierung pflegen? Ein ROI entsteht selten, wenn diese Bemühungen nicht bei den Entwicklungsteams selbst stattfinden. Trotzdem ist es wichtig, die Kosten und die erkannten Vorteile zu verstehen und einen Feedbackmechanismus einzusetzen, um zu gewährleisten, dass das Produkt weiterhin lebensfähig ist.

Das wichtigste bei der Definition Ihres Produkts ist, so hoch hinaus wie möglich zu streben, ohne dabei Ihre Kernziele aus den Augen zu verlieren. Sie müssen den richtigen Wertbereich aus der Perspektive des Kunden finden. Was braucht der Kunde und was ist der Kunde bereit, dafür zu zahlen? Was bietet einen Wert?

Kommen wir zurück zum Autobeispiel. Würden Sie ein Lenkrad oder einen Sitz kaufen? Sie möchten wahrscheinlich ein verwendbares Produkt, in diesem Fall ein komplettes Auto. Dieses Produkt bietet Ihnen als Konsument einen Vorteil.

Wenn Sie Ihre Teams unterhalb der Wertbereiche anlegen, haben Sie zu viele Product Owner, mit all dem damit einhergehenden Mehraufwand an Koordination. Stellen Sie sich vor, Sie hätten für jede Autokomponente einen Product Owner mit keiner echten zentralen Vision für das gesamte Auto als einem Produkt (siehe Abbildung 1-12).

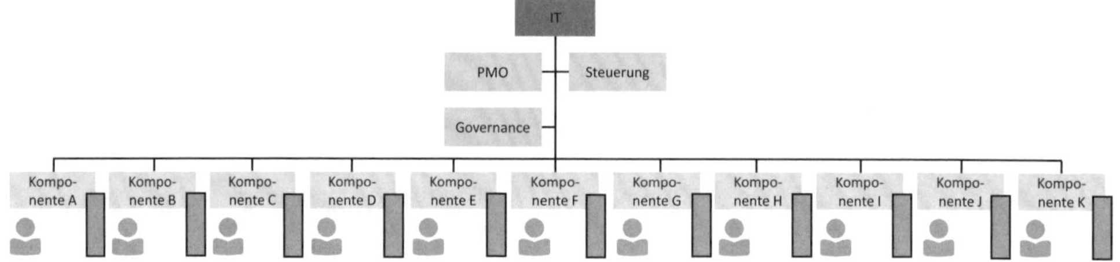

Abbildung 1-12 Ein Product Owner für jede Auto-Komponente

Wenn Sie jetzt also ein neues Feature oder einen umfangreichen Anstoß für einen Wertbereich hinzufügen, muss dieser für jede der betroffenen Komponenten in Arbeitseinheiten zerlegt werden. Daraus entsteht ein enormer Mehraufwand, mit vielen Abhängigkeiten, die gemanagt werden müssen, die wiederum zu Problemen in Bezug auf den Fachkräftemangel, Timing, Qualität und Integration führen. Um all diese Abhängigkeiten zu bewältigen, werden Sie wahrscheinlich einen „Feature" Owner finden müssen, der sich um die ganze Koordination kümmert und der für das Feature verantwortlich ist. Einige nennen diese Funktion einen Projektmanager (siehe Abbildung 1-13).

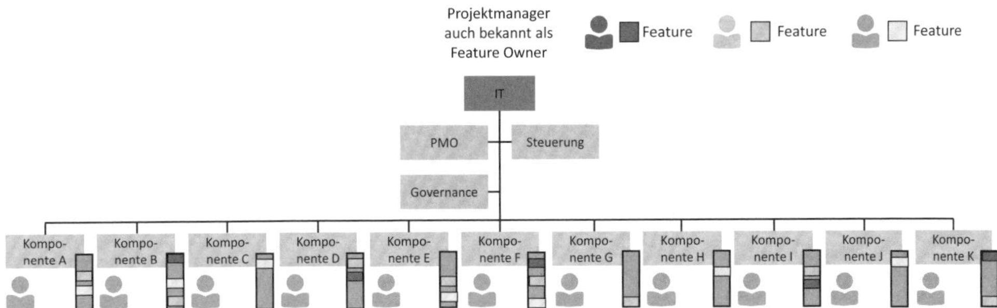

Abbildung 1-13 Projektmanager sind Feature Owner

Die genannten Probleme können folgende Auswirkungen haben:[7]

1. **Sequenzieller Lebenszyklus**
   Die Abhängigkeiten der verschiedenen Komponenten müssen aufeinander abgestimmt werden. Dafür benötigt man einen Plan, der auch die Übergaben berücksichtigt. Sobald Komponente B komplett ist, wird sie an Komponente F übergeben und so weiter.
2. **Unnötiges Management von Abhängigkeiten, Koordination und komplexes Management von Mehraufwand**
   In einem plangesteuerten Ansatz wird die gesamte Koordination der Abhängigkeiten den Managern überlassen, von denen viele keine Techniker sind. Wenn Sie stattdessen ein klares Ziel formulieren und die Details der Implementierung den Feature-Teams überlassen, entsteht eine Verpflichtung und Sie bekommen schneller eine lauffähige Funktion zur Prüfung.
3. **Arbeit an Features mit geringem Wert**
   Das Feature wird zusammengesetzt aus Funktionalitäten mit verschiedenen Wertigkeiten, von sehr niedrig bis sehr hoch. Da das gesamte Feature zerlegt und im Top-down-Stil gemanagt sowie innerhalb der Komponenten koordiniert wird, gibt es kein Feedback, um Funktionalitäten mit niedrigem oder hohem Wert zu identifizieren.
4. **Übergaben, Informationsstreuung und hoher Bestand**
   Einzelne Feature-Aktivitäten müssen abgeschlossen sein, bevor die nächste Aktivität starten kann. Kommunikation und Wissenstransfer bei diesen Übergaben geschieht durch Dokumente und Spezifikationen. All diese Zwischenaktivitäten führen zu hohen Beständen, Informationsstreuung und zu vielen Übergaben.
5. **Verlust des Fokus auf den Kunden und auf das Gesamtprodukt**
   Wenn die Arbeit nach Aktivitäten organisiert ist, die von all diesen Komponententeams erledigt werden müssen, wird der Kunde verständlicherweise zweitrangig. Es gibt genügend Abhängigkeiten, Herausforderungen und andere Hindernisse, die bewältigt werden müssen, sodass ein Kunde, besonders einer, der Feedback liefert, schnell zu einem Ärgernis wird.

[7] Cesário Ramos: *Scale Your Product NOT Your Scrum*, Scrum.org (Februar 2016).

6. **Undurchsichtiges Maß für den Fortschritt**
   Durch den sequenziellen Ansatz verlieren Sie Feedback, was wiederum bedeutet, dass Sie den Fortschritt hinsichtlich Ihres Plans messen, statt im Hinblick auf Ihre anvisierten Werte.

7. **Erfinden von Arbeit**
   Was tun Sie, wenn Ihrem Komponententeam die Arbeit ausgeht? Sie müssen seine Existenz rechtfertigen. Also versorgen Sie es mit „wichtigem Kram", der erledigt werden muss, damit Sie die Gehaltsabrechnung begründen können.

8. **Schlechte Qualität**
   Wenn Sie sich auf die Qualität jeder einzelnen Komponente fokussieren, verlieren Sie die endgültige Qualität des gesamten Features aus dem Blick. Diese punktuellen Optimierungen sind dafür bekannt, Probleme hinsichtlich des echten Ziels zu verursachen. Außerdem werden technische Probleme zwischen diesen Komponenten aus Zeitmangel häufig nicht bearbeitet. Denken Sie an den Plan, der verfolgt werden soll? Das führt langfristig zu Problemen bei der technischen Qualität.

Statt in Komponenten zu denken, müssen Sie in Bezug auf ein (größeres) Produkt denken. Das kann ein langer Weg sein. Ein Product Owner sollte in der Lage sein, für ein einziges Produkt eine ziemlich große Anzahl von Entwicklungsteams zu managen.

Denken Sie daran, der ideale Product Owner ist ein Entrepreneur – eine einzige Stimme für die Produktvision, unabhängig von deren Größe. Ein Unternehmen hat auch nur einen CEO, egal, ob es 100 oder 100.000 Angestellte hat.

Das nennt man die „Weihnachtsmann-Regel". Egal, wie beschäftigt der Weihnachtsmann ist, er holt sich keine weiteren Weihnachtsmänner. Wie kommt er also klar? Mit Elfen.

Wenn das Produkt an Umfang zunimmt, sollten Product Owner weniger in das tägliche Taktieren der Produktentwicklung involviert, sondern eher mit Strategie und Ausrichtung beschäftigt sein. Für die eher taktische Arbeit können sie Hilfe von Teams (Elfen), Stakeholdern oder Assistenten erhalten. Wie der Weihnachtsmann können Sie Verantwortung delegieren, aber Sie bleiben nach wie vor verantwortlich für ein erfolgreiches Weihnachten.

Wenn das nicht ausreicht, dann zerlegen Sie das Produkt in Wertbereiche auf der zutreffenden Abstraktionsebene (siehe Abbildung 1-14). Dazu müssen sie entsprechend funktionsübergreifende Feature-Teams unterhalb Ihres Produkts einrichten. Die daraus entstehende wechselseitige Kommunikationsstruktur ist im Wesentlichen der Vorstand, das Projektmanagement-Office (PMO) und die Governance in einem einzigen Gremium. So gehen Sie die zuvor erwähnten Probleme an.

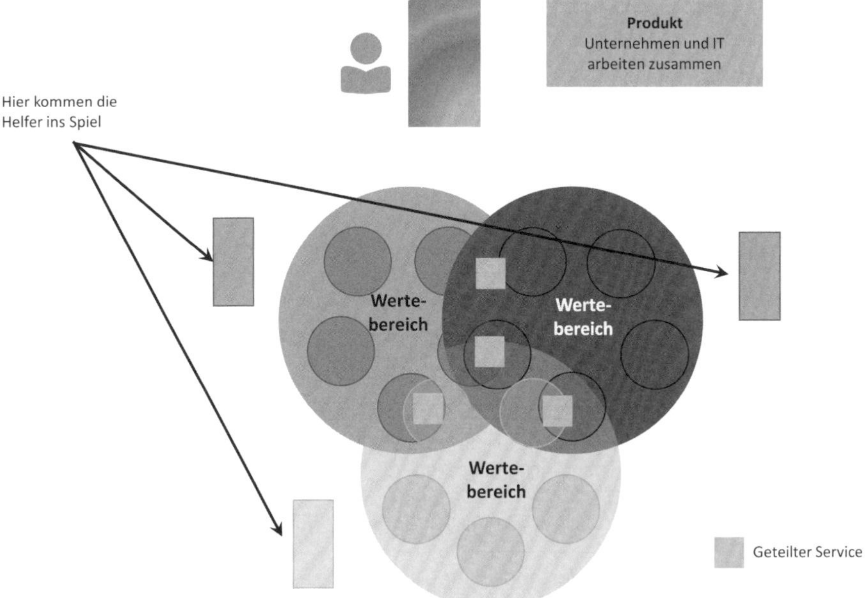

Abbildung 1-14 Unabhängige, auf den Kunden konzentrierte Wertebereiche, die gemeinsame Services teilen

Ich hatte einen Kunden, der verschiedene Product Owner für ein großes Projekt eingesetzt hatte. Die Lösung des Kunden war, jedem reihum zu erlauben, etwas von seiner Liste für den nächsten Sprint auszuwählen. Das erscheint auf den ersten Blick fair. Ist es jedoch die richtige strategische Lösung für ein Unternehmen? Arbeiten die Entwicklungsteams wirklich an den wertvollsten Features? Wer entscheidet letztlich, welche Features die besten sind, unabhängig davon, wie viele Meinungen es gibt? Diese Person ist der echte Product Owner.

Die gemeinsamen Dienste zwischen den Wertbereichen stehen auf technischer Ebene für das Management von Abhängigkeiten und für Integration. Mit der heutigen kontinuierlichen Integration, der Infrastruktur als Code und der Automatisierung von Tests wird dieser Bereich gut verstanden. Koordination auf einer technischen Ebene ist deutlich planbarer. Entweder haben Sie ein funktionierendes Produkt oder nicht.

QUIZ-ÜBERPRÜFUNG

Vergleichen Sie Ihre Antworten vom Beginn dieses Kapitels mit den folgenden. Nachdem Sie das Kapitel gelesen haben, würden Sie irgendeine Ihrer Antworten ändern? Stimmen Sie den folgenden Antworten zu?

Aussage	Stimme zu	Stimme nicht zu
Zeitplan, Budget und Umfang eignen sich am besten, um den Erfolg eines Projekts zu messen.	☐	☑
Produktmanagement ist eine wesentliche Methode für Product Owner.	☑	☐
Ein Product Owner sollte als Bindeglied zwischen Unternehmensseite und der Technologie agieren.	☐	☑
Ein Product Owner begründet eine Vision für ein Produkt.	☑	☐
Scrum bietet alle nötigen Werkzeuge für erfolgreiches Produktmanagement.	☐	☑
Jede Entwicklung hat ein Produkt.	☑	☐

Kapitel 2
Vision

„Was immer du tun kannst oder träumst, es zu können, fang damit an! Mut hat Genie, Kraft und Zauber in sich. Fang jetzt damit an!"

– Goethe

QUIZ

Zur Einführung in dieses Kapitel überlegen Sie, ob Sie den folgenden Aussagen zustimmen oder nicht. Die Antworten befinden sich am Ende des Kapitels.

Aussage	Stimme zu	Stimme nicht zu
Eine Produktvision wird im Laufe der Zeit entstehen.	☐	☐
Jedes Mitglied eines Scrum-Teams sollte ein klares Verständnis davon haben, wer die Kunden sind und wie das Produkt Umsatz generiert.	☐	☐
Die meisten großartigen Produkte entstehen zufällig.	☐	☐
Eine gute Vision sollte frei von Emotionen sein.	☐	☐
Agil bedeutet, anzufangen; das richtige Produkt wird sich schließlich ergeben.	☐	☐
Ein technisch denkender Product Owner ist von Vorteil.	☐	☐

Sehen wir uns zu Beginn dieses Kapitels einige Vision Statements fiktiver Unternehmen an.

- AnyThreeNow.com, ein globaler Versandhändler: „Jeder sollte jederzeit alles von jedem Ort aus kaufen können und es in weniger als einem Tag bekommen."
- ChauffR.me, ein weltweit operierendes Taxiunternehmen: „Wir bringen Sie sicher und zuverlässig an Ihr Ziel, so als wenn Ihre Eltern Sie fahren würden – Sicherheit, ohne dass Ihre Brieftasche gefordert ist."

Was macht eine Vision überzeugend? Wir übernehmen die Definition von Ari Weinzweig, Mitbegründer des Delikatessenhändlers Zingerman's:

> „Eine Vision ist die Vorstellung von einem Erfolg, den ein Projekt zu einem bestimmten zukünftigen Zeitpunkt haben wird. Eine Vision ist kein Unternehmensleitbild. Wir betrachten sie (die Vision) als Leitstern, als immerwährende Arbeit, der wir uns lebenslang verschrieben haben. Sie ist auch kein strategischer Plan, das heißt der Weg hin zu unserem Ziel. Eine Vision ist der eigentliche Bestimmungsort. Sie ist eine lebendige Beschreibung davon, wie für uns „Erfolg" aussieht und sich anfühlt, was wir erreichen können und wie die Wirkung auf unsere Mitarbeiter ist."[1]

Bei Zingerman's muss eine effektive Vision folgendermaßen beschaffen sein:

- **Inspirierend**
  Alle, die an der Implementierung mitwirken, sollten sich inspiriert fühlen.
- **Strategisch solide**
  Das bedeutet, dass Sie einen guten Wurf landen sollten, der die Vision umsetzt.
- **Dokumentiert**
  Damit Ihre Vision funktioniert, müssen Sie sie aufschreiben.
- **Kommuniziert**
  Sie müssen Ihre Vision nicht nur dokumentieren, sondern auch den Menschen davon erzählen.

Dieses Kapitel stellt einige Praktiken vor, die helfen, eine starke Vision zu entwickeln.

BUSINESS MODELING

Sie haben eine Produktidee, aber wo fangen Sie an?

Selbst wenn Sie schon ein Produkt haben, verstehen Sie und der Rest Ihrer Organisation Ihre Kunden, deren Bedürfnisse und Ihre Wertversprechen wirklich? Wissen Sie, wie Sie Geld verdienen werden? Wie sieht es mit den Kosten aus?

Genauso wie ein Unternehmen müssen Sie in das richtige Geschäftsmodell für Ihr Produkt investieren. Ein Geschäftsmodell erklärt, wie eine Organisation einen Wert schafft, liefert und abschöpft.[2] Das können Sie auch auf ein Produkt anwenden.

Es gibt viele Vorlagen und Tools, um Geschäftsmodelle zu entwickeln. Eines der beliebtesten, das alle Teilnehmer strukturiert einbindet, ist das Business Model Canvas[3], ein einziges Diagramm, das Ihr Geschäft beschreibt.

---

[1] Ari Weinzweig: *Why and How Visioning Works*, Zingerman's, https://www.zingtrain.com/content/why-and-how-visioning-works, abgerufen am 16. Februar 2018.

[2] Alexander Osterwalder et al.: *Business Model Generation* (Selbstverlag, 2010).

[3] *The Business Model Canvas*, Strategyzer, https://strategyzer.com/canvas/business-model-canvas, abgerufen am 17. Februar 2018.

BUSINESS MODEL CANVAS

Das Business Model Canvas ist in neun Bereiche unterteilt. Eine Gruppe von Stakeholdern bearbeitet jeden Bereich, während sie sich sowohl über bestehende als auch zukünftige Dinge Gedanken macht.

Ich mag es, wenn Menschen um ein großes Canvas oder ein Whiteboard herumstehen und auf Post-its Punkte hinzufügen, die sich leicht umorganisieren lassen. Für bestehende Dinge nehme ich eine separate Farbe, um unsere derzeitige Situation klar davon abzugrenzen, wohin wir wollen. Ein weiterer Tipp: Wenn man sich etwas Zeit nimmt, um die Themen in der Reihenfolge ihrer Bedeutung innerhalb jedes Bereichs zu ordnen, können auch einige interessante Diskussionen entstehen.

Das Business Model Canvas wird in Abbildung 2-1 dargestellt. Darunter werden die Bereiche in derselben Reihenfolge beschrieben, in der Sie sie mit Ihren Stakeholdern durcharbeiten sollten. Die ersten fünf sind mit Umsatz verbunden (Herstellervorteil). Die letzten vier gehen eher darum, Kosten zu identifizieren.

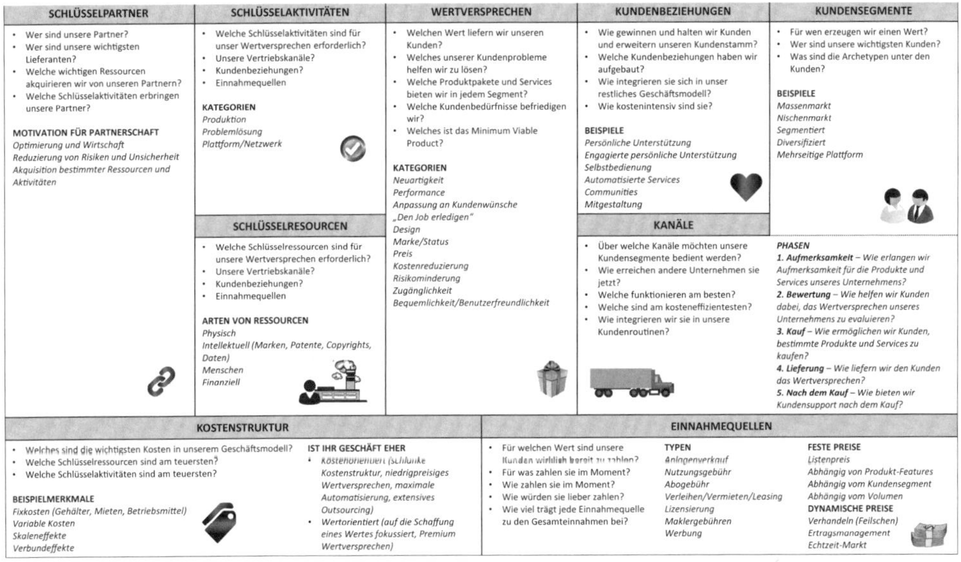

Abbildung 2-1 Business Model Canvas

1. **Kundensegmente**
   Beginnen Sie hier. Wem nützt Ihr Produkt? Einzelnen Usern, Gruppen, Personen oder relevanten Stakeholdern? Wer ist Ihr Käufer? Wer ist Ihr Konsument?
2. **Wertversprechen**
   Erst müssen Sie Ihre Kunden verstehen, dann ist es einfacher, die Wertversprechen für jeden einzelnen Kunden zu identifizieren. Was sind ihre Bedürfnisse und wie spricht Ihr Produkt sie an?

3. **Kanäle**
   Sie können die besten Wertversprechen der Welt haben, aber wenn niemand sie kennt, dann gibt es keinen Wert. Über Kanäle können Sie die Wertversprechen zu Ihren Kunden bringen. Durch Werbung? Mundpropaganda? Suchmaschinen? Schulungen? Bei Softwareprodukten ist es wichtig, diese Kanäle zu identifizieren, da sie zu Product Backlog Items führen können, die häufig vergessen werden.
4. **Kundenbeziehungen**
   Hier geht es darum, Ihre Kunden an sich zu binden und ihnen möglicherweise zusätzliche Wertangebote zu unterbreiten. Wie schaffen Sie es, dass sie wiederkommen und mehr wollen? Sollten Sie ein Loyalitätsprogramm einführen? Vielleicht einen Newsletter? Genau wie bei den Kanälen kann das Identifizieren solcher Beziehungen vielleicht oft vernachlässigte Product Backlog Items aufzeigen.
5. **Einnahmequellen**
   Wie erzeugen Ihre Wertversprechen Einnahmen? Wie viel sind Ihre Kunden bereit, dafür zu bezahlen? In Form von Lizenzen? Mitgliedsgebühren? Werbung? Nicht jedes Wertversprechen muss Umsätze generieren, aber jeder, der in die Schaffung des Produkts involviert ist, muss jedoch verstehen, wie es letztendlich Geld bringt.
6. **Schlüsselaktivitäten**
   Jetzt, da Sie alle Elemente identifiziert haben, mit denen Umsätze generiert werden, müssen Sie die Aktivitäten ermitteln, in die Sie investieren müssen. Was müssen Sie tun, damit diese Wertversprechen umgesetzt werden? Dazu gehören Due-Diligence-Prüfungen wie Marktforschung, rechtliche Durchführbarkeit und vielleicht sogar eine Patentierung.
7. **Schlüsselressourcen**
   Nachdem Sie bestimmt haben, was Sie tun müssen (Schlüsselaktivitäten), widmen Sie sich dem, was Sie benötigen. Dazu gehören Menschen mit den richtigen Kenntnissen, Ausstattung, Büros, Werkzeuge und vieles mehr.
8. **Schlüsselpartner**
   Um sich besser auf Ihre Kunden und Ihr Wertversprechen zu fokussieren, gibt es einige Dinge, die Sie einfach nicht selbst tun sollten, selbst wenn Sie es könnten und das nötige Geld hätten. Hier kommen Partnerschaften gelegen. Listen Sie sie hier auf. Denken Sie an Hardware-Anbieter, Anbieter von Dienstleistungen, Distributoren und ähnliche Partner.
9. **Kostenstruktur**
   Sie haben jetzt eine bessere Vorstellung von den Schlüsselaktivitäten, den Ressourcen und den Partnern. Nun sollte es Ihnen leichter fallen, die wichtigen erforderlichen Investitionen zu bestimmen, damit dieses Produkt Wirklichkeit wird. Nutzen Sie die Gelegenheit, um diese Kosten deutlich zu machen.

Außer dem Business Model Canvas könnten Sie auch noch andere ähnliche Tools in Betracht ziehen, wie Lean Canvas[4] (eine Variante des Business Model Canvas) oder das Value Proposition Canvas[5] (von Strategyzer, den Leuten von Business Model Canvas).

---

[4] Ash Maurya: *Why Lean Canvas vs Business Model Canvas?, Love the Problem* (Blog), 27. Februar 2012, https://leanstack.com/why-lean-canvas/.

[5] *The Value Proposition Canvas*, Strategyzer, https://strategyzer.com/canvas/value-proposition-canvas, abgerufen am 17. Februar 2018.

Denken Sie daran, dass es das Hauptziel dieser Tools ist, Ihren Problembereich zu erforschen und eine Diskussion unter den Stakeholdern auszulösen. Sie sollten nicht notwendigerweise erwarten, danach eine klare Vision zu haben. Ein gutes Geschäftsmodell kann Ihnen jedoch die erforderlichen Daten liefern, um diese Vision zu gestalten. Abbildung 2-2 zeigt beispielhaft ein Business Model Canvas von Uber.

Abbildung 2-2 Business Model Canvas für Uber

PRODUKTVISION

Visionen sind knifflig. Ihr Zweck ist es, eine Gruppe von Menschen um ein gemeinsames Ziel zu scharen. Es ist schwierig, das in einer knappen Form zu tun, und häufig endet man bei einigen Standardstatements, die nichts aussagen (siehe Abbildung 2-3).

> „Wir unterstützen kontinuierlich erstklassige Lösungen, genauso wie wir schnell ein prinzipientreues Ausgangsprodukt schaffen, um die Bedürfnisse unserer Kunden zu befriedigen."
>
> „Unsere Herausforderung besteht darin, wirtschaftlich solide Methoden des Empowerment durchzusetzen, sodass wie kontinuierlich leistungsbasierte Lösungen aushandeln können."

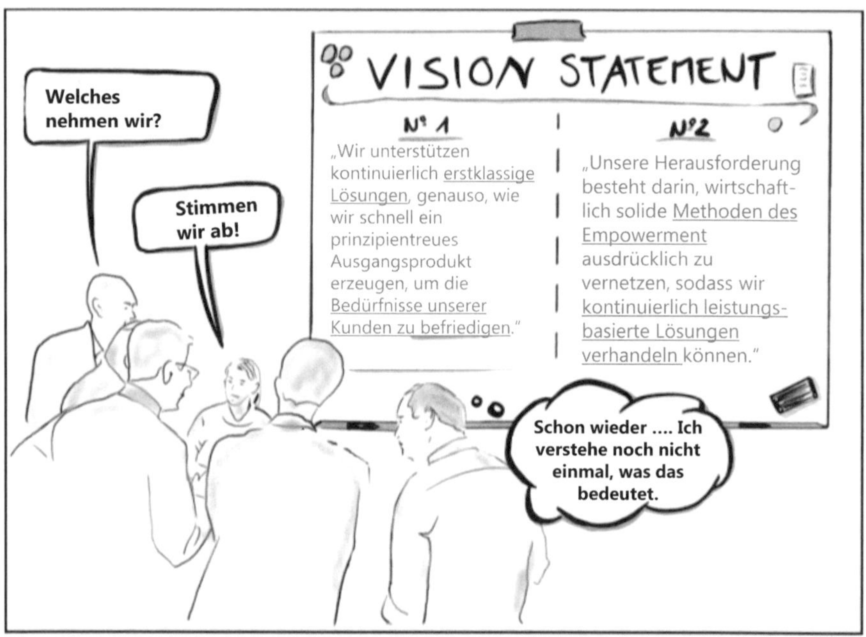

Abbildung 2-3 Vorlage für ein Produkt-Vision Statement

Standardaussagen wie diese werden häufig ignoriert. Eine gute Vision muss fokussiert, emotional, praxisorientiert und durchdringend sein.

FOKUSSIERT

Fokus bedeutet viel mehr, als Ihr Vision Statement knapp und präzise zu halten. Ihre Vision muss glasklar verdeutlichen, welches das anvisierte Kundensegment und was Ihr Top-Wertversprechen ist. Wenn Sie sich die Zeit nehmen, ein Geschäftsmodell zu entwickeln, ist das ein guter Ausgangspunkt, um eine Vision zu formen. Ihr Geschäftsmodell skizziert alle möglichen Kunden und die Wertversprechen für sie. Nun müssen Sie einige schwierige Entscheidungen treffen, welche die wichtigsten sind.

Das machen Sie mehr oder weniger genauso, wie Marketingabteilungen an die Werbung herangehen. Sie wissen, dass sie nicht alles für alle Menschen bieten können, da sie sonst aus dem Fokus verlieren, was sie für wen und wo bewerben sollen.

Verpackung

Nehmen wir beispielsweise eine bekannte Marke für Frühstücksflocken, Ceralios von United Good Cereal (UGC). Das Unternehmen hat viele Kundensegmente: kleine Kinder, Teenager, Studierende, Eltern, gesundheitsbewusste Menschen, ältere Menschen – alle sind gleichwertige Kunden und alle bezahlen für dieses Produkt. UGC kann jedoch nicht einfach Zeit und Energie damit verbringen, sein Produkt als alles für alle zu vermarkten.

Das Unternehmen muss sich entscheiden: In welchen Fernsehsendungen sollte es werben? Zu welcher Tageszeit? In welchen Supermarktregalen sollte sein Produkt zu finden sein?

Schauen Sie sich das Verpackungsdesign in Abbildung 2-4 genau an und beurteilen Sie, welches Kundensegment als Fokus ausgewählt wurde. Was ist das Top-Wertversprechen, das durch diese Gestaltung dargestellt wird?

Abbildung 2-4 Verpackung von Ceralios (Quelle: Don McGreal)

Die Verpackung ist einfach, mit gedeckten Farben, einem Fokus auf Vollkorn und einer herzförmigen Schüssel. Ist sie für Kinder? Nein. Sie wurde für Erwachsene gestaltet und unterstützt das Wertversprechen Herzgesundheit. Der Schachtel bleiben nur Sekunden, um die Aufmerksamkeit des Käufers auf sich zu ziehen, weg von Hunderten anderer konkurrierender Produkte ringsherum. UGC braucht nur diese eine Zielgruppe, die lange genug stehen bleibt, um die Schachtel zu nehmen, vielleicht herumzudrehen, um weitere Informationen zu bekommen und dann die Kaufentscheidung zu treffen.

Vergleichen Sie diese Verpackung mit der in Abbildung 2-5.

Abbildung 2-5 Crunchy Flakes-Verpackung (Quelle: Don McGreal)

Für welche Zielgruppe ist diese Verpackung gestaltet worden? Fröhlichere Farben, Comic-Anmutung, keine Betonung der Gesundheit – sie richtet sich offensichtlich an Kinder, das Wertversprechen dreht sich mehr um Spaß. Sind diese Flocken gesünder als das vorherige Produkt mit seinem Fokus auf Herzgesundheit? Nicht unbedingt. Tatsächlich ist der Inhalt ein Stück weit irrelevant. Crunchy Flakes hat eindeutig die Zielgruppe gewählt, die hoffentlich ihre Eltern im Laden auf die Schachtel aufmerksam machen wird.

Sie können denselben Ansatz wie UGC und viele andere Hersteller von Frühstücksflocken für Ihre Produkte wählen. Es ist tatsächlich keine schlechte Idee, wirklich eine Verpackung für Ihr Softwareprodukt zu gestalten, selbst wenn es nie in einer ausgeliefert wird. Eine beliebte Technik hierfür ist die Innovation Games Product Box.[6] Bei diesem Product-Box-Spiel geben Sie einer Gruppe Stakeholdern eine leere Verpackung und Material zur Gestaltung (farbige Marker, Sticker, Magazine etc.) und bitten sie, eine Verpackung für ihr Produkt zu gestalten.

Auf der Vorderseite muss Folgendes zu finden sein:

- Produktname
- Image

[6] *Collaboration Framework: Product Box*, Innovation Games, http://www.innovationgames.com/product-box/, abgerufen am 17. Februar 2018.

- offensichtlicher Zielkunde
- offensichtliches Wertversprechen für den Zielkunden

Auf der Rückseite und den Seitenflächen der Schachtel können die Spieler weitere Details über die Besonderheiten und etwaige Informationen, die für verschiedene Kunden wichtig sind, unterbringen. Auf der Vorderseite soll jedoch die Vision deutlich werden.

Eine wichtige Aktion am Ende dieses Spiels ist, dass jemand aufsteht und seine Box (und das Produkt) den Stakeholdern präsentiert. Der daraus resultierende Pitch und die Box erzeugen eine effektive Vision.

Abbildung 2-6 zeigt einige Beispiele aus Schulungen für Product Owner. Die linke Box propagiert den Austausch von Fotos für Gefangene und ihre Familien, die rechte bewirbt die Förderung von Schulen durch Crowdfunding.

Abbildung 2-6 Verpackungsbeispiele aus einer Schulung für professionelle Scrum Product Owner

Elevator Pitch

Ein weiteres gebräuchliches Tool für die Visionierung, das die Product Box ergänzen kann, ist ein Elevator Pitch, bekannt geworden durch *Crossing the Chasm* von Geoffrey Moore.[7]

Wie Sie in Abbildung 2-7 sehen können, fokussiert sich das Elevator Pitch Template auf einen einzigen Zielkunden und ein einziges Wertversprechen (einen Schlüsselvorteil).

[7] Geoffrey A. Moore: *Crossing the Chasm: Marketing and Selling Technology Products to Mainstream Customers* (New York: Harper Business, 1991).

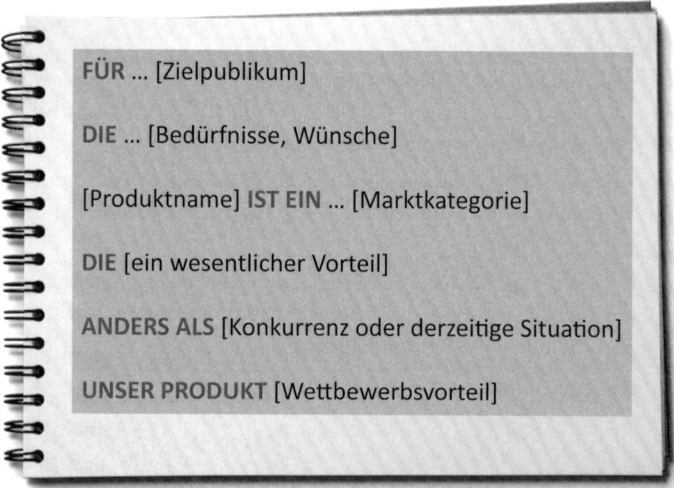

Abbildung 2-7 Vorlage für Elevator Pitch

Dieses Template ist ein guter Ausgangspunkt. Es gewährleistet, dass Sie alle Punkte abgedeckt haben. Da es ein Template ist, kann es sich jedoch oft etwas nichtssagend und lang anfühlen. Nehmen Sie sich also, nachdem Sie die Lücken ausgefüllt haben, etwas Zeit, ein oder zwei Sätze herauszudestillieren und einen Weg zu finden, es etwas *praxisorientierter* und *emotionaler* zu gestalten.

PRAXISORIENTIERT VERSUS EMOTIONAL

Eine gute Vision wird einprägsamer, wenn Ihr Publikum sich vorstellen kann, selbst etwas zu tun (praxisorientiert) und wenn sein Herz berührt wird (emotional).

Stellen Sie sich vor, Sie haben ein Produkt, das den Workflow in der Buchhaltung effizienter gestaltet.

Ein erster Schritt beim Vision Statement könnte etwa Folgendes ergeben:

> *Unser Geschäft ist es, das Workflow-Management der Buchhaltung reibungslos zu optimieren.*

Schön, oder?

Wo würden Sie diese Vision auf dem Diagramm in Abbildung 2-8 einzeichnen?

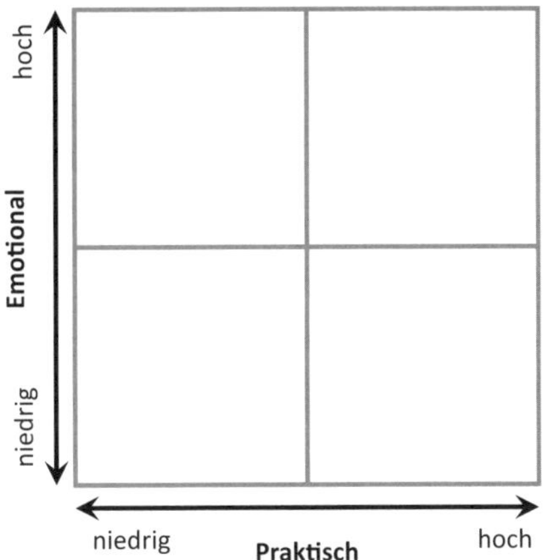

Abbildung 2-8 2 Brains: Tell It and Sell It, 2 x 2-Grafik

Es gibt Raum für Verbesserungen. Unser anfängliches Vision Statement ist nicht sonderlich praxisorientiert oder emotional. Wie wird das Produkt den Workflow optimieren? Wird er dadurch einfacher? Wird er automatisiert? Wird er schneller? Was ist für die Zielgruppe am wichtigsten?

Sie können die Vision praxisorientierter gestalten, indem Sie den Zielkunden etwas bieten, das sie sich tatsächlich vorstellen können. Wie wäre es hiermit?

> *Unser Produkt beschleunigt Ihren Workflow in der Buchhaltung.*

Diese Version der Vision ist jetzt praxisorientiert, aber ist sie auch emotional?

Um einer Vision Emotionen einzuimpfen, fragen Sie sich, wie sich Ihr Kunde fühlen würde, wenn Sie es schaffen würden, „den Workflow zu beschleunigen". Glücklich? Erfüllt?

Wenn Sie einfach nur formulieren, „unser Produkt für das Workflow-Management wird Sie glücklich machen", dann lassen Sie den praktischen Aspekt Ihrer Vision (linker oberer Quadrant) außer Acht.

Sie müssen die Formulierung praxisorientiert *und* emotional gestalten. Fragen Sie sich selbst: „Was an meinem Produkt macht Zielkunden glücklich?" Vielleicht beendet es den Papierkrieg, vielleicht kommen sie schneller nach Hause zu ihren Familien.

Überlegen Sie sich ein Vision Statement wie das in Abbildung 2-9:

> *Unser Produkt beschleunigt die alltäglichen Aufgaben bei der Arbeit, sodass Sie mehr Zeit zu Hause mit Ihrer Familie verbringen können.*

Diese Aussage ist sowohl praxisorientiert als auch emotional und bietet daher für Ihre Teams und Stakeholder mehr Fokus.

Diese 2 x 2-Technik nennt sich 2 Brains: Tell It and Sell It,[8] aus dem Buch *Gamestorming*.[9]

---

[8] *2 Brains: Tell It and Sell It, Gamestorming*, http://gamestorming.com/games-for-design/2-brains-tell-it-sell-it/, abgerufen am 17. Februar 2018.

[9] David Gray, Sunni Brown und James Macanufo: *Gamestorming: A Playbook for Innovators, Rulebreakers, and Changemakers* (Peking: O'Reilly, 2010).

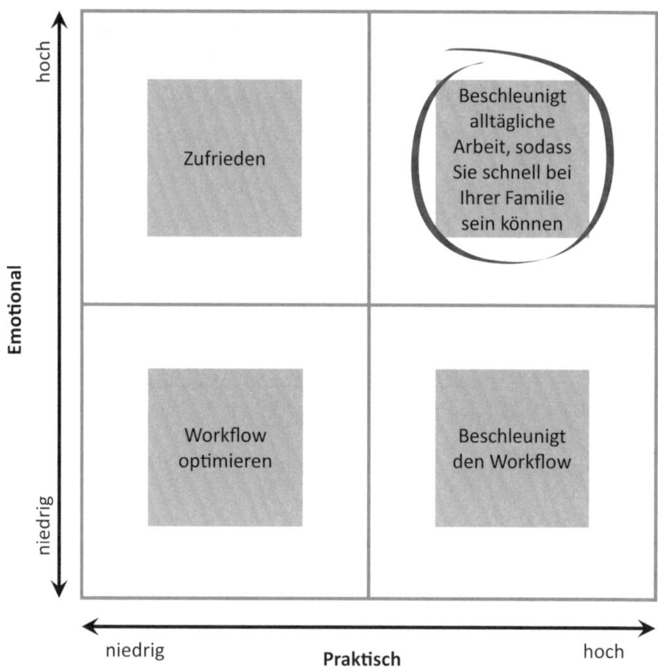

Abbildung 2-9 Emotionale und praktische Vision

DURCHDRINGEND

> *Wenn ein Baum in einem Wald umfällt und niemand da ist, der es hört, macht er dann ein Geräusch?*

Sie haben vielleicht das beste Vision Statement der Welt erstellt, aber wenn es keiner hört, nützt es offenbar nicht viel. Das passiert nur zu oft, wenn eine kleine Anzahl von Leuten, die die Vision verstehen, annimmt, dass alle anderen das auch tun. Sie sind verärgert, wenn Entscheidungen getroffen werden, die nicht die Vision reflektieren. Sie schieben es oft auf fehlenden Einsatz, mangelnde Initiative oder Kompetenz. Sie unterschätzen, wie wichtig es ist, eine disziplinierte Vorgehensweise zu schaffen, die Vision ständig zu bestärken, selbst wenn es ihnen überflüssig erscheint.

Als Product Owner sind Sie dafür verantwortlich, die Vision zu kommunizieren und sicherzustellen, dass sie gut verstanden und angenommen wird. Glücklicherweise bietet Scrum viele Möglichkeiten dafür.

VISIONIERUNG MIT SCRUM

Sprint Planning bietet eine ausgezeichnete Möglichkeit, Ihr Team an die Vision zu erinnern. Es ist unerlässlich mit einer Rückbesinnung auf die Vision zu starten und darauf, wie der obere Teil des Product Backlog dazu passt. Dies hilft dem Scrum-Team auch, ein effektiveres Sprint-Ziel zu bestimmen.

Die *Sprint Review* ist eine Möglichkeit, die Vision nicht nur mit Ihrem Team, sondern auch mit den Stakeholdern zu bekräftigen.

Die *Sprint Retrospektive* bietet Ihnen die Gelegenheit, die Effektivität Ihrer Kommunikation hinsichtlich der Vision zu erforschen. Stellen Sie in der Rückschau folgende Fragen:

- Fühlt sich jeder im Team mit der Vision wohl?
- Ist unsere Vision nach wie vor relevant?
- Welche Aktionen des letzten Sprints reflektieren die Vision? Welche nicht?
- Verstehen unsere Stakeholder die Vision? Welche tun es nicht?
- Welche Möglichkeiten gibt es, die Kommunikation hinsichtlich der Vision zu verbessern?

Widerruf: Ich habe festgestellt, dass das ganze Gerede über die Produktvision mein Team und die Stakeholder auch verärgern kann und sie häufig ihre Augen verdrehen. Ich habe aber gelernt, mich deswegen nicht schlecht zu fühlen. Ich habe es jetzt angenommen. Das ist häufig nötig, damit die Vision bei jedem im Mittelpunkt steht. Ich vergleiche das gerne mit Eltern, die immer wieder dieselben Botschaften in Bezug auf Sicherheit, Schulnoten, Aufräumen und dergleichen wiederholen. Irgendwann wirkt es und die Kinder werden später dieselben Botschaften ihren eigenen Kindern predigen. Eine andere Möglichkeit, die Vision zu kommunizieren und sicherzustellen, dass sie gut verstanden und angenommen wird, ist, Wege zu finden, das Vision Statement im Arbeitsbereich des Teams sichtbar zu machen.

TECHNISCHE STRATEGIE

Ein Großteil der bisherigen Diskussion drehte sich um die Geschäftsstrategie.

Für Product Owner ist es üblich, sich an diese Denkweise zu halten. Allerdings wird die technische Strategie mehr und mehr zu einem größeren Teil der Rolle (siehe Abbildung 2-10).

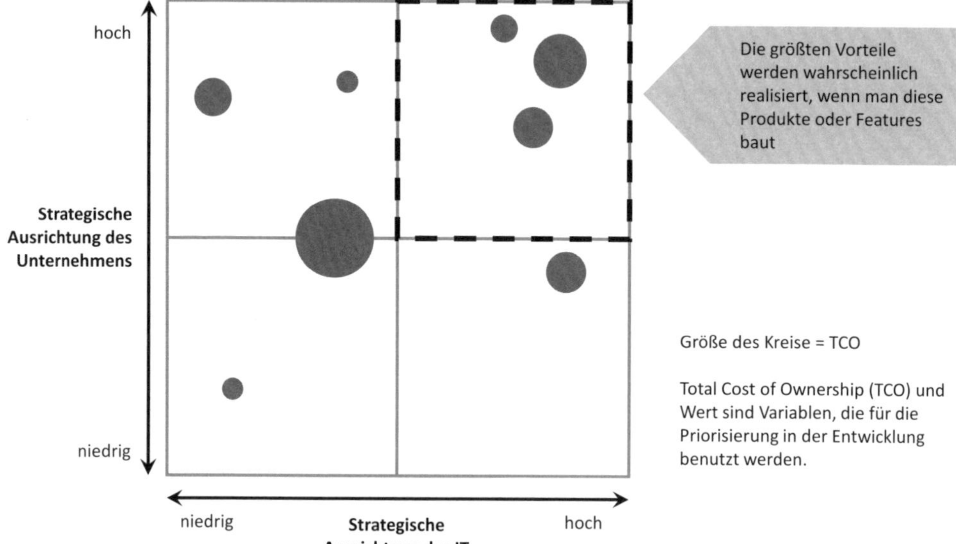

Abbildung 2-10 Strategische Ausrichtung (Quelle: „Measuring the Business Value of Information Technology", Intel Press)

Wie wir im vorigen Kapitel erwähnt haben, gibt es zwei Arten von Produkten: (1) das Endprodukt, für das der Kunde letztendlich zahlt und das er konsumiert, und (2) das Softwareprodukt, das häufig der Kanal ist, um Zugang zum Endprodukt zu erhalten. Ein Beispiel ist das Sparkonto (Endprodukt), das bestimmte Zinsen einbringt, und eine mobile App (Softwareprodukt), die dem Kunden Zugang zum Produkt bietet.

Derzeit sind es die Softwareprodukte, bei denen Unternehmen zunehmend konkurrieren. An einem bestimmten Punkt ist es nicht mehr der Zinssatz, den Kunden an Ihrem Finanzprodukt interessant finden, sondern ob Sie eine brauchbare mobile App und eine Website haben.

Was hat das mit Ihnen als Product Owner zu tun? Nun, es sollte Ihre Verantwortung sein, die technische Ausrichtung Ihres Produkts ebenfalls zu verstehen und zu unterstützen. Wenn Sie einen technischen Hintergrund haben, ist es vielleicht einfacher, wenn nicht, nutzen Sie das Wissen Ihres Entwicklungsteams und Ihrer Stakeholder-Community.

Es ist nicht nötig, dass Sie zusammen mit Ihrem Team kodieren. Tatsächlich könnte es Ihrer Rolle eher abträglich sein, wenn Sie sich zu sehr in Lösungen einbringen. Ein Product Owner muss sich auf das „Was" (Strategie) und nicht auf das „Wie" (Taktik) fokussieren.

Beachten Sie das Zitat aus dem *Forbes*-Artikel „Great CEOs Must be Either Technical or Financial“:[10]

> „Technologische Fertigkeiten bedeuten nicht unbedingt praktische Fertigkeiten, obwohl sie aus praktischer Erfahrung entstanden sein können. Es bedeutet einfach, den technischen Zustand der Umwelt so zu verstehen, dass man außergewöhnliche Entscheidungen treffen kann.
>
> Technologische Veränderungen erweitern plötzlich den strategischen Rahmen und eröffnen neue Möglichkeiten, alte Dinge zu tun oder komplett neue.“

Einige strategische Fragen, über die ein Product Owner nachdenken sollte, sind diese:

- Welches sind die neusten Technologien, aus denen wir einen Vorteil ziehen sollten?
- Sollten wir in der Cloud sein?
- Würden tragbare Geräte wie Uhren einen Mehrwert bieten?
- Sollten wir unsere Programmierschnittstelle öffentlich zugänglich machen?
- iOS oder HTML5?

Dies sind alles technische, jedoch zunehmend strategische Entscheidungen, die getroffen werden müssen.

Es ist ebenfalls wichtig, den zeitlichen Aspekt zu bedenken. Features, die sich heute perfekt an ihre Geschäftsstrategie und die IT-Strategie anpassen, tun das in der Zukunft vielleicht nicht mehr. Prioritäten verschieben sich mit der Zeit. Manchmal ist der strategischste Zug, anzuhalten und Ihre Investition neu zu fokussieren. Ziehen Sie in Betracht, Produkte zu reduzieren oder sogar ganz aus dem Verkehr zu ziehen.

Ein Produkt nicht weiterzuführen, kann eine gesunde Geschäftsentscheidung sein. Erinnern Sie sich an die folgenden Produkte erfolgreicher Unternehmen?

- Apple Newton
- Apple iPod classic
- Google Glass
- Google Wave
- iGoogle
- Google Reader
- Amazon Fire Phone

---

[10] Venkatesh Rao: *Great CEOs Must be Either Technical or Financial*, Forbes.com, 9. März 2012, https://www.forbes.com/sites/venkateshrao/2012/03/09/great-ceos-must-be-either-technical-or-financial/#479cf37a63c6.

QUIZ-ÜBERPRÜFUNG

Vergleichen Sie Ihre Antworten vom Beginn dieses Kapitels mit den folgenden. Nachdem Sie das Kapitel gelesen haben, würden Sie irgendeine Ihrer Antworten ändern? Stimmen Sie den folgenden Antworten zu?

Aussage	Stimme zu	Stimme nicht zu
Eine Produktvision wird im Laufe der Zeit entstehen.	☐	☑
Jedes Mitglied eines Scrum-Teams sollte ein klares Verständnis davon haben, wer die Kunden sind und wie das Produkt Umsatz generiert.	☑	☐
Die meisten großartigen Produkte entstehen zufällig.	☐	☑
Eine gute Vision sollte frei von Emotionen sein.	☐	☑
Agil bedeutet anzufangen; das richtige Produkt wird sich schließlich ergeben.	☐	☑
Ein technisch denkender Product Owner ist von Vorteil.	☑	☐

Kapitel 3
Value

„Der Verstand ist das Labor, in dem Produkte, gefälschte und echte, produziert werden. Einige Menschen züchten Wildpflanzen, andere blühende Blumen."

– Israelmore Ayivor

QUIZ

Zur Einführung in dieses Kapitel überlegen Sie, ob Sie den folgenden Aussagen zustimmen oder nicht. Die Antworten befinden sich am Ende des Kapitels.

Aussage	Stimme zu	Stimme nicht zu
Bevor das Produkt nicht ausgeliefert ist, gibt es keinen Wert.	☐	☐
Für gewinnorientierte Unternehmen wird der Wert letztlich in Geld ausgedrückt (Umsatz und Kosten).	☐	☐
Die Performance und die Moral werden verbessert, wenn man die Wertschöpfungskennzahlen mit Leistungsanreizen verbindet.	☐	☐
Kennzahlen können helfen, die geschäftlichen Annahmen und die Auswirkungen von Releases zu validieren.	☐	☐
Geschwindigkeit (Velocity) ist eine gute Messgröße für den geschaffenen Wert.	☐	☐
Ein Release kann einen negativen Wert schaffen.	☐	☐

DEFINIERTER WERT

Wann hat Ihnen ein neues Produkt oder ein neuer Service zum letzten Mal ein Lächeln auf das Gesicht gezaubert? Würden Sie das Produkt oder diesen Service als wertvoll betrachten? Absolut. Was genau ist jedoch der Wert?

Das hängt vom Kontext ab.

Bei uns Menschen läuft alles, was wir als wertvoll betrachten, letztlich auf einen schwer fassbaren Zustand hinaus: Glück. Ist Geld wertvoll? Nur wenn es Sie glücklich macht. Mehr Zeit mit der Familie? Nur wenn es Sie glücklich macht (nicht in allen Familien verbringt man gerne Zeit). Zeit, Geld, ein guter Job, das sind Indizien für den Wert. Wir gehen davon aus, dass mehr davon uns glücklicher macht.

Beim Wert geht es nicht nur um Menschen. Unternehmen streben ebenfalls danach.

Bei den Unternehmen läuft alles, was sie als wertvoll betrachten, letztlich auf ein schwer fassbares Element hinaus: Geld. Sind glückliche Kunden wertvoll? Nur wenn sie für das Produkt bezahlen. Ist eine gute Kultur wertvoll? Nur wenn dadurch Kosten reduziert werden, um Mitarbeiter anzulocken und zu binden. Glückliche Kunden, eine gute Kultur, optimierte Abläufe, das sind Indizien für den Wert. Wir gehen davon aus, dass mehr davon uns mehr Geld bringen (und einsparen) wird.

Eine offensichtliche Ausnahme sind Non-Profit-Organisationen wie Wohlfahrtseinrichtungen und Regierungen, bei denen der Wert darin besteht, die Gesellschaft zu verbessern. Für Non-Profit-Organisationen ist Geld nur von untergeordneter Bedeutung. Tatsächlich würde es als negativer Wert betrachtet, wenn man die Einnahmen erhöhen, aber gleichzeitig keinen positiven Einfluss auf die Gesellschaft ausüben würde.

Warum sind diese Wert-Definitionen wichtig für einen Product Owner? Geld zu erwirtschaften (oder die Gesellschaft zu verbessern) ist der Grund, warum Sie im Geschäft sind, und es führt zu dem, was in diesem Buch als *Herstellervorteil* bezeichnet wird. Auf der anderen Seite ist Glück das, was für Ihre Kunden wichtig und in Ihren Wertversprechen festgelegt ist.

Beides ist relevant und hängt zusammen. Sie können kein Geld verdienen ohne einen Kunden, der Ihr Produkt oder Ihren Service schätzt.

Als Product Owner müssen Sie Ihr Geschäft und Ihre Kunden verstehen. Stephen Denning beschreibt dies sehr gut mit seinem Gedanken „Kunden begeistern".[1] Der Kunde kommt immer zuerst, dann das Geld. Am Ende geht es zwar ums Geld, aber lassen Sie davon nicht in ihren Handlungen irreleiten. Lassen Sie nicht zu, dass Geld Ihre Loyalität dem Kunden gegenüber oder Ihren Wunsch, den Kunden zum Lächeln zu bringen, untergräbt. Im 21. Jahrhundert ist der Kunde König.

EINEN WERT SCHAFFEN

Wann schaffen Sie tatsächlich einen Wert?

Nun, darauf gibt es nur eine mögliche Antwort. **Release!**

Jedes Release ist eine Möglichkeit, einen Wert zu schaffen. Alles, was zu einem Release führt, ist eine Investition: Lagerbestand, gebundenes Kapital, Geld, das Sie nicht für andere wichtige Initiativen nutzen können.

---

[1] Steve Denning: *The Leader's Guide to Radical Management: Reinventing the Workplace for the 21st Century* (Hoboken, NJ: Jossey Bass, 2010), S. 57.

Wie oft führt Ihr Unternehmen ein Release durch? Viele Unternehmen liefern zweimal im Jahr aus. Das bedeutet eine Menge Investitionen, bevor man Geld sieht.

Alle erwähnten Aktivitäten im Produktmanagement führen nur durch ein Release zu einem Wert, also wenn Sie Ihr Produkt zum Kunden bringen.

Betrachten Sie ein Release als einen Trichter, durch den Sie alle Ihre Aktivitäten der Produktentwicklung leiten (siehe Abbildung 3-1). Die Zeit, die dieser Release-Trichter in Anspruch nimmt, ist entscheidend: Es ist Ihre Durchlaufzeit.

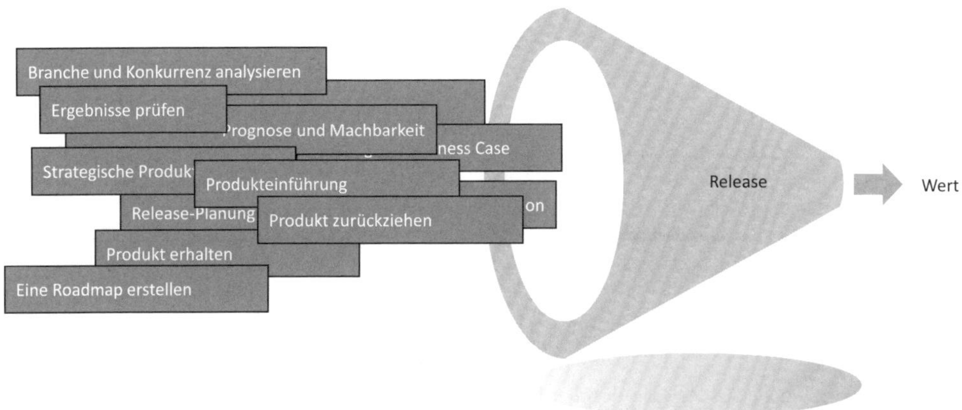

Abbildung 3-1 Release ist der Trichter zum Wert

Sollten Sie sich jemals in einer Diskussion über den Wasserfall-Ansatz und Agilität befinden, dann gibt es nur einen Punkt, den Sie gegenüber Ihrem Management vorbringen müssen: Wann schaffen wir für unseren Kunden einen Wert?

Release bedeutet Wert. Wann führen Sie beim Wasserfall-Ansatz ein Release durch? Laut Definition ist es der letzte Schritt (siehe Abbildung 3-2), deshalb *verzögert der Wasserfall-Ansatz das Schaffen von Wert.*

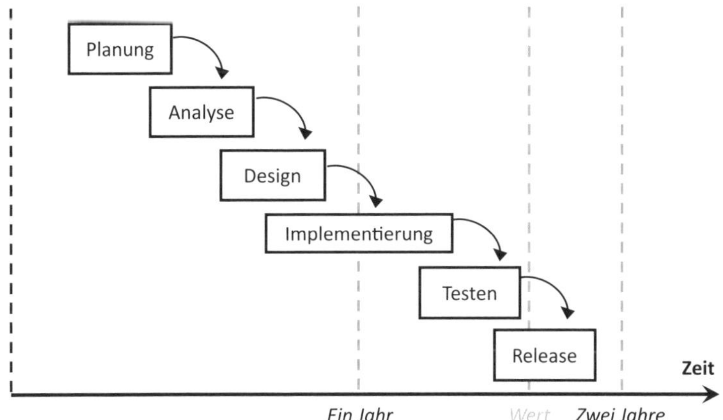

Abbildung 3-2 Traditioneller Wasserfall-Ansatz verzögert Schaffen von Wert

Im Gegensatz dazu produziert ein Scrum-Team alle 30 Tage oder weniger potenziell releasefähige Inkremente der wertvollsten Elemente (siehe Abbildung 3-3).

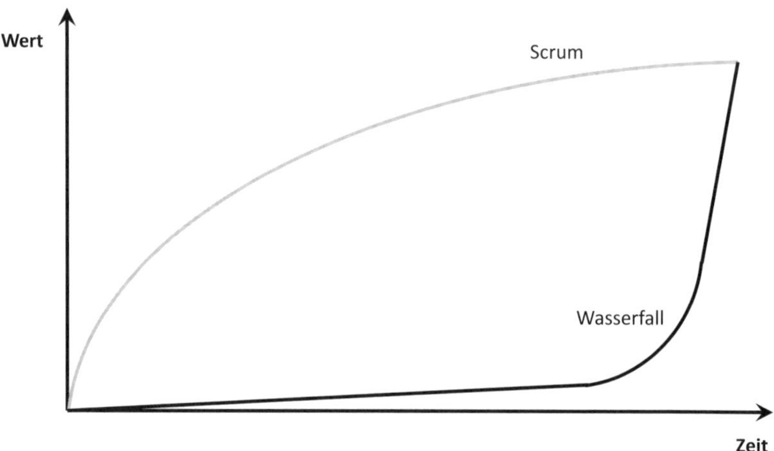

Abbildung 3-3 Wert liefern: Scrum versus Wasserfall

Zugegeben, ein Release durchzuführen, ist leichter gesagt als getan. Daher verschieben viele Unternehmen die für ein konsequentes Release erforderlichen Aktivitäten. Sie sollten erkennen, dass sich die Investition lohnt, Ihren Kunden den Wert früher zu liefern. Das wird durch die Anwendung von Scrum noch deutlicher.

Abbildung 3-4 zeigt die potenzielle Wertbildung in Scrum verglichen mit dem Wasserfall-Ansatz. Bis zu Ihrem Release fügen Sie jedoch keinen Wert, sondern nur Kosten hinzu. Das korreliert häufig mit dem finanziellen Begriff der Verzögerungskosten (Cost of Delay), der verdeutlicht, wie der Wert mit der Zeit abfließt.

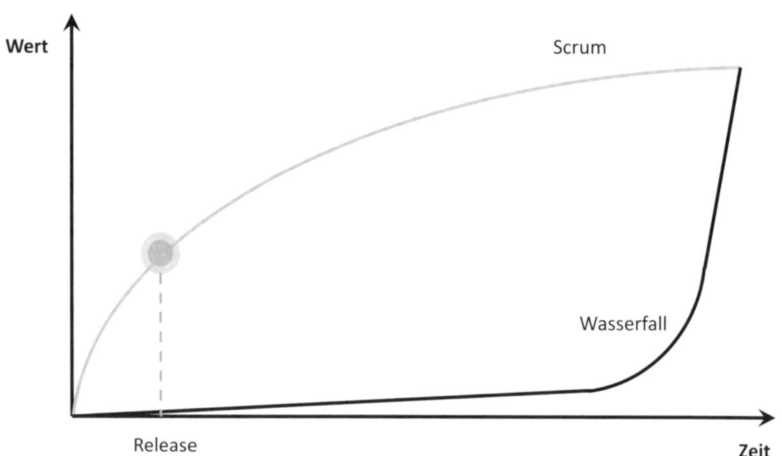

Abbildung 3-4 Wert akkumulieren: Scrum versus Wasserfall

In jedem Sprint geben Sie Tausende von Euros aus. Wenn Sie sechs Monate bis zum Release warten, könnten daraus schon Hunderttausende (oder sogar Millionen) geworden sein, ohne dass ein einziger Cent Ertrag aus dieser Investition zurückkommt. Jedes Release sollte als Kapitalrendite betrachtet werden. Wenn diese Rendite nicht den Erwartungen entspricht oder sich bessere Investitionsmöglichkeiten ergeben, richten Sie sich neu aus (siehe Abbildung 3-5).

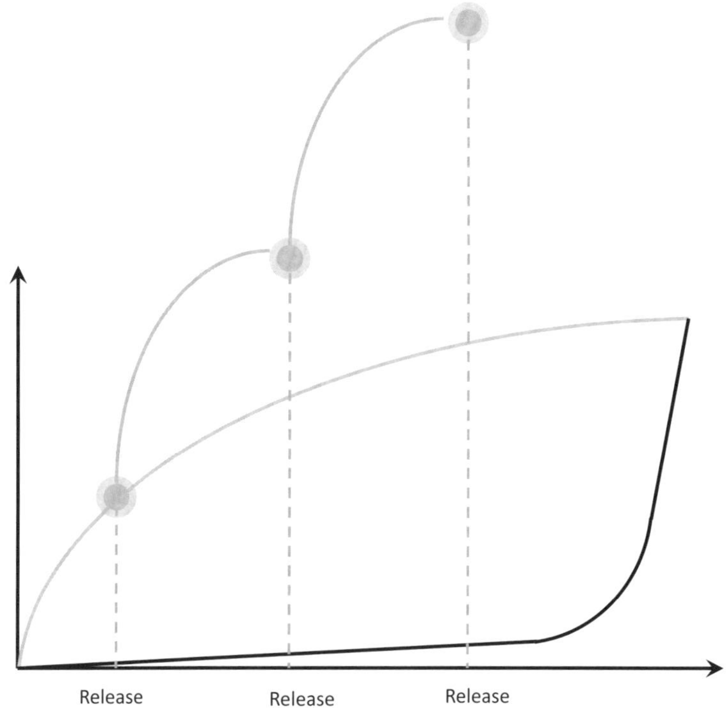

Abbildung 3-5 Lernen aus Releases und Pivotisierung

Dies ist der wahre Vorteil eines Framework wie Scrum. Es ist kein Projektmanagement-Tool. Vielmehr schafft es einen Wettbewerbsvorteil für Unternehmen, indem es ihnen ermöglicht, ihre Annahmen häufiger zu testen. Im nächsten Kapitel werden Sie dieses Konzept weiter untersuchen.

WERTSCHÖPFUNGSKENNZAHLEN

Woher wissen Sie, dass Sie einen Wert schaffen? Damit ein Product Owner ein Produkt angemessen einführen kann, benötigt er empirische Nachweise, etwas, das er untersuchen kann. Hier kommen die richtigen Kennzahlen ins Spiel.

Reden wir über Pizza.

Stellen Sie sich vor, Sie arbeiten bei einer großen Pizzakette. Sie sind Teil ihrer Lieferorganisation. Sie und Ihre Kollegen sind dafür verantwortlich, den hungrigen Kunden die Pizza vor die Tür zu liefern. Sie haben Manager, Fahrer, Telefonmitarbeiter, Verkäufer und anderes notwendiges Personal.

Wie können Sie wissen, ob Sie erfolgreich sind? Anhand welcher Kennzahlen messen Sie Ihren Fortschritt?

Sehen Sie vielleicht so aus?

- pro Fahrt ausgelieferte Pizzas
- Dauer, eine Bestellung entgegenzunehmen
- Dauer der Auslieferung
- Entfernung pro Auslieferung
- Benzinkosten
- Auftragsgenauigkeit
- Kundenbeschwerden
- Bestellungen pro Fahrer
- Zwischenfälle (Unfälle, Strafzettel)
- Effizienz der Route

Ein perfekter Satz von Kennzahlen, oder? Wenn Sie darüber nachdenken, Ihre Abteilung zu verbessern, sollten Sie sie auf jeden Fall verfolgen.

Jetzt wechseln Sie die Rollen. Sie sind Eigentümer oder Partner der Pizzakette. Erstellen Sie eine weitere Liste mit Kennzahlen, die für Sie und Ihre Partner wichtig sind.

Sieht Sie vielleicht so aus?

- Umsatz
- Investitionen
- operative Kosten
- Gewinn
- Kundenzufriedenheit
- Mitarbeiterzufriedenheit
- Anzahl der Stammkunden
- Time-to-Market
- Wachstum
- Marktanteil
- Markttreiber (Trends, Bestandteile, Events)

Sind Ihre beiden Listen sehr unterschiedlich? Ja, meistens sind sie das, mit einigen wenigen Ausnahmen (z. B. Kundenzufriedenheit, Kosten). Warum ist das so?

Beachten Sie drei Dinge:

1. **Effizienz**
   Die Lieferorganisation verfügt nun über eine Reihe glänzender Kennzahlen, auf die sie hinarbeiten kann. Die Praktiken und Abläufe werden sich darauf fokussieren, diese Aspekte voranzubringen. Es wird angenommen, dass das Unternehmen von der Verbesserung dieser mittelfristigen Kennzahlen profitieren wird:
   „Schaut mal, wir haben Tausende ausgegeben, um diese neuen Algorithmen für die Effizienz der Route zu implementieren, sodass wir bei jeder Auslieferung 60 Sekunden einsparen können." Sie nehmen vernünftigerweise an, dass das gut für das Geschäft ist,

aber es ist keine Garantie und kann vielleicht eher ablenken, als einen Vorteil bringen. Wissen Sie denn tatsächlich, dass Kunden eine schnellere Auslieferung wünschen? Ist dort der ROI? Beliebte Praktiken sind großartig, aber sie sind nicht das Endziel, und Sie dürfen die wahren Geschäftsbedürfnisse nicht aus den Augen verlieren. Andernfalls enden Sie mit einer Cargo-Kult-Mentalität, die „sklavisch die Arbeitsmethoden von erfolgreicheren Entwicklungsunternehmen imitiert".[2]

2. **Vision**
   Je mehr Ihre Leute wissen, je besser sie die wahre Vision, die Ziele des Unternehmens und das Produkt verstehen, desto besser können sie entscheiden. Ob es Ihnen gefällt oder nicht, Annahmen und Entscheidungen werden oft unabhängig voneinander getroffen. Falsche Annahmen führen zu schlechten Entscheidungen. Sie können die negativen Auswirkungen solcher Entscheidungen minimieren, indem Sie Ihre Mitarbeiter über die wahren organisatorischen Triebkräfte aufklären.
   1993 ersetzte die Pizzakette Domino's ihre Garantie von „in 30 Minuten oder umsonst" durch das Versprechen, dass ihre Kunden mit ihrem Produkt zufrieden sein werden. So machten sie also aus einer zeit- eine qualitätsabhängige Garantie. „Falls Sie aus irgendeinem Grund mit Ihrer Domino's Pizza nicht zufrieden sind, machen wir Ihnen eine neue Pizza oder erstatten das Geld" – das ist nun die Zufriedenheitsgarantie des Unternehmens.[3] Dies ist ein Beispiel dafür, wie man sich auf echte, wertvolle Kennzahlen (Kundenzufriedenheit), statt auf Lieferkennzahlen (Dauer der Auslieferung) fokussiert. Dadurch werden die Mitarbeiter in die Lage versetzt, Entscheidungen zu treffen, die auf der Vision des Unternehmens basieren.
3. **Anreize**
   Ihr Pizzaladen zahlt vierteljährliche Boni aus. Worauf basieren diese? Auf den Lieferkennzahlen oder den Kennzahlen der Eigentümer? Welche sind anfälliger für Verfälschung? Jede Kennzahl kann manipuliert werden, aber Sie werden feststellen, dass die eher mittelfristigen, zweitrangigen Kennzahlen in der Lieferabteilung eine größere Möglichkeit für Missbrauch bieten. Dadurch entstehen nicht nur unbeabsichtigte Verhaltensweisen, die Transparenz wird ebenfalls reduziert und infolgedessen auch der Nutzen dieser Kennzahlen.

Vor einigen Jahren gingen meine Frau und ich zum Essen in eine Restaurantkette. Bevor wir unsere mittelmäßige Mahlzeit beendet hatten, präsentierte man uns eine Umfrage zur Kundenzufriedenheit und erklärte uns, wenn wir nur „exzellent" vergeben würden, dann bekämen wir bei unserem nächsten Besuch eine kostenfreie Vorspeise. Dies war eindeutig nicht der Weg, wie das Unternehmen diese Umfragen nutzen wollte. (Natürlich bekamen sie von uns nur „exzellent".)

Also, was bedeutet das alles?

Die Lieferkennzahlen sind nicht wertlos. Sie sind sehr hilfreich, ja sogar unerlässlich, um die eher operativen Vorgehensweisen zu lenken. Sie bekommen jedoch Probleme, wenn sie als falsche Wertdarstellungen verwendet und als Leistungsziele festgelegt werden. Wenn

---

[2] *New World Encyclopedia*, s. v. *Cargo Cult*, abgerufen am 5. März 2018, http://www.newworldencyclopedia.org/entry/Cargo_cult.

[3] *History, Domino's Pizza*, https://biz.dominos.com/web/public/about-dominos/history, abgerufen am 17. Februar 2018.

das Unternehmen diese Ziele nicht zusammen mit direkteren Wertschöpfungskennzahlen festlegt, dann wird der Lieferabteilung keine andere Wahl bleiben, als ihre eigenen anzubieten.

Kommen wir zurück zur Software.

Können Sie jetzt diese Kennzahlen mit solchen, die bei der Entwicklung von Softwareprodukten verwendet werden, in Beziehung setzen? Welche Kennzahlen werden von der Softwareentwicklung verwendet? Welche vom Unternehmen? Tabelle 3-1 bietet einige Beispiele.

Tabelle 3-1 Liefer- und Eigentümerkennzahlen im Vergleich

Lieferkennzahlen	Eigentümerkennzahlen
Geschwindigkeit	Umsatz
Anzahl der Tests	Kosten
Code-Abdeckung	Kundenzufriedenheit
Defects	Mitarbeiterzufriedenheit
Kopplung und Kohäsion	Durchlauf- und Zykluszeit*
Code-Komplexität	Innovationsrate* (prozentualer Anteil neuer Arbeit und Wartungsarbeiten)
Fehlerhafter Aufbau	Nutzung*
Einhaltung des Ablaufs	
Code-Zeilen	
* Diese Kennzahl wird später im Kapitel definiert.	

Also, wie misst Ihr Unternehmen Wert? Verbringt es zu viel Zeit mit Kennzahlen aus der linken Spalte? Verpasst es Gelegenheiten, Kennzahlen anzuwenden, die wirkliche Geschäftsergebnisse widerspiegeln?

Lieferkennzahlen sind nach wie vor wichtig, müssen aber als wertneutral betrachtet werden. Andernfalls verlieren sie ihre Bedeutung als Feedback-Mechanismen für die Lieferorganisation. Vergleichen Sie sie mit einem Flugzeugcockpit voll mit Skalen und Informationsanzeigen über Flughöhe, Triebwerkstemperatur, Ölstände, Außentemperatur und dergleichen. Nur mit diesen wichtigen Informationen können die Piloten ihre Aufgabe erfolgreich abschließen. Diese Informationen reflektieren jedoch nicht den geschaffenen Wert. Kunden und die Fluggesellschaft messen den Wert anhand der Pünktlichkeit, der Sicherheit und der Treibstoffkosten. Piloten sollten für dies Endergebniskennzahlen zur Rechenschaft gezogen werden, nicht für die Cockpitkennzahlen. Genauso sollten Softwareteams für die Unternehmenskennzahlen zur Rechenschaft gezogen werden und nicht für zweitrangige Kennzahlen wie Geschwindigkeit, Testabdeckung und Einhaltung der Abläufe.

Die fehlende Verbindung zwischen der Lieferorganisation und dem Business (das Produktmanagement-Vakuum, das wir in Kapitel 1 besprochen haben) tritt vornehmlich in der Softwarebranche auf. Irgendwo auf dem Weg geht die wahre Vision hinter den Produkten verloren.

Um diese Lücke zu schließen ist es wichtig, Manager, Product Owner und Entwicklungsteams aufzufordern, Kennzahlen, die mit tatsächlichen Ergebnissen im Zusammenhang stehen, zu identifizieren und voranzutreiben. Das kann echte Agilität jenseits von IT-Abteilungen fördern und Unternehmen einen realen Wettbewerbsvorteil verschaffen.

Dieses Konzept, direkte statt zweitrangige Beweise zu nutzen, kennt man als evidenzbasiertes Management (Evidence-Based Management [EBMgt]). Es hat sich im Technologiebereich durchgesetzt und Fürsprecher wie Branchenführer Ken Schwaber unterstützen es. Im nächsten Abschnitt geht es um dieses Thema.

EVIDENZBASIERTES MANAGEMENT

Seit ungefähr 2900 Jahren praktizieren Menschen Medizin. 2800 davon dominierten Schlangenöl und andere unsinnige Behandlungen. Menschen tranken Quecksilber, weil sie ihm magische Fähigkeiten zuschrieben.

Seit ungefähr 100 Jahren fordert die Medizin Beweise dafür, dass eine Behandlung oder Methode das Ergebnis verbessert. Das war die Geburtsstunde evidenzbasierter Medizin.

Vor einiger Zeit suchte ich eine Hautärztin auf wegen eines roten Flecks auf meiner Wange. Nachdem sie ihn untersucht hatte, meinte sie, dass sie eine Biopsie anordnen müsse. Als ich sie fragte, ob sie wüsste, was es mit dem Fleck auf sich habe, antwortete sie zuversichtlich, das sei ein Basalzellkarzinom und sie habe schon Hunderte davon gesehen. Verwirrt fragte ich sie, warum sie es nicht einfach entfernen könne. Warum sei eine Biopsie nötig, die Zeit und Kosten verursache? Sie antwortete: „So läuft das eben nicht. Wir brauchen zuerst einen Nachweis."

Da diese Prinzipien dazu beigetragen haben, Annahmen zu beweisen und so die Gesundheit insgesamt zu verbessern, wie wäre es, wenn dieselben Prinzipien auch auf das Management angewendet würden?

Was ist evidenzbasiertes Management (EBMgt)?

Während der vergangenen zwei Jahrzehnte haben die meisten Organisationen den durch Software gewonnenen Wert signifikant gesteigert, indem sie das Scrum Framework und agile Prinzipien eingesetzt haben. Die Praktiken des evidenzbasierten Managements versprechen sogar weitere Gewinne.

Wie können Sie als IT-Führungskraft jedoch den größten Einfluss auf Ihr Unternehmen ausüben? Sie managen Investitionen, die auf ROI und Wert basieren. Sie wissen, dass eine häufige Überprüfung der Ergebnisse, das Risiko von Störungen begrenzt. Sie beeinflussen das Unternehmen, um eine Kultur zu schaffen, die es erlaubt, Chancen zu nutzen, bevor es die Konkurrenz tut. Durch EBMgt-Praktiken können Sie die richtigen Maßnahmen ergreifen und an den richtigen Stellen investieren, klügere Entscheidungen treffen und Risiken reduzieren.

Abbildung 3-6 zeigt eine Reihe von EBMgt-Kennzahlen, die als Nachweis für den Wert dienen, der durch die Produkte entsteht. Diese Wertschöpfungskennzahlen werden in drei Schlüsselwertbereiche (Key Value Areas [KVAs]) aufgeteilt: Zeitwert, Time-to-Market und Innovationsfähigkeit. Innerhalb jedes KVA befinden sich Schlüsselwertkennzahlen (Key Value Measures [KVMs]), ebenfalls dargestellt in Abbildung 3-6.

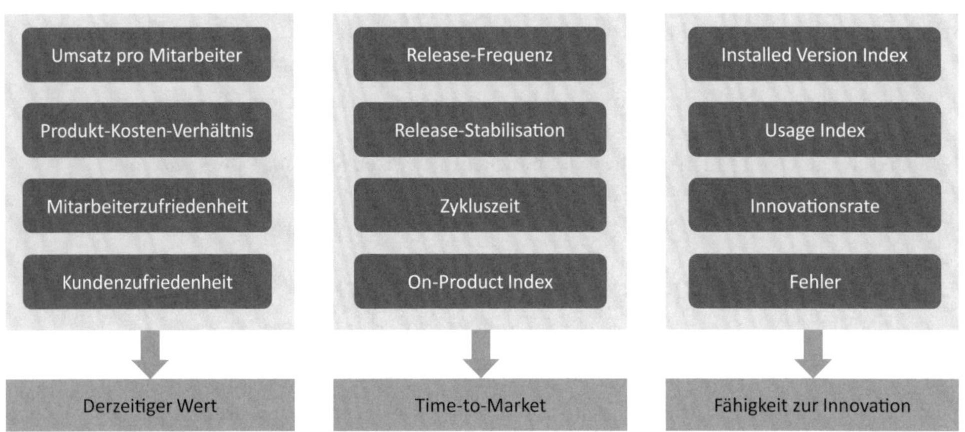

Abbildung 3-6 Wertmetriken basierend auf EBMgt (Abbildung angepasst aus Evidence-Based Management für Softwareunternehmen, www.ebmgt.org)

Bevor wir die Kennzahlen näher beschreiben, müssen wir eine wichtige Unterscheidung zwischen den beiden Kennzahlentypen vornehmen: Frühindikatoren und Spätindikatoren.

Spätindikatoren orientieren sich am „Output“, sind leicht zu messen, aber schwierig zu verbessern oder zu beeinflussen. Sie sind viel bedeutsamer für das Unternehmen, da sie den Grund für ein Produkt darstellen. Frühindikatoren hingegen sind eher am „Input“ ausgerichtet; diese können Sie besser beeinflussen, da Sie die Praktiken verstehen, die sie antreiben.

Eine andere Betrachtungsweise besagt, dass Frühindikatoren dem Produkt vorauslaufen (Pre-Product) und Spätindikatoren danach auftreten (Post-Product).

Ein typisches Beispiel, um diese Unterscheidung zu illustrieren, ist der Versuch abzunehmen. Das letztendliche Ziel ist, das Gewicht zu reduzieren. Gewicht ist ein Spätindikator, der leicht zu messen – einfach nur auf die Waage steigen –, aber schwieriger direkt zu beeinflussen ist (es sei denn, sie schneiden sich ein Bein ab). Wie viel Sie essen und trainieren sind die Frühindikatoren. Die Hoffnung besteht darin, dass, wenn Sie die aufgenommenen und die verbrannten Kalorien positiv beeinflussen, letztlich Ihr Spät-Gewichtsindikator beeinflusst wird (hoffentlich in die richtige Richtung).

In der Produktentwicklung ist es genauso wichtig, beides zu messen. Als Praktiker müssen Sie Ihre derzeitigen Verfahren beeinflussen, um schließlich Veränderungen in Ihren Geschäftszielen zu erkennen.

ZEITWERT

Aus dem *EBMgt Guide*

Der Zeitwert stellt den tatsächlichen Marktwert des Unternehmens dar. Er legt den derzeitigen Kontext des Unternehmens fest, hat aber keine Bedeutung für die Fähigkeit des Unternehmens, den Wert auch in der Zukunft zu erhalten.[4]

Beachten Sie die Betonung des Unternehmens. Während es wichtig ist, den Wert auf Produktebene zu messen, bietet es Ihnen ein umfassenderes Bild, wenn Sie verstehen, wie dieser sich bezogen auf den aktuellen Zeitwert des gesamten Unternehmens darstellt.

Die folgenden, zumeist späten Kennzahlen repräsentieren den letztendlichen Herstellervorteil.

Umsatz pro Mitarbeiter

Das heißt: Bruttoumsatz geteilt durch die Anzahl der Angestellten.

Der Umsatz an sich ist eine wichtige Kennzahl. Er ist der Maßstab, anhand dessen Unternehmen verglichen werden. Bei Produkten ist das nicht anders. Auch hier sollte er gemessen werden, es sei denn, bei Ihrer Produktvision geht es nur darum, Kosten einzusparen.

Den Umsatz pro Mitarbeiter zu messen, bietet etwas mehr Kontext. Diese Messung ist interessant, wenn Ihr Produkt oder Ihr Unternehmen sich in einer Wachstumsphase befindet. Häufig steigen Wachstum und Umsatz pro Mitarbeiter nicht linear. Sobald sich die Größe eines Unternehmens verdoppelt, fällt der Umsatz pro Mitarbeiter normalerweise. Dies wird in der Regel auf mehr Hierarchien und längere Befehlsketten zurückgeführt – die Skalierungskosten.

Produkt-Kosten-Verhältnis

Es beschreibt alle Ausgaben eines Unternehmens, das ein Produkt oder System entwickelt, wartet, Service bietet, es bewirbt, verkauft und verwaltet.

Es gibt zwei Betrachtungsweisen der Kosten:

- Die Investition in die Produktentwicklung – eine *Früh*-Kennzahl, die in jedem Sprint gemessen werden kann. Der größte Kostenfaktor hierbei sind wahrscheinlich die Gehälter des Entwicklungsteams.
  Je besser Sie diese Kennzahl verstehen, desto leichter können Sie Ihre Kapitalrendite messen.
- Die Kosten, die ein Produkt während der Produktion verursacht – eine *Spät*-Kennzahl, die alles umfassen kann, von den Kosten der Produktionsserver und User-Schulungen bis zu den Gehältern interner User und Supportmitarbeiter.
  Je besser Sie diese Kennzahl verstehen, desto leichter können Sie Ihre Gesamtkosten als Eigentümer messen.

[4] Ken Schwaber und Patricia Kong: *Evidence-Based Management Guide* (2014), S. 4.

Ich habe einmal mit einem Unternehmen im Großraum Minneapolis gearbeitet, um Kennzahlen im Bereich der Kosten zu sammeln. Als ich nach den Kosten des Entwicklungsteams fragte, antworteten die anwesenden Stakeholder, dass sie keinen Zugang zu Gehaltsinformationen hätten. Anstatt die Kennzahl wegzulassen oder die Ermittlung zu verschieben, suchten wir im Internet nach durchschnittlichen Gehältern im IT-Bereich in der Gegend. Wir multiplizierten diese Zahl mit der Anzahl der Teammitglieder. Daraus ergab sich eine geschätzte Kennzahl für die Kosten pro Sprint. Das Wichtige hierbei war, dass wir die Menschen zum Nachdenken über die Kosten anregen wollten, selbst wenn die Zahl nicht 100-prozentig richtig war. Außerdem wollten wir einfach nur anfangen (häufig der schwierigste Teil), damit wir eine Art Ausgangsbasis haben. Wenn jemand, der die richtigen Informationen hat, unsere Kennzahlen sieht und eine Frage aufwirft, dann kann derjenige uns gerne mit genaueren Daten versorgen. Wie bei vielen Lösungen in der agilen Welt beginnen Sie mit dem, was Sie haben, und verfeinern Sie es nach und nach. Nichts ist schon zu Beginn perfekt.

Mitarbeiterzufriedenheit

Engagierte Mitarbeiter, die wissen, wie man die Softwaresysteme und -produkte wartet, erhält und verbessert, sind einer der wichtigsten Vermögenswerte eines Unternehmens.

Studien haben kürzlich ergeben, dass mehr als 50 Prozent der amerikanischen Arbeitnehmer nicht engagiert sind und fast 20 Prozent sich aktiv zurückgezogen haben.[5] Häufig ist der einzige Grund, aus dem sie noch durchhalten, die Krankenversicherung.

Es ist wesentlich, von extrinsischen Belohnungen (Zuckerbrot und Peitsche) wegzukommen, hin zu mehr intrinsischen Belohnungen. Dan Pink beschreibt intrinsische Motivation detailliert in seinem Buch *Drive: Was Sie wirklich motiviert.*[6] Er erklärt, dass intrinsische Motivation aus drei Elementen besteht:

- **Autonomie:** der Wunsch, selbstgesteuert zu handeln
- **Meisterschaft:** der Reiz, sich immer weiter zu verbessern, in etwas, das uns wichtig ist
- **Ziel:** das Gefühl, dass das, was wir tun, größer ist als wir selbst

In Kapitel 6 werden Sie erfahren, wie Scrum alle drei motivierenden Elemente in sein Framework aufnimmt.

Jurgen Appelo äußert ebenfalls interessante Gedanken und Ideen über Motivation in seinem Konzept Management 3.0[7], Ideen und Praktiken, um das Engagement der Mitarbeiter zu fördern. Hier weiter ins Detail zu gehen, sprengt jedoch den Rahmen dieses Buches.

Ich finde, die Sprint Retrospektive ist hervorragend dafür geeignet, die Mitarbeiterzufriedenheit im Entwicklungsteam zu messen. Eine einfache, immer gleichbleibende Frage zum Abschluss der Retrospektive erzeugt eine nützliche „Zufriedenheitskennzahl", die es Ihnen ermöglicht, im Lauf der Zeit Trends zu erkennen. Fragen Sie etwas wie: „Auf einer Skala von 5 – ich bin sehr zufrieden – bis 1 – das möchte ich nicht noch einmal erleben –, wie fühlen Sie sich nach dem letzten Sprint?"

---

5 Gallup: *State of the American Workplace: Employee Engagement Insights for U.S. Business Leaders* (2013).

6 Daniel H. Pink: *Drive: Was Sie wirklich motiviert* (Elsbethen: Ecowin, 8. Aufl. 2020).

7 Ralph ist auch ein lizensierter Facilitator für Management 3.0.

Ich verteile am Ende jedes Sprint gerne Feedbackkarten (siehe Abbildung 3-7) an die Entwickler. Ich frage sie, wie zufrieden sie in den verschiedenen Bereichen sind. Die Fragen zur Zufriedenheit mit dem Product Owner und dem Scrum Master sind festgelegt, die anderen ergeben sich aus dem Zusammenhang. Dadurch kann ich Trends erkennen und frühzeitig Maßnahmen ergreifen.

Zufriedenheitsindex									
Umfrage		1			2			3	
Datum	05. April			19. April			03. Mai		
Product Owner	4			4			4		
Scrum Master	4			4			4		
Arbeit beeinflussen	3			4			4		
Einfaches Release	3			2			2		
Prozess, der der Mission des Teams entspricht	4			3			3		
Support durch die Organisation	3			3			3		
Mission	4			4			3		

Abbildung 3-7 Zufriedenheitsindex

Kundenzufriedenheit

Dies bedeutet, die Erwartungen Ihrer Kunden zu erfüllen oder zu übertreffen.

„Der eigentliche Zweck eines Unternehmens ist es, Kunden zu schaffen und zu halten."
– Peter Drucker

Dies ist eine Spät-Kennzahl darüber, wie zufrieden Kunden mit Ihrem Produkt und den Dienstleistungen, die es unterstützen, sind.

Es gibt viele Möglichkeiten, Kundenzufriedenheit zu messen, und vielleicht können Sie schon existierende Messungen in Ihrem Unternehmen nutzen.

Eine branchenübliche Methode, Kundenzufriedenheit zu messen, ist der Net Promoter Score (NPS). Der NPS misst die Kundenerfahrung und prognostiziert Geschäftswachstum. Diese erprobte Kennzahl hat die Geschäftswelt verändert und stellt heute die zentrale Messgröße für das Management von Kundenerfahrungen weltweit dar.[8]

Berechnen Sie Ihren NPS, indem Sie die Antwort auf eine Schlüsselfrage nutzen: **„Auf einer Skala von 1 bis 10: Wie wahrscheinlich ist es, dass Sie es (das Produkt) einem Freund oder Kollegen empfehlen würden?"**

Die Befragten lassen sich in folgende Gruppen einteilen:

---

[8] *What Is Net Promoter?*, NICE Satmetrix, abgerufen am 17. Februar 2018, https://www.netpromoter.com/know/.

- *Promoter* (Score 9–10) sind loyale Enthusiasten, die weiterhin kaufen, anderen davon berichten und so Wachstum ankurbeln.
- *Passive* (Score 7–8) sind zufriedene, aber nicht enthusiastische Kunden, die gegenüber konkurrierenden Angeboten anfällig sind.
- *Kritiker* (Score 0–6) sind unzufriedene Kunden, die Ihrer Marke Schaden zufügen und Wachstum durch negative Mundpropaganda hemmen können.

Wenn man den prozentualen Anteil der Kritiker von dem der Promoter abzieht, ergibt sich der Net Promoter Score, der von einem niedrigen Wert von –100 (wenn jeder Kunde ein Kritiker ist) bis zu einem hohen von 100 (wenn jeder Kunde ein Promoter ist) reichen kann.

Ziehen Sie in Erwägung, einen Feedbackmechanismus für die Kundenzufriedenheit direkt in Ihr Produkt einzubauen. Microsoft Office hat das 2016 zu einer Standardfunktion in seinem Toolset gemacht (siehe Abbildung 3-8).

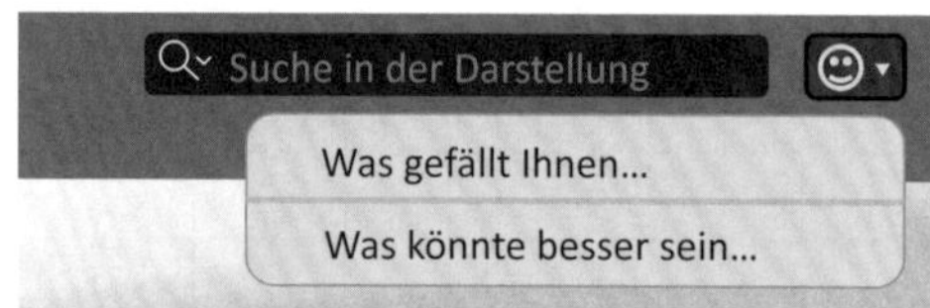

Abbildung 3-8 Direktes Feedback in einem Microsoft Office-Produkt

TIME-TO-MARKET

Aus dem *EBMgt Guide*
Time-to-Market bewertet die Fähigkeit des Softwareunternehmens, neue Features, Funktionen, Services und Produkte tatsächlich zu liefern. Ohne aktives Time-to-Market-Management ist die Möglichkeit, in Zukunft nachhaltig Wert zu schaffen, unbekannt.[9]

Release-Häufigkeit

Dies bezeichnet die erforderliche Zeit, um Kunden mit neuen, wettbewerbsfähigen Produkten zufriedenzustellen.

Wie wir bereits festgestellt haben, ist der einzige Weg, Ihren Kunden einen Wert zu bieten, ein Release. Wie häufig liefern Sie Ihrem Kunden jedoch einen Wert? Reden wir von Stunden, Wochen, Monaten oder sogar Jahren? Viele der größeren Unternehmen haben sich dafür entschieden, ein Release anhand schon bestehender Zeitpläne, wie dem Geschäftsquartal, durchzuführen, ohne sich viele Gedanken (oder gar keine) über den Markt und die Bedürfnisse ihrer Kunden zu machen. Ein wirklich agiles Unternehmen sollte den Wunsch und die Fähigkeit haben, so häufig wie möglich ein Release durchzuführen, um in einem zunehmend unberechenbaren Markt relevant zu bleiben. Hier sind die richtigen Maßnahmen entscheidend.

---

[9] Schwaber und Kong: *Evidence-Based Management Guide,* S. 4.

Verwenden Sie eine Zeitreihe, um zu zählen, wie viele Produktions-Releases durchgeführt wurden. Nehmen wir an, dass Sie in den ersten drei Monaten zwei Releases machten. Ein Jahr später haben Sie die Zahl der Releases im Laufe der Zeit kontinuierlich auf zwölf erhöht (siehe Abbildung 3-9).

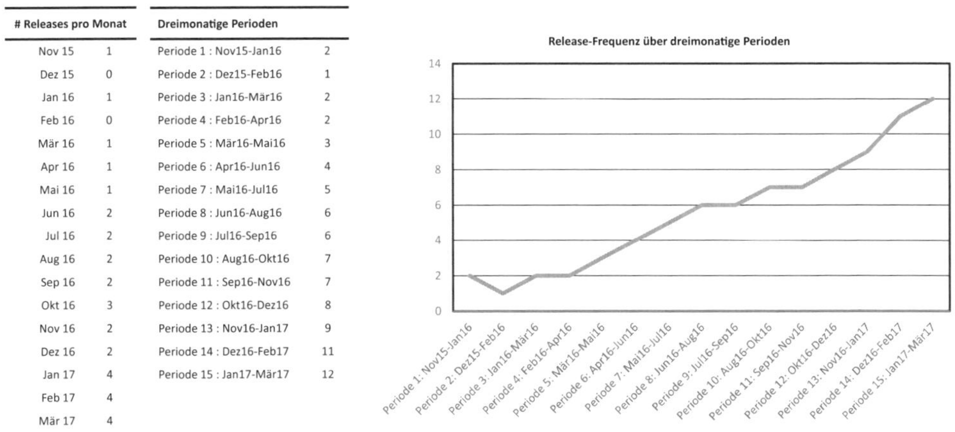

# Releases pro Monat	
Nov 15	1
Dez 15	0
Jan 16	1
Feb 16	0
Mär 16	1
Apr 16	1
Mai 16	1
Jun 16	2
Jul 16	2
Aug 16	2
Sep 16	2
Okt 16	3
Nov 16	2
Dez 16	2
Jan 17	4
Feb 17	4
Mär 17	4

Dreimonatige Perioden	
Periode 1 : Nov15-Jan16	2
Periode 2 : Dez15-Feb16	1
Periode 3 : Jan16-Mär16	2
Periode 4 : Feb16-Apr16	2
Periode 5 : Mär16-Mai16	3
Periode 6 : Apr16-Jun16	4
Periode 7 : Mai16-Jul16	5
Periode 8 : Jun16-Aug16	6
Periode 9 : Jul16-Sep16	6
Periode 10 : Aug16-Okt16	7
Periode 11 : Sep16-Nov16	7
Periode 12 : Okt16-Dez16	8
Periode 13 : Nov16-Jan17	9
Periode 14 : Dez16-Feb17	11
Periode 15 : Jan17-Mär17	12

Abbildung 3-9 Release-Frequenz-Chart

Die Verfolgung von Trends in der Release-Häufigkeit auf diese Weise zeigt die Time-to-Market-Agilität sehr viel deutlicher, als Geschwindigkeit (Velocity) und Umfang es je könnten.

Release-Stabilisierung

Dies bezeichnet die Auswirkung schlechter Entwicklungspraktiken und der zugrunde liegenden Design- und Code-Basis; die Stabilisierung ist eine Belastung für den Wettbewerb, die mit der Zeit zunimmt.

Wie lange dauert es bis zum Release der Software, nachdem die Entwicklung der Features geendet ist, häufig auch als Feature Freeze bezeichnet? Diese Periode nennt man Release-Stabilisierung, einen Zeitraum, in dem Sie das Inkrement für den Release durch Aktivitäten wie Regressionstests, Bereitstellung, User-Abnahme, Dokumentation und Fehlerbehebung vorbereiten.

Es ist wichtig anzumerken, dass eine „Stabilisierungsperiode" einer kontinuierlichen Wertschaffung entgegenläuft. Bei der Stabilisierung geht es eher darum, das zu reparieren, was kaputtgegangen ist, eben um Stabilität – Anzahl der Abstürze, Defects, Datenintegrität –, als um die gesamte Produktqualität und die User-Erfahrung. In Scrum wird erwartet, dass das Inkrement in jedem Sprint „stabil" (done) ist.

Die Release-Häufigkeit wird direkt von der Zeit beeinflusst, die zur Stabilisierung eines Release benötigt wird. Mit anderen Worten, die Zeit zwischen den Releases (Durchlaufzeit) wird immer durch die Zeit beschränkt, die nötig ist, ein Release zu stabilisieren (siehe Abbildung 3-10).

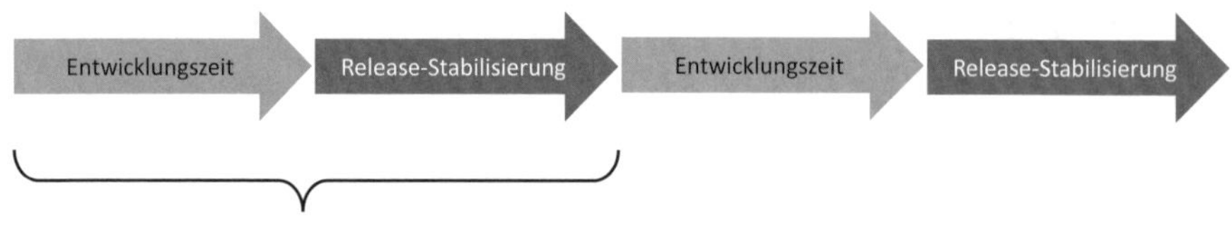

Abbildung 3-10 Einfluss der langen Release-Stabilisierung

Je näher Ihre Stabilisierungsperiode gegen null geht, desto besser.

Zyklusdauer

Dies bezeichnet den Zeitrahmen (Stabilisierung eingeschlossen), um eine Schlüsselkundengruppe zufriedenzustellen oder durch Wettbewerb auf Marktchancen zu reagieren.

Die Zyklusdauer für ein Feature beginnt mit dessen Entwicklung. Sie endet, wenn das Feature bereit für die Produktion ist (siehe Abbildung 3-11).

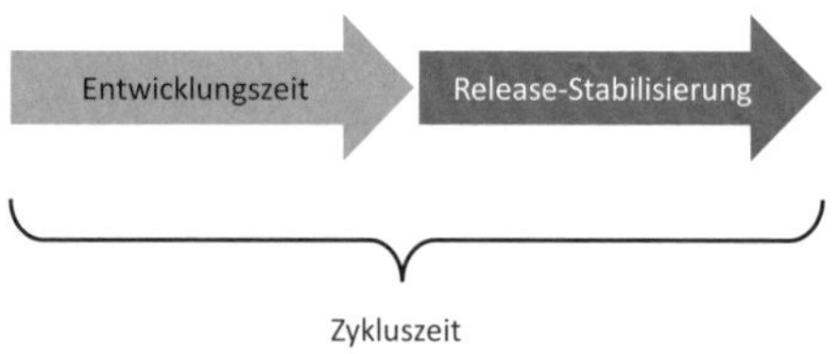

Abbildung 3-11 Zyklusdauer

Im Gegensatz dazu bezeichnet die Durchlaufzeit die Zeit von dem Moment, an dem der Kunde ein Feature anfragt, bis zu dem Zeitpunkt, an dem er es tatsächlich erhält.

Je mehr Sie die Zyklusdauer und die Durchlaufzeit als gleichbedeutend betrachten, desto agiler werden Sie sein. Wann immer Sie mit der Entwicklung eines Features „fertig" sind, sollten Sie ein Release durchführen. Jede Verspätung ist Verschwendung.

On-Product Index

Er beschreibt die Zeit, die Entwickler an genau einer Initiative wie einem Produkt arbeiten dürfen; je mehr Entwickler zwischen verschiedenen Arbeiten hin- und herwechseln, desto weniger engagiert sind sie und desto mehr Verspätungen treten auf.

Gerald Weinberg behauptet, dass bei jedem zusätzlichen Projekt, das jemand bearbeitet, derjenige 20 Prozent seiner Zeit durch den Kontextwechsel verliert.[10] Abbildung 3-12 zeigt beispielsweise, dass die Arbeit an vier Projekten gleichzeitig dazu führen kann, dass Sie 60 Prozent Ihrer Zeit verschwenden, um die verschiedenen Arbeiten zu koordinieren (anstatt sie einfach zu erledigen).

[10] Gerald Marvin Weinberg: *An Introduction to General Systems Thinking* (New York: Wiley, 1975).

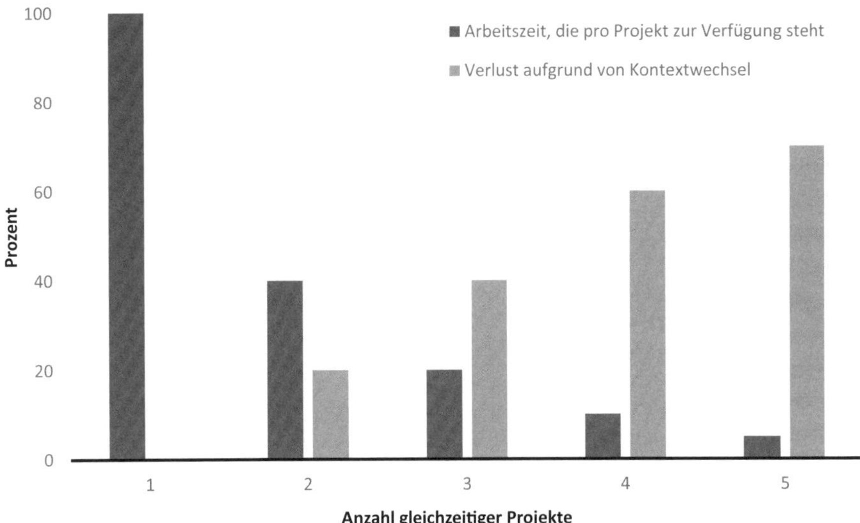

Abbildung 3-12 Der Preis, verschiedene Arbeiten zu koordinieren

Nehmen wir an, Sie arbeiten an einem großen Wasserfall-Projekt, das in 15 Monaten ausgeliefert werden soll. In der Mitte der Designphase taucht eine wichtige Initiative auf, die Ihrer Meinung nach dringend genug ist, dass sie sofort bearbeitet werden muss.

Da es kein anderes Team verfügbar ist, bekommt Ihr Team die Aufgabe, an beiden Projekten parallel zu arbeiten. Durch die Kosten des Aufgabenwechsels verringert jedoch ein 20-prozentiger Verlust Ihre Möglichkeiten, Fortschritte zu machen. Also sind es nicht 50 Prozent pro Projekt, sondern nur 40 (100 % – 20 % / 2 = 40 %).

Angenommen, der Umfang, den Sie einplanen, ist derselbe wie beim ersten Projekt, dann würde es mehr als doppelt so lange dauern, bis es abgeschlossen ist. Die verbleibenden Arbeiten am Design würden also 20 Prozent länger dauern. Das zieht sich so hin, bis das erste Projekt ein Major Release durchführt. Danach kann das zweite Projekt wieder an Fahrt aufnehmen, wenn der On-Product Index wieder bei 100 Prozent liegt (siehe Abbildung 3-13).

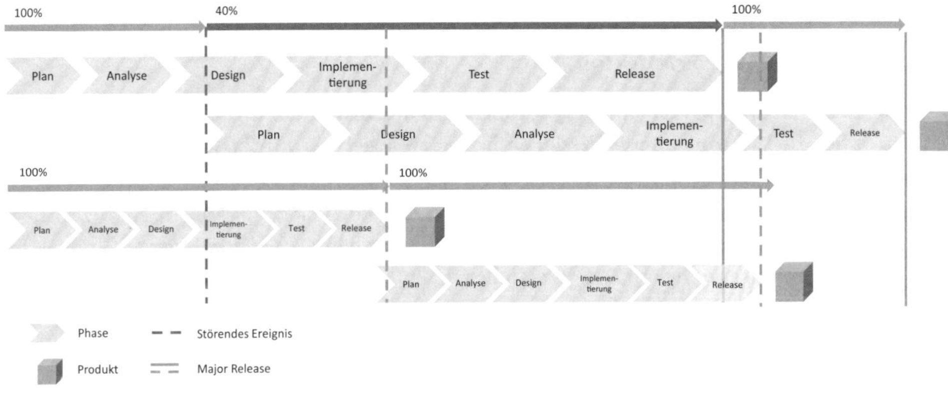

Abbildung 3-13 Paralleler vs. serieller On-Product Index

Im Endergebnis beeinträchtigen all diese Kontextwechsel sowohl Ihre Time-to-Market als auch die Mitarbeiterzufriedenheit.

Heutzutage betrachten viele Unternehmen ihre Angestellten als Ressourcen, Rohstoffe wie Elektrizität oder Rohmaterial. Diese Denkweise hat zu der Vorstellung geführt, dass Menschen austauschbar sind wie Batterien. „Ersetzen wir eine Duracell durch eine Energizer" oder „Ersetzen wir diesen Programmierer durch einen anderen. Beides sind Programmierer, wo ist der Unterschied?" Der Unterschied besteht in der Erfahrung aus früheren Projekten, eingesetzten Technologien und Tools, sozialer Kompetenz … es ist eine lange Liste.

Haben Sie schon einmal von dem Begriff „Vollzeitäquivalent" (Full-Time-Equivalent [FTE]) gehört? Zwei 50-Prozent-Ressourcen ergeben ein FTE, so etwas wie ein Äquivalent zu einem Menschen.

Ich habe schon FTEs gesehen, die aus vier Menschen bestanden. Was für ein Unsinn!

Frederick Brooks liefert mit seinem Gesetz ein gutes Gegenbeispiel (Brooks'sches Gesetz): „Während eine Frau neun Monate braucht, um ein Baby zur Welt zu bringen, können neun Frauen kein Baby in einem Monat zur Welt bringen."

INNOVATIONSFÄHIGKEIT

Aus dem *EBMgt Guide*

Die Innovationsfähigkeit ist nötig, aber häufig ein Luxus. Die meisten Softwareprodukte sind überladen mit unnützen Features. Je mehr es davon gibt, desto mehr Geld und Zeit muss das Unternehmen in die Pflege des Produkts stecken und reduziert dadurch seine verfügbare Innovationskapazität.[11]

Organisationen, die nicht in allen drei KVAs stark sind, erzeugen vielleicht einen kurzfristigen Wert, werden ihn aber nicht erhalten können. Der Zeitwert jeder Organisation muss mit dem Nachweis ihrer Fähigkeit einhergehen, die Marktnachfrage durch pünktliche Lieferung (Time-to-Market) zu befriedigen, während sie gleichzeitig in der Lage sein muss, sich selbst im Lauf der Zeit zu erhalten (Innovationsfähigkeit).

Im Folgenden finden Sie eine Reihe von Kennzahlen, die zusammen eine Möglichkeit bieten, potenzielle Innovationen zu messen.

Installed Version Index

Er beschreibt die Verteilung der Kunden über alle installierten Versionen in der Produktion; die Wartung älterer Versionen hat einen negativen Einfluss auf die Innovationsfähigkeit.

Wie viele Ihrer Kunden nutzen Ihre neueste Produktversion? Dieser Prozentsatz spiegelt direkt den Wert wider, den Sie mit jedem Release liefern. Wenn 70 Prozent Ihrer User beispielsweise auf dem neuesten Stand sind, dann bekommen nur 70 Prozent einen Wert durch Ihre neuesten Features.

[11] Schwaber und Kong: *Evidence-Based Management Guide*, S. 4.

Hohe Absorptionskosten verringern die Bereitschaft der Kunden, ein Upgrade durchzuführen. Absorptionskosten entstehen durch

- die Dauer der Installierung,
- neue Hardware,
- Schulung,
- Datenmigration und
- Pilotversionen.

Wenn Sie diese Kennzahl nachverfolgen, kann das dazu führen, dass Sie mehr investieren, um die Absorptionskosten zu reduzieren. Die Tatsache, dass Sie ältere Versionen Ihres Produkts nicht unterstützen müssen, ermöglicht mehr Investitionen in neue innovative Features.

Usage Index

Er bestimmt, wie schwierig ein Produkt und seine Features zu nutzen sind und ob Erweiterungssoftware aufrechterhalten wird, selbst wenn sie selten benutzt wird.

Wie benutzen Ihre Kunden Ihr Produkt? Wissen Sie, welche Features am meisten/wenigsten genutzt werden? Werden Sie so genutzt, wie Sie es vorgesehen haben? Das sind alles wichtige Informationen, wenn es darum geht zu entscheiden, was als Nächstes gebaut wird.

Das Feature unten rechts in Abbildung 3-14 könnte ein Admin-Feature sein, das nur einige bestimmte Mitarbeiter nutzen. Es könnte aber auch das neue „Killer"-Feature sein, von dem Sie annehmen, dass es sehr positive Auswirkungen haben wird. In beiden Fällen erlangt es Aufmerksamkeit. Seine Positionierung in der Grafik könnte bedeuten, dass das Feature großartig ist, aber nicht leicht zu entdecken. Das könnte eine Gelegenheit sein, Ihre User-Oberfläche zu überprüfen und anzupassen oder eine User-Schulung anzubieten.

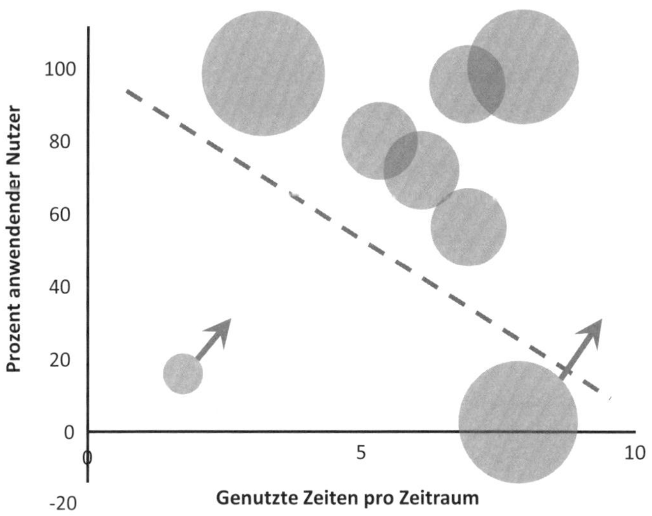

Abbildung 3-14 Visualisierung des Usage Index

Der Chaos Standish Report, der häufig zitiert wird, wurde 2014 überarbeitet und die Ergebnisse waren mit den ursprünglichen aus dem Jahr 2002 vergleichbar. Wie Abbildung 3-15 zeigt, werden nur 20 Prozent der Produktfunktionen „häufig" genutzt, während 50 Prozent „kaum" genutzt werden.

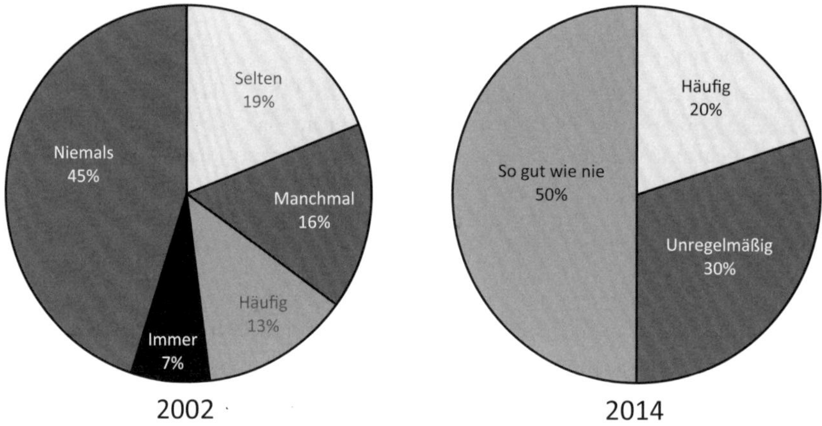

Abbildung 3-15 Nutzungshäufigkeit von Features und Funktionen bei der Standish Group

Innovationsrate

Sie beschreibt das Zunehmen der technischen Schuld, die durch schlecht entworfene und entwickelte Software entsteht. Das Budget wird weiter aufgebraucht, während die alte Software am Leben erhalten wird.

Was kostet es, Ihr Produkt am Laufen zu halten? Wie viel Ihres Entwicklungsbudgets wird für Wartung und Support ausgegeben? Je gesünder Ihre Code-Basis ist, desto mehr Testautomatisierung haben Sie und umso mehr Kapazitäten bleiben Ihnen für innovative Features. Diese zusätzliche Bandbreite ermöglicht es Ihnen, eher auf Markttrends zu reagieren und Ihre Konkurrenten zu überholen.

Das ist im Wesentlichen die Definition von technischer Schuld. Wenn Sie es nicht schaffen, das Problem jetzt anzugehen, werden sie in der Zukunft den Preis zahlen. Sie könnten sich am Ende in einem technischen Bankrott befinden, der zu einer kompletten Umschreibung des Systems führt: „Schließen wir Kapitel 11 ab und fangen nochmals neu an."

Das Netscape-Projekt zur Verbesserung des HTML-Layouts in Navigator 4 gilt als Beispiel für eine gescheiterte Neuschreibung.[12] Es war Konsens, dass der alte Netscape-Code so schlecht war, dass die Entwickler einfach nicht mehr damit arbeiten konnten. Also wurde der Navigator selbst um eine neue Maschine herum umgeschrieben. Infolgedessen wurden viele bestehende Features aufgegeben und das Release verzögerte sich um mehrere Mo-

[12] Siehe Joel Spolsky: *Things You Should Never Do, Joel on Software* (Blog), 6. April 2000, https://www.joelonsoftware.com/2000/04/06/things-you-should-never-do-part-i/, abgerufen am 11. September 2008.

nate. In der Zwischenzeit konzentrierte sich Microsoft auf inkrementelle Verbesserungen beim Internet Explorer und sah sich dabei nicht denselben Hindernissen gegenüber wie Netscape.[13]

Hierzu einige Beispiele für technische Schuld:

- Keine automatisierten
  - Builds
  - Unit-Tests
  - Akzeptanztests
  - Regressionstests
  - Bereitstellungen
- Code-Qualität
  - stark gekoppelter Code
  - hohe Code-Komplexität
  - Geschäftslogik an den falschen Stellen
  - hohe zyklomatische Komplexität (McCabe-Metrik)
  - duplizierte Codes oder Module
  - nicht lesbare Namen oder Algorithmen

Eine Forrester-Studie[14] ergab, dass im Jahr 2010 weniger als 30 Prozent der IT-Budgets für neue Features ausgegeben wurden, im Vergleich zu Wartung und Nachrüstung (siehe Abbildung 3-16).

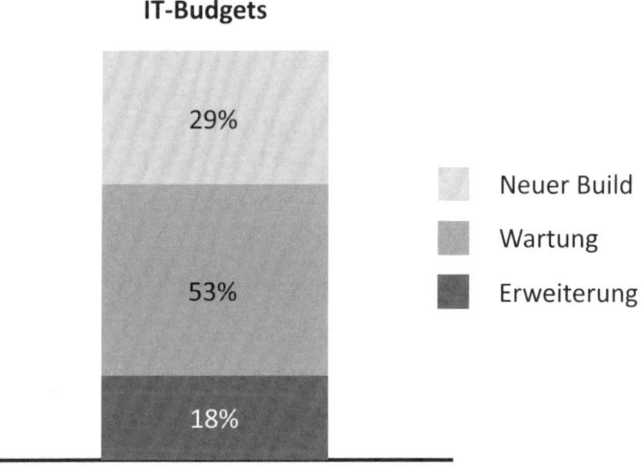

Abbildung 3-16 Durchschnittliche Verteilung von IT-Budgets

Ähnliche Kennzahlen für Ihr Produkt oder Ihr Unternehmen können ein wichtiger Weg sein, um Transparenz in Bezug auf Innovation zu schaffen. Das kann Investitionen in Qualität und Automatisierungspraktiken rechtfertigen.

Mit diesen drei Möglichkeiten lässt sich die Innovationsrate messen:

---

[13] Jamie Zawinski: *Resignation and Postmortem*, 31. März 1999.

[14] Forrester: *IT Budget Planning Guide for CIOs*, Oktober 2010.

1. Zählen Sie die Product Backlog Items, die neue Features betreffen, im Vergleich zu den geplanten Wartungseinträgen, die mit technischer Schuld, Bugs und Upgrades zu tun haben.
2. Einige Unternehmen haben fest zugeordnete Wartungsteams oder Einzelpersonen. Messen Sie das Verhältnis von Wartungsmitarbeitern gegenüber den Entwicklern eines neuen Produkts.
3. Wenn die Wartungsarbeiten unvorhersehbar sind, messen Sie die Zeit, die in jedem Sprint für ungeplante Wartungseinträge aufgewendet wird.

Alle diese Punkte liefern Ihnen eine Innovationsrate, die von Zeit zu Zeit überprüft werden kann.

Ich habe mit vielen Unternehmen zusammengearbeitet, deren bestehende Buchhaltungsstrukturen es unmöglich machten, die langfristigen Wartungskosten mit einer neuen Produktentwicklung in Korrelation zu setzen. Dadurch entstand ein großes Transparenzdefizit, da es keine genaue Messgröße der gesamten Produktionskosten gab. Das führte zu mangelnder Qualität, die wenig Raum für Innovation ließ.

Defects

Diese Kennzahl misst die zunehmend schlechter werdende Qualität von Software, die zu größeren Ressourcen und Budgets für die Wartung und einem möglichen Verlust von Kunden führt.

Dieses ist wahrscheinlich die gebräuchlichste Kennzahl in der Softwareentwicklung. Obwohl sie nicht der beste Indikator für den Wert ist, ist sie dennoch ein gutes Verfahren, um eine Schrittfrequenz zu schaffen und so die Anzahl der Defects zu messen. Die Bedeutung dieser Kennzahl besteht eher darin, einen Trend im Verlauf der Zeit zu erkennen, als die tatsächliche Anzahl zu messen. Nicht alle Defects sind es wert, gefixt zu werden. Wenn die Anzahl der Defects im Lauf der Zeit zunimmt, kann das jedoch ein Indikator dafür sein, dass die Qualität des Systems abnimmt. Das führt möglichweise dazu, dass Sie weniger Zeit für Innovationen haben.

KENNZAHLEN ZUR NACHVERFOLGUNG

Ein wichtiger Aspekt von Kennzahlen ist, dass durch sie regelmäßig gemessen wird. Die Trends, die sich abzeichnen, sind genauso wichtig wie die Daten selbst. Diese Trends bieten Ihnen die notwendigen Informationen, um Ihre Produkte und Abläufe rechtzeitig anzupassen.

Radargrafiken wie in Abbildung 3-17 bieten eine interessante Möglichkeit, einen Fortschritt im Zeitverlauf zu visualisieren.

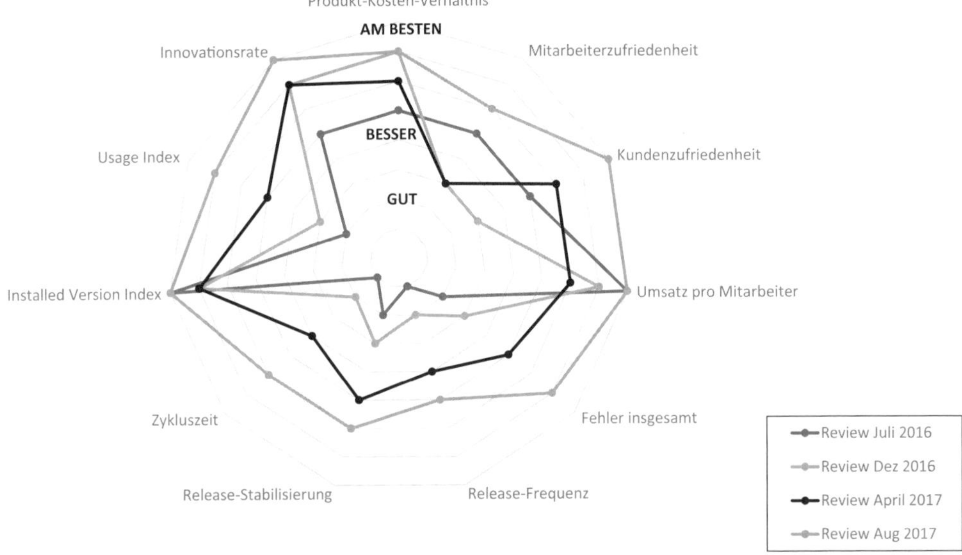

Abbildung 3-17 Radargrafiken visualisieren Änderungen bei Kennzahlen im Zeitverlauf

Eine detailliertere Art, Ihre Kennzahlen zu organisieren, bietet eine Tabelle im Stil eines „Scoreboard" wie in Abbildung 3-18. Dieser Ansatz trennt klar zwischen den eher zweitrangigen Fortschrittskennzahlen (oben), den Früh-Wertschöpfungskennzahlen (links) und den Spät-Kennzahlen (rechts).

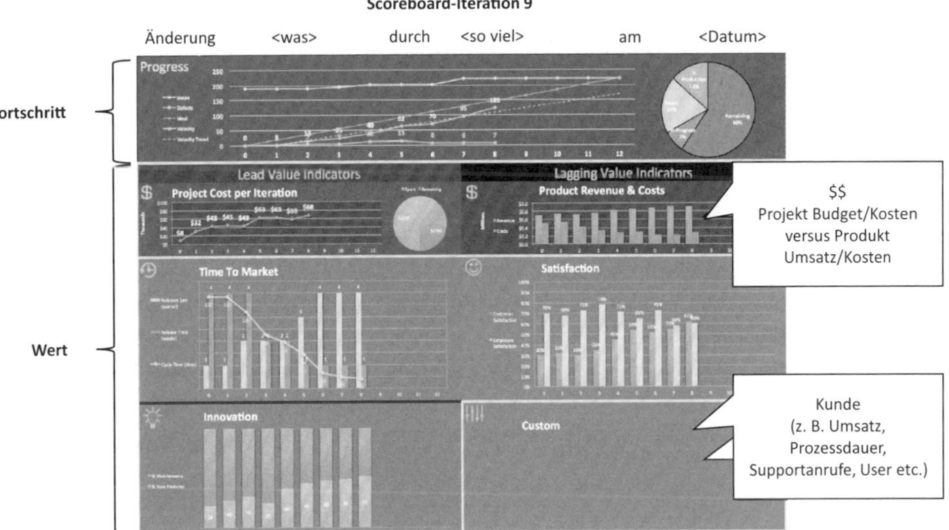

Abbildung 3-18 Kennzahlenübersicht im Stil eines Scoreboards (hier in Microsoft Excel)

Ich erstelle gerne ein Scoreboard wie dieses, das in einem gemeinsam genutzten Bereich ausgehängt wird. So bleiben die Vision und der Wert des Produkts im Fokus des Entwicklungsteams und der Stakeholder.

WOHIN IHR GELD FLIESST

Die vier KVMs zu verbinden ist ein wirksamer Weg, um zu visualisieren, wohin Ihr Geld nicht fließt. Das Beispiel in Abbildung 3-19 bildet den Branchendurchschnitt ab.

Eine Investition von 1 U-Dollar führt nur zu einem ROI von 0,06 US-Dollar.

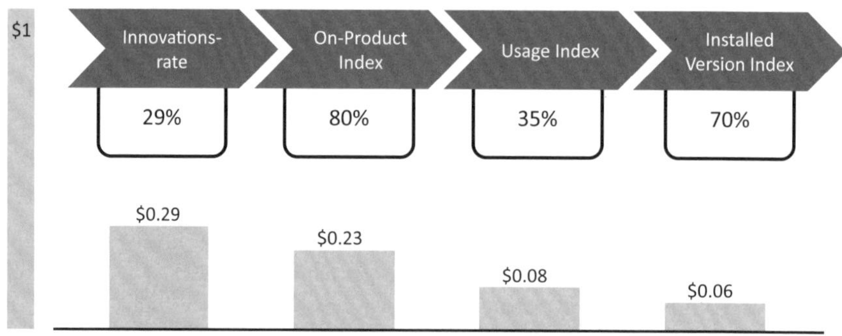

Abbildung 3-19 Wie viel von Ihrem Geld in den Wert fließt

- Eine **Innovationsrate** von 29 Prozent spiegelt die Forrester-Studie wider, in der 53 Prozent für Wartung und Support ausgegeben werden, zusätzlich zu den 18 Prozent für eine erweiterte Kapazität.
- Ein **On-Product Index** von 80 Prozent zeigt eine Situation, in der ein Team gleichzeitig an zwei Initiativen arbeitet und so einen Verlust von 20 Prozent durch den Aufgabenwechsel verursacht.
- Der **Usage Index** reflektiert die Standish Chaos-Studie, in der 35 Prozent der Features häufig oder regelmäßig genutzt werden.
- Der **Installed Version Index** zeigt eine Situation, in der 70 Prozent der User auf dem neuesten Stand sind.

Wenn Sie mit einem ähnlichen Format wie diesem verfolgen, wohin Ihr Geld fließt, bekommen Sie einen guten Einblick, der eine Investition in strategischere Initiativen rund um Innovation, Wartung, Teamstruktur, Automatisierung und User-Anleitung rechtfertigen kann.

NEGATIVER WERT

Es wird oft angenommen, dass Wert immer positiv ist, aber er kann durchaus auch negativ sein. Wahrgenommener negativer Wert hat weitaus größere Auswirkungen als positiver. Entsprechend einiger Studien teilen Menschen negative Erfahrungen drei- bis siebenmal häufiger als positive.

Ich besitze einen schönen VW Diesel. Ich habe immer einen VW gekauft, meine Mutter hat bei einem VW-Händler gearbeitet. Nach Dieselgate[15] bin ich fertig mit ihnen. Keinen VW mehr – nie wieder!

Negativer Wert kann sichtbar oder unsichtbar sein.

SICHTBAR

Ein negativer Wert kann durch neue Fehler entstehen, die ein wichtiges Feature nicht länger nutzbar machen, wie zu viele Abstürze, nachlassende Performance oder eine umständliche User-Oberfläche. All das schafft negativen Wert, den der Kunde direkt erfährt.

Manchmal sind die Kosten für ein fehlerfreies Release höher als sein Wert. Denken Sie an die Kosten für User-Schulung, Validierung der Umgebung (wie in der Gerichtsmedizin) und Aufsichtsprüfungen.

Ich habe mit einem Unternehmen gearbeitet, das Systeme für Produktionsanlagen in den Vereinigten Staaten entworfen hat. Deren User waren keine Computerexperten und brauchten im ganzen Land jedes Mal eine Schulung, wenn die Software ein Update bekam. In diesem Fall übertrafen die Absorptionskosten den Wert des Release, sodass das Unternehmen stattdessen entschied, monatliche Releases an nur einer einzigen Anlage durchzuführen (beta), wo es Feedback einholen konnte, um die Richtung des Produkts zu überprüfen und anzupassen. In den gesamten USA wurde nur noch alle sechs Monate ein Release durchgeführt.

UNSICHTBAR

Die andere Form des negativen Werts ist intern, für den Kunden nicht sichtbar. Ein Beispiel ist ein neues Feature, das niemand nutzt. Es wurde implementiert, getestet, dokumentiert, ohne irgendeinen Wert zu generieren. Noch schlimmer, von jetzt an müssen Sie es leider auch warten. Das bindet Geld, das Ihnen für Innovationen nicht mehr zur Verfügung steht. Ein Entwicklungsteam zu hetzen, zwingt sie, auf Kosten der technischen Qualität zu sparen – und so den hohen Standards, die Sie erwarten, nicht mehr zu genügen.

[15] Karthick Arvinth: *VW Scandal. Carmaker Was Warned by Bosch about Test-Rigging Software in 2007, International Business Times,* 28. September 2015.

Die Reparatur ist ein Schnellschuss und das Ergebnis ist technische Schuld. Kennen Sie die Redensart „Quick and Dirty"? „Dirty" bleibt, während „Quick" schon lange vergessen ist.

Die 2 x 2-Matrix in Tabelle 3-2, übernommen von Philippe Kruchten[16], ist eine gute Methode, sich das zu verdeutlichen.

Tabelle 3-2 Wert 2 x 2

	Sichtbar	Unsichtbar
Positiver Wert	Neue Features Hinzugefügte Funktionalität	Architektur Infrastruktur Design Automatisierung (CI, CD) (nur temporäre technische Schuld)
Negativer Wert	Defects/Bugs Systemstillstand Performance User-Erfahrung Kosten für Schulung	Technische Schuld ungenutzte Features Bereitstellungskosten

Beachten Sie die folgende Aussage:

Technische Schuld ist nicht dasselbe wie nicht „done".

Was bedeutet das genau? In einigen Situationen könnte es die richtige Geschäftsentscheidung sein, technische Schuld zu erzeugen – beispielsweise, wenn man Erster am Markt ist, einen schnellen Prototyp schafft oder auf ein unerwartetes Event reagiert.

Sie sind vielleicht auf „done", haben aber immer noch technische Schuld angesammelt.

Wenn Sie die technische Schuld nicht sofort angehen, müssen Sie sich klar darüber sein, dass Sie sie irgendwann zurückzahlen müssen – mit Zinsen. Sie sind vielleicht nicht so sichtbar wie der Zinssatz auf Ihrem Kreditkartenkonto, aber dennoch zahlen Sie sie. Erinnern Sie sich an die Innovationsrate: Schlechte technische Qualität der Software wird sie verlangsamen, da einfache Veränderungen länger dauern und mehr Anstrengungen erfordern, als sie sollten.

Eine solide Definition des Begriffs „done" kann dazu beitragen, die Höhe der produzierten technischen Schuld zu minimieren. Stellen Sie sicher, dass Sie für die gesamte technische Schuld einen Rückzahlungsplan haben, bevor die Zinszahlungen außer Kontrolle geraten. Denken Sie daran, dass es in der Zeit, in der Sie die Schulden abtragen, weniger sichtbaren

16 Philippe Kruchten: The (Missing) Value of Software Architecture, Kruchten Engineering Services, Ltd. (Blog), 11. Dezember 2013, https://philippe.kruchten.com/2013/12/11/the-missing-value-of-software-architecture/.

geschaffenen Wert in jedem Sprint gibt. Genauso wie bei finanziellen Schulden werden Sie weniger Mittel für andere Dinge haben, bis die Schuld bezahlt ist.

WERTNEUTRALITÄT

Dieses Kapitel hat Ihnen viele interessante Kennzahlen vorgestellt, deren Hauptziel es ist, Daten zu liefern, um Informationen zu generieren, sodass Sie in der unsicheren Welt der Produktentwicklung bessere Entscheidungen treffen können. Es ist wesentlich, dass Sie diese Kennzahlen frei von Einflüssen und Beurteilungen halten. Es gibt keine schlechten oder guten Informationen, es gibt nur die aktuelle Realität. Das versteht man unter Wertneutralität.

Wenn man keine wirklich wertneutralen Kennzahlen hat, kann das unbeabsichtigte Folgen haben und Transparenz verhindern. Das kennt man als die Pervertierung der Kennzahlen.

PERVERTIERUNG DER KENNZAHLEN

Ich habe gelernt, dass man nichts managen kann, das man nicht auch messen kann. Ich glaube immer noch, dass das stimmt. Auf der anderen Seite glaube ich aber auch, dass das, was Sie messen, das Verhalten der beteiligten Menschen lenkt.

In den 1990er-Jahren wurde in Europa viel zu viel Milch produziert, da sie sehr stark subventioniert wurde. Der übliche Begriff in den Nachrichten dafür war „Milchsee". Das trieb den Preise so weit nach unten, dass die Milch in besser zu lagernde Formen umgewandelt wurde wie Butter („Butterberg") oder Milchpulver. Selbst solche Aktionen stießen jedoch irgendwann an ihre Grenzen. Schließlich entschied die Europäische Union, dass die Anzahl der Milchkühe reduziert werden müsse. Als Beweis dafür, dass das auch umgesetzt wurde, wurden die Landwirte gebeten, ein Ohr von jeder geschlachteten Kuh per Post zu schicken. Sobald das Ohr eingetroffen war, bekam der Bauer eine finanzielle Entschädigung. Der erste Fehler war, dass die EU nicht um ein bestimmtes Ohr gebeten hatte, links oder rechts. Der zweite war, dass Kühe auch ohne Ohren leben können. Irgendwann entdeckten Reporter ganze Felder voller Kühe ohne Ohren.[17]

Der Kobra-Effekt[18] tritt auf, wenn ein Lösungsversuch das Problem nur noch verschlimmert – ein Fall von unbeabsichtigten Folgen. Der Begriff stammt aus einer Anekdote aus der Zeit der britischen Kolonialherrschaft in Indien. Die britische Regierung war besorgt über die Anzahl giftiger Kobras in Delhi. Die Regierung bot daher ein Kopfgeld für jede tote Kobra an. Anfangs war das eine erfolgreiche Strategie, da viele Schlangen für die Prämie getötet wurden. Schließlich fingen geschäftstüchtige Menschen jedoch an, Schlangen nur zu diesem Zweck zu züchten. Als die Regierung davon Wind bekam, wurde das Prämienprogramm kassiert, was dazu führte, dass die Kobrazüchter die jetzt wertlosen

---

17 David Medhurst: *A Brief and Practical Guide to EU Law* (Hoboken, NJ: Wiley, 2008), S. 203.
18 Patrick Walker: *Self-Defeating Regulation*, *International Zeitschrift 9*, Nr. 1 (2013): S. 31.

Schlangen freiließen. Infolgedessen nahm die Population der wilden Kobras weiter zu. Die offensichtliche Lösung für das Problem hatte die Situation verschlimmert.

Es gibt keine guten oder schlechten Nachrichten, es gibt nur Daten. Wenn Sie schlechte Nachrichten bestrafen, werden Sie nur gute bekommen – oder etwas genauer, schlechte Nachrichten, die als gute getarnt sind. Das Gesetz von Goodhart drückt dieselbe Vorstellung aus: „Wenn ein Maß zum Ziel wird, ist es kein gutes Maß mehr." (Siehe Abbildung 3-20.)

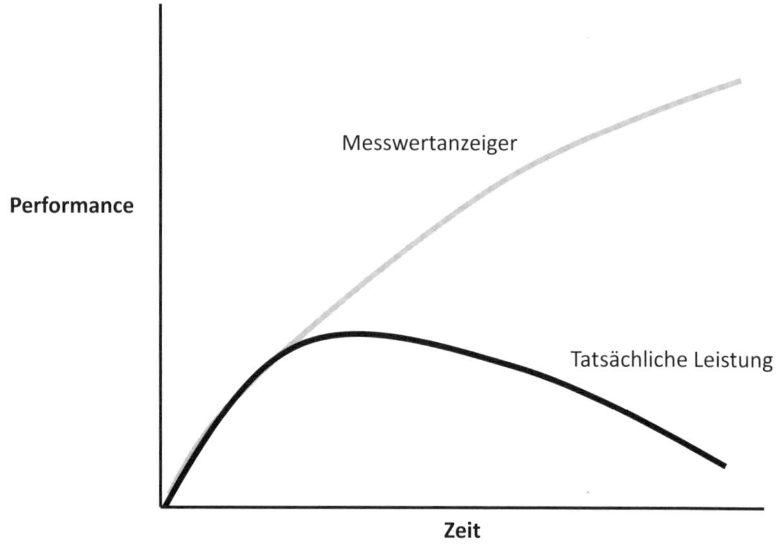

Abbildung 3-20 Das Gesetz von Goodhart visualisiert

Ein gutes (oder schlechtes) Beispiel für etwas, das einfach zu zählen, leicht zu fälschen und bedeutungslos (vielleicht sogar gefährlich) zu messen ist, ist die Produktivität eines einzelnen Entwicklers nach der Anzahl der in einem bestimmten Zeitraum geschriebenen Code-Zeilen. Das führt zu einer der schlechtesten Praktiken in der Softwareentwicklung, der „Copy-and-Paste-Programmierung".

Was immer Sie anfangen zu messen, spielen Sie den Advokat des Teufels und halten Sie ein kreatives Brainstorming darüber ab, wie die Kennzahl manipuliert werden kann. Versuchen Sie es mit ein paar Kollegen, um Ihre Chancen zu erhöhen, den Einfallsreichtum der Menschen, die gemessen werden, hervorzulocken.

Ich habe mit einem großen Unternehmen gearbeitet, dessen gut gemeinte Projektmanagement-Organisation wirklich den Teams helfen wollte, Scrum einzuführen. Die PMO etablierte eine Regel, dass jedes Team, das seine Sprint-Geschwindigkeit um plus oder minus 20 Prozent variierte, einen PMO-Vertreter treffen musste, der prüfte, wie er helfen könnte. Raten Sie, was mit der Kennzahl für die Geschwindigkeit passierte? Die Teams betrachteten das nicht als Hilfe, sondern als Strafe und die Geschwindigkeit war fortan keine wertneutrale Kennzahl mehr.

QUIZ-ÜBERPRÜFUNG

Vergleichen Sie Ihre Antworten vom Beginn dieses Kapitels mit den folgenden. Nachdem Sie das Kapitel gelesen haben, würden Sie irgendeine Ihrer Antworten ändern? Stimmen Sie den folgenden Antworten zu?

Aussage	Stimme zu	Stimme nicht zu
Bevor das Produkt nicht ausgeliefert ist, gibt es keinen Wert.	✓	
Für gewinnorientierte Unternehmen wird der Wert letztlich in Geld ausgedrückt (Umsatz und Kosten).	✓	
Die Performance und die Moral werden verbessert, wenn man die Wertschöpfungskennzahlen mit Leistungsanreizen verbindet.		✓
Kennzahlen können helfen, die geschäftlichen Annahmen und die Auswirkungen von Releases zu validieren.	✓	
Geschwindigkeit ist eine gute Messgröße für den geschaffenen Wert.		✓
Ein Release kann einen negativen Wert schaffen.	✓	

Kapitel 4
Validation

QUIZ

Zur Einführung in dieses Kapitel überlegen Sie, ob Sie den folgenden Aussagen zustimmen oder nicht. Die Antworten befinden sich am Ende des Kapitels.

Aussage	Stimme zu	Stimme nicht zu
Validierung bedeutet sicherzustellen, dass der Umfang, das Budget und der Zeitplan des Projekts eingehalten werden.	☐	☐
Eine einfache Onlineumfrage, die Daten über Ihre möglichen Kunden erhebt, ist ein valides Release, das einen Wert bietet.	☐	☐
Alles ist nur eine Hypothese, bevor es nicht am Markt getestet ist.	☐	☐
Je mehr Stakeholder Feedback geben, desto mehr sind sie für die Ausrichtung des Produkts verantwortlich.	☐	☐
Die Einhaltung aller internen Governance-Regelungen bietet die notwendige Validierung, um erfolgreich zu sein.	☐	☐

Bei der Validierung (Validation) geht es darum, die Feedbackschleife zu schließen, um Daten zu sammeln und zu messen. Durch diese Datenanalyse bekommen Sie Informationen, die für die Zukunft vorteilhaft genutzt werden können.

Da es beim Wert darum geht, Kunden zu begeistern, die Ihre Produkte konsumieren und kaufen, stellt sich die Frage: Wann schaffen Sie tatsächlich Wert?

Hat ein großer Plan einen Wert? Vielleicht indirekt für interne Mitarbeiter, die das Produkt erstellen. Hat er aber auch einen Wert für den Kunden? Ein Plan ist nur eine Annahme, dass der vorgesehene Weg zu einem Wert führen wird.

Zwei berühmte Militärführer und ein Boxer fassen diese Vorstellung schön zusammen:

„Pläne sind nutzlos, aber das Planen ist unabdingbar."
– Dwight D. Eisenhower

„Kein Plan überlebt die erste Feindberührung."
– Helmuth von Moltke

„Jeder hat einen Plan, bis er eins auf die Fresse bekommt."
– Mike Tyson

Eisenhowers Unterscheidung zwischen Planen und Plänen wird in der heutigen globalisierten Wirtschaft noch wichtiger, in der sich alles immer schneller bewegt. Um erfolgreich zu sein, müssen Sie Ihre Geschäftsannahmen so schnell wie möglich validieren. Eric Ries nennt das die *Werthypothese.*[1] Alle Vorstellungen sind nur Hypothesen, bis die Kunden sie validieren, indem sie für sie bezahlen und die entstehenden Produkte und Services nutzen. Das nennt man validiertes Lernen. Mit dieser neuen Denkweise wird jedes neue Produkt-Feature zu einem Experiment.

„In 80 Prozent der Fälle irren Sie/wir uns in Bezug auf die Wünsche eines Kunden",[2] ist die Erkenntnis von Microsoft. Dasjenige Unternehmen, das regelmäßig scheitert und daraus lernt, wird am erfolgreichsten und nachhaltigsten sein. Als Entrepreneur müssen Sie die Fähigkeit entwickeln, schnell einen Wert zu schaffen und so schnell wie möglich aus Ihren Fehlern (oder falschen Hypothesen) zu lernen.

Der frühere CEO von Cisco, John Chambers, beschrieb das in seiner letzten öffentlichen Rede: „40 Prozent der Unternehmen in diesem Raum werden in zehn Jahren nicht mehr auf sinnvolle Weise existieren. 70 Prozent der Unternehmen werden versuchen, zur Digitalisierung überzugehen, aber nur 30 Prozent von ihnen werden damit Erfolg haben. Damit sollte ich Sie ins Schwitzen bringen."[3]

STAKEHOLDER-FEEDBACK

Das Scheitern oder der Erfolg einer Produktentwicklung in Scrum steht und fällt mit dem Product Owner. Dieser ist jedoch selten der einzige Kunde. Typischerweise repräsentiert der Product Owner andere Stakeholder oder sogar ganze Marktsegmente.

Es ist entscheidend, von Anfang an alle Stakeholder zu identifizieren und mit ihnen zu kommunizieren, um zu gewährleisten, dass Sie das bestmögliche Produkt erzeugen.

Scrum bietet eine ausgezeichnete Möglichkeit für Stakeholder-Feedback durch das Sprint Review, das Transparenz rund um das Inkrement bietet. Stakeholder sind für diese Veranstaltung, in der Sie deren Feedback in das Product Backlog einbinden, das wichtigste Publikum. Das Produkt wenigstens einmal pro Sprint Ihren Stakeholdern zu präsentieren, bietet folgende Chancen:

1. *Einbeziehung der Stakeholder.* In jeden Sprint das Feedback der Stakeholder einzubinden, hat den Effekt, dass sie sich gehört fühlen und mehr möchten.
2. *Korrektur des Kurses.* Je öfter Stakeholder das Produkt sehen, desto weniger riskieren Sie, allzu lange die falsche Richtung einzuschlagen.
3. *Schaffen von Verantwortlichkeit.* Je mehr Transparenz Sie bieten, desto schwieriger wird es für Stakeholder, sich hinter Unwissen zu verstecken.

---

[1] Eric Ries: *The Lean Startup* (New York: Random House, 2011), S. 61.

[2] Ronny Kohavi et al.: *Online Experimentation at Microsoft* (Think Week paper, Microsoft Corp., Seattle, WA, 2009), http://ai.stanford.edu/~ronnyk/ExPThinkWeek2009Public.pdf.

[3] Julie Bort: *Retiring Cisco CEO Delivers Dire Prediction: 40 % of Companies Will Be Dead in 10 Years, Business Insider*, 8. Juni 2015, http://uk.businessinsider.com/chambers-40-of-companies-are-dying-2015-6.

Ein gutes Beispiel für Validierung durch Stakeholder bieten die Sandwichrestaurants von Subway. Subway sorgt für Transparenz zwischen der Zubereitung eines Sandwich und dem Kunden (siehe Abbildung 4-1):

1. *Einbeziehung der Stakeholder.* Bei Subway bereiten Sie das Sandwich gemeinsam zu. Derjenige, der das Sandwich belegt, macht nicht zu viel ohne Anweisung des Kunden.
2. *Korrektur des Kurses.* Sie ändern während der Zubereitung ihre Meinung zu den Zutaten. „Oh, diese Paprika sehen gut aus. Kann ich davon etwas mehr bekommen?"
3. *Schaffen von Verantwortlichkeit.* Wessen Schuld ist es, wenn ein Kunde schließlich das Sandwich nicht mit den Pilzen bekommt, die er eigentlich wollte? Der Kunde hätte während der Zubereitung etwas sagen sollen.

Abbildung 4-1 Transparenz in einem Sandwichrestaurant (Quelle: Don McGreal)

MARKT-FEEDBACK

Sie können Ihr Produkt von den klügsten Menschen der Welt begutachten lassen, der einzige Weg, Ihre Idee endgültig zu validieren, ist letztlich der Markt.

Als Product Owner muss Ihr Fokus immer darauf liegen, das Produkt in den nächsten lieferbaren Zustand zu bringen – ein Minimum Viable Product (MVP).

MINIMUM VIABLE PRODUCT

Bei MVPs geht es um die Validierung Ihrer Hypothesen. Sie müssen zwei Arten von Hypothesen validieren: technische und marktbezogene.

Technisch

Wenn Sie aus technischer Sicht nichts tun können, dann gibt es kein Produkt. Daher müssen Sie sich so früh wie möglich mit diesen Risiken befassen, um zu überprüfen, ob das, was Sie tun wollen, technisch möglich ist.

Marktbezogen

Die andere Hypothese ist die Marktakzeptanz: Wollen Menschen das Produkt kaufen? Sie müssen so schnell wie möglich in den Markt gehen oder so dicht daran sein wie möglich, um Ihre Vorstellungen zu validieren.

Sollten sich Ihre Hypothesen als falsch herausstellen, haben Sie noch nicht allzu viel Geld verloren und können immer noch in andere Optionen investieren – oder sich neu ausrichten, *pivo,* wie Eric Ries es formuliert. Das hilft auch dabei, die „Falle der versenkten Kosten“[4] zu vermeiden, also die Neigung, irrational an einer Aktivität festzuhalten, die den Erwartungen nicht entspricht, nur weil bereits so viel Zeit und/oder Geld dafür ausgegeben worden ist. Pokerspieler nennen das „Pot Committed“.

Ich habe ein Jahr lang an einer Initiative gearbeitet, um das erste Onlineprodukt seiner Art für Dokumentendruck zu entwickeln. Nach fünf Monaten konnten wir eine Datei hochladen und einige minimale Druckoptionen einrichten, ohne eine Bezahlmöglichkeit oder weitere komplexe Optionen für die Endbearbeitung hinzuzufügen (Etiketten, Beilagen, Einbände etc.). Zu der Zeit wollte das Management nichts davon hören, früh in die Produktion zu gehen, da wir noch nicht „fertig" waren. Sieben Monate später, nach dem Produktionsstart, erkannten wir, dass tatsächlich nur wenige Kunden die Extraoptionen für die Endbearbeitung nutzten, die wir mühsam dem Produkt hinzugefügt hatten. Mithilfe eines Textfelds für spezielle Hinweise erfuhren wir, was die Kunden wirklich wollten: Poster und Banner in ungewöhnlichen Formaten. Im Rückblick wäre das ideale MVP vielleicht ein einfacher Upload gewesen mit minimalen Druckoptionen und einem Textfeld für Hinweise. Wir hätten dann die Produktentwicklung auf der Grundlage der Anforderungen unserer tatsächlichen Einzelhandels-User steuern können – und so die Feedbackschleife beschleunigen und häufiger echten Wert schaffen.

Die Validierung der Hypothesen sollte Teil des Product Backlog sein und kann als aktives Risikomanagement betrachtet werden. Je größer die Auswirkungen, desto höher sollte die Priorität sein und desto früher sollte eine Überprüfung im Sprint Review und der Retrospektive stattfinden.

Um Ihre Hypothesen vernünftig zu validieren, müssen Sie natürlich die richtigen Messgrößen verwenden. Wie wir im vorherigen Kapitel besprochen haben, gibt es viele Kennzahlen, aus denen Sie wählen können. Vermeiden Sie die eher zweitrangigen, oberflächlichen Kennzahlen (Vanity Metrics).[5] Halten Sie Ihre Kennzahlen wertneutral – objektiv/ohne Meinungen –, sodass sie Ihnen die wahre Geschichte erzählen. Stellen Sie sich Ihren Herausforderungen, und arbeiten Sie eine nach der anderen ab.

[4] „Definition of ‚Sunk Cost Trap,'“ Investopedia, http://www.investopedia.com/terms/s/sunk-cost-trap.asp, abgerufen am 22. Februar 2018.
[5] Ebd.

MINIMUM VIABLE PRODUCT NACH KANO

Das Modell, das Kano[6] beschreibt, ist einfach, aber wirkungsvoll. Es stellt zwei Arten von Eigenschaften in einer zweidimensionalen Grafik dar: was ein Kunde braucht und sein Zufriedenheitslevel (siehe Abbildung 4-2).

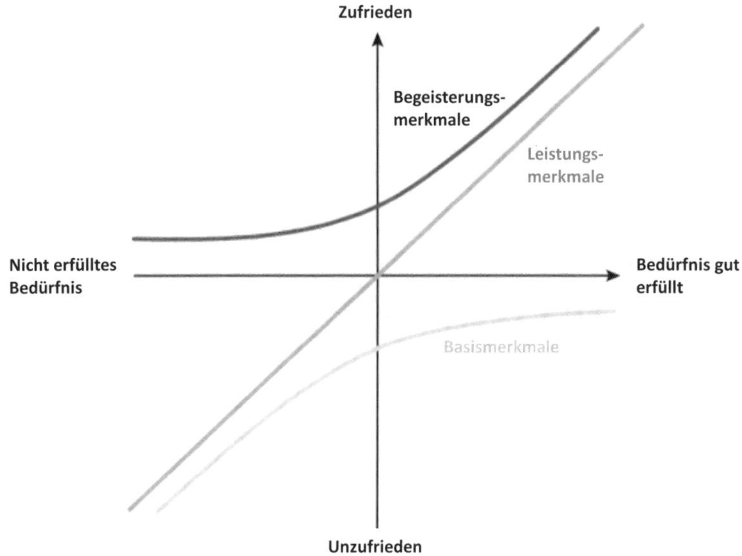

Abbildung 4-2 Das Kano-Modell

Diese Eigenschaften werden in drei Kategorien aufgeteilt:

- ***Basismerkmale:*** Sie sind wichtige Features, von denen Kunden annehmen, dass sie im Produkt enthalten sind. Ein Produkt ohne diese Basismerkmale würde die Kunden unangenehm überraschen, sich wahrscheinlich nicht verkaufen und so einen negativen Wert erzeugen. Die Basismerkmale eines Autos beispielsweise umfassen Motor, Anschnallgurte, Lenkrad – alles, was Sie in einem Auto erwarten.
- ***Leistungsmerkmale:*** Dies sind Eigenschaften, nach denen die Kunden explizit fragen, da sie nicht annehmen, dass sie vorhanden sind. Die Zufriedenheit der Kunden steigt von „gut genug" auf „sehr zufrieden". Je mehr *Leistungsmerkmale* Sie anbieten können, desto besser. Die Leistungsmerkmale beim Auto sind Klimaanlage, Stereoanlage, Navigationssystem und einige weitere Dinge für den Fahrspaß.
- ***Begeisterungsmerkmale:*** An diese Features haben Ihre Kunden wahrscheinlich noch gar nicht gedacht, sind aber begeistert, wenn sie sie entdecken. Begeisterungsmerkmale führen dazu, dass Menschen über Ihr Produkt sprechen. Beim Auto sind das die reibungslose Integration von Smartphones, Massagesitze, Parkassistenten oder sogar eine Vogelperspektive beim Einparken (siehe Abbildung 4-3).

---

[6] Noriaki Kano, Nobuhiku Seraku, Fumio Takahashi und Shinichi Tsuji: *Attractive Quality and Must-Be Quality, Hinshitsu* 14, Nr. 2 (1984): S. 147–156.

Abbildung 4-3 Vogelperspektive beim Einparken (Quelle: Don McGreal)

Sobald sie die Basismerkmale, genügend Leistungsmerkmale und einige Begeisterungsmerkmale abgedeckt haben, haben Sie ein MVP (siehe Abbildung 4-4).

Da kein Produkt jemals „done" ist, erstellen Sie eine Reihe von MVPs, eines nach dem anderen. Sobald das MVP im Markt ist, erheben Sie Ihre wesentlichen Wertschöpfungskennzahlen, erstellen das nächste Product Backlog für das nächste MVP und so weiter.

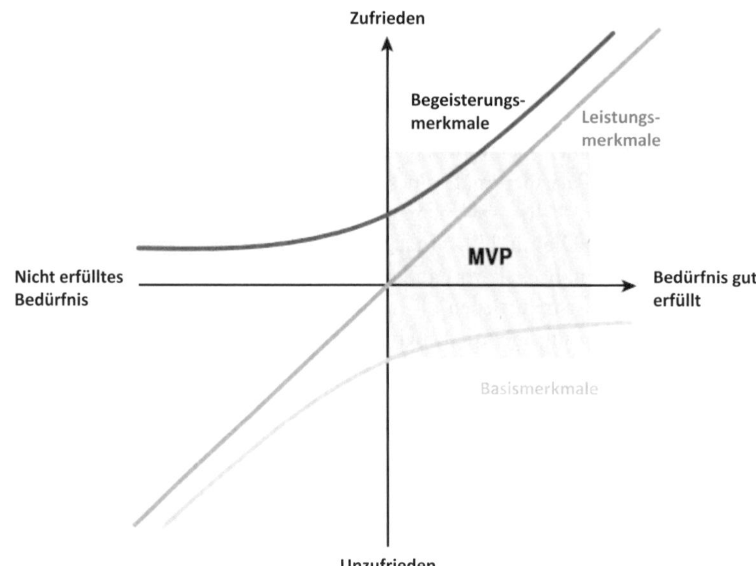

Abbildung 4-4 Das Kano-Modell überlagert mit dem MVP

Im Laufe der Zeit werden aus Begeisterungsmerkmalen Leistungsmerkmale und letztlich Basismerkmale (siehe Abbildung 4-5). Antiblockiersysteme (ABS) waren früher nur in Luxusautos zu finden. Heute gehören sie in jedem Auto zur Grundausstattung.

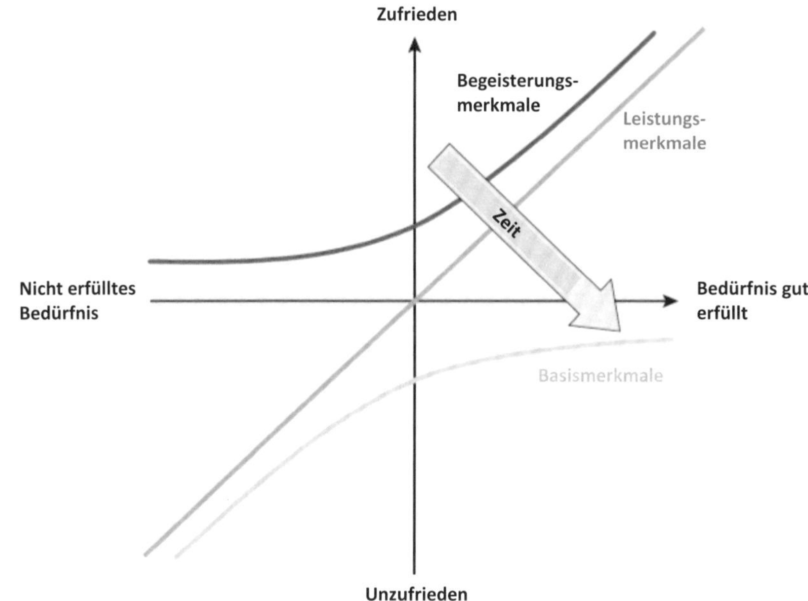

Abbildung 4-5 Aus Begeisterung werden Leistung und schließlich Basismerkmale

MVP-VORLAGEN

Es gehört viel Mut dazu, etwas zur Produktion freizugeben, bevor es „vollständig" ist. Wie wir jedoch bereits erläutert haben, ist Marktvalidierung entscheidend, wenn man etwas Einzigartiges und Unsicheres entwickelt. Es kann hilfreich sein, noch einmal darüber nachzudenken, welches Produkt möglicherweise für das Release bereit ist. Unten finden Sie einige MVP-Vorlagen, die als frühe Meilensteine für Ihr Produkt dienen können. MVPs werden zu häufig mit nach außen gerichteten Produkten in Verbindung gebracht, die nach potenziellen Märkten suchen. Jede dieser Vorlagen kann und sollte jedoch bei internen Produkten berücksichtigt werden, die wohl den Großteil der Softwareentwicklung ausmachen.

MVPs FÜR DIE WERBUNG

MVPs für die Werbung umfassen Videos, UI Mockups, Viral-Kampagnen oder alles, was die Menschen dazu bringt, über Ihr Produkt zu sprechen und vielleicht sogar das Kapital zu erhöhen. Eine Crowdfunding-Kampagne (wie Kickstarter) einzuführen, könnte als MVP in Erwägung gezogen werden. Für interne Produkte in größeren Unternehmen könnte ein Werbe-MVP bedeuten, ein zukünftiges Feature-Set für Stakeholder zu unterstützen, um Akzeptanz und einen Business Case aufzubauen.

MINING-MVPs

Mining-MVPs umfassen Umfragen, Proofs of Concept oder alles, was Daten über Ihren potenziellen Markt erhebt und so Ihr Geschäftsmodell validiert. Ein Mining-MVP steht Ihnen wahrscheinlich zur Verfügung, nachdem Sie Daten erhoben haben.

Bevor Sie beispielsweise viel Geld investieren und Monate damit verbringen, Bitcoin im allerersten Sprint in Ihre E-Commerce-Anwendung zu integrieren, könnten Sie eine Bitcoin Zahlungsmethode für Ihre User hinzufügen, die stattdessen zu einer einfachen Umfrage führt. So könnten Sie zählen, wie viele Menschen tatsächlich auf diese Option klicken und Ihr Interesse weiter wecken durch Fragen wie „Haben Sie ein Bitcoin-Konto?" und „Wenn Sie könnten, würden Sie Ihren Einkauf mit Bitcoin bezahlen?". Solche Daten liefern Ihnen wertvolle Informationen, um die Validität Ihrer Produktrichtung zu bestimmen, ohne in eine komplette Entwicklung zu investieren.

LANDING-PAGE-MVP

Veröffentlichen Sie eine einzige Seite, die den Wert Ihres Produkts erklärt (Leistungsmerkmale und Begeisterungsmerkmale) und eine Grundlage bietet, aus der alle anderen Features hervorgehen können. Mithilfe eines Landing-Page-MVP können sich Stakeholder ein Bild vom Fortschritt machen.

Sie können die Landing Page auch nutzen, um Daten über den Datenverkehr zu sammeln oder einen Call-to-Action zu erstellen.

Landing Pages können normalerweise leicht in frühen Sprints gebaut werden und geben dem Entwicklungsteam das Gefühl, gleich zu Beginn etwas auszuliefern.

„ZAUBERER VON OZ"-MVP

Ein „Zauberer von Oz"-MVP[7] sieht von der Kundenseite vollständig aus, aber hinter den Kulissen erledigen Menschen die ganze Arbeit. Hierbei geht es darum zu vermeiden, in ein komplett automatisiertes Backend zu investieren, wenn Sie sich noch nicht einmal sicher sind, ob Kunden Ihre Services kaufen werden.

Das klassische Beispiel hierfür ist Zappos. Der Gründer postete Fotos von Schuhen, die er in örtlichen Geschäften gefunden hatte, und integrierte sie in eine Blog-Seite, auf der man sie bestellen konnte. Sobald Bestellungen per E-Mail eingingen, lief er in die Schuhgeschäfte, kaufte die Schuhe und verschickte sie selbst. Erst nachdem er gesehen hatte, dass es eine Nachfrage gab, investierte er in ein Backend-System, einen Lagerbestand, die Abwicklung und andere Geschäftselemente.

---

[7] Ries: *Lean Startup*.

SINGLE-FEATURE-MVP

Sobald Sie ein Produkt im Markt haben, können Sie das als Basis zum Experimentieren nutzen. Geben Sie eine Funktion frei, selbst wenn es so etwas Kleines wie ein Product Backlog Item ist, und dann messen und vergleichen Sie es mit dem erwarteten Ergebnis.

NEUAUSRICHTUNG ODER DURCHHALTEN

Die wissenschaftliche Methode ist ein anerkanntes Forschungsverfahren, das kontinuierlich auf vergangenen Erfahrungen aufbaut. Zukünftige Experimente basieren auf empirischen Nachweisen aus vorangegangenen Experimenten (siehe Abbildung 4-6).

Im Schritt „Ergebnisse veröffentlichen" werden Kollegen um Feedback gebeten. Das kann eine Weile dauern und die gesamte Feedbackschleife verlängern.

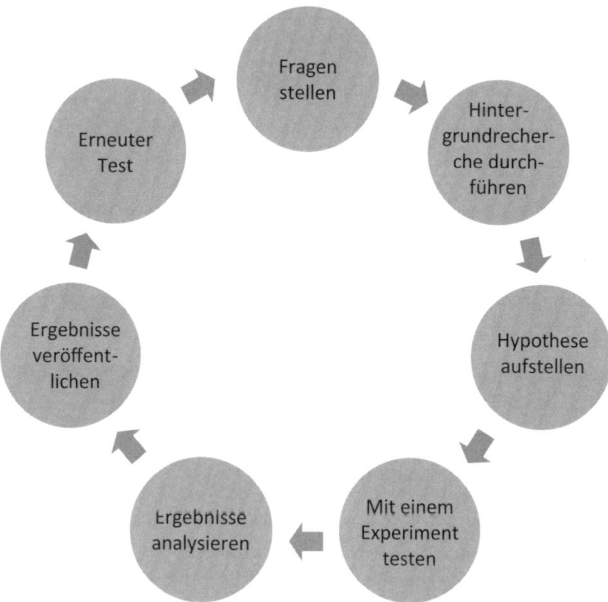

Abbildung 4-6 Schritte der wissenschaftlichen Methode

In seinem Buch *Lean Startup* stellt Eric Ries eine vereinfachte, produktzentrierte Version der Schritte der wissenschaftlichen Methode vor, um den Feedbackzyklus zu beschleunigen. Ries beschreibt das als das Build-Measure-Learn-Prinzip (siehe Abbildung 4-7).

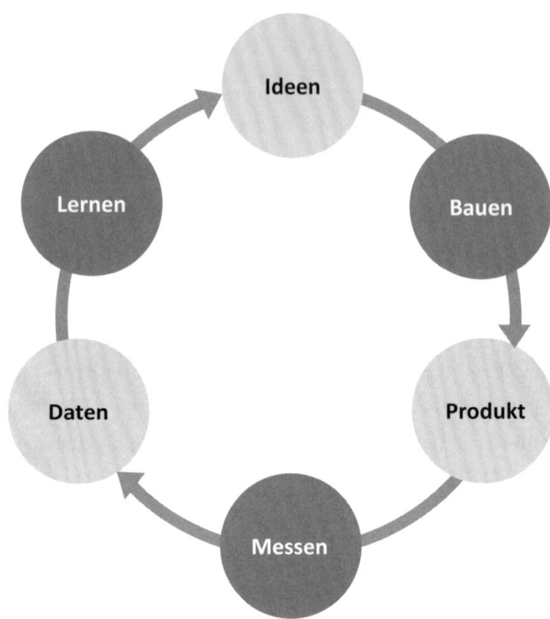

Abbildung 4-7 Build-Measure-Learn-Feedbackschleife

Wie in Kapitel 6 beschrieben passen die drei Säulen der Theorie der empirischen Prozesssteuerung gut in dieses Bild: Measure (Messen) bedeutet **Transparenz,** Learn (Lernen) bedeutet **Überprüfen** und Build (Bauen) bedeutet **Anpassen.** Das passt auch gut zu den drei Vs: Vorstellungen als **Vision,** Produkt als (potenzieller) **Value** (Wert) und Daten als **Validation** (Validierung).

Bei jedem Produkt, jeder Initiative oder jedem Feature sollte die Frage lauten: „Haben wir genug Wert geschaffen?" Die empirische Prozesssteuerung erlaubt es Ihnen, während des Verlaufs zu überprüfen und anzupassen.

Der Kern des Lean-Startup-Denkmodells besteht aus zwei Aktivitäten:

1. **Durchhalten**
2. **Neuausrichtung (Pivot)**

Wenn die Daten die Annahmen entweder bestätigen oder nicht eindeutig sind, dann fahren Sie beharrlich fort, weitere Daten zu sammeln.

Wenn die Daten ergeben, dass Sie nicht den Wert generieren, den Sie sich eigentlich erhofft haben, dann ist es Zeit, eine Entscheidung zu treffen, sich neu auszurichten und nicht selbstgefällig zu werden. Selbst wenn es einen erwarteten Wert gibt, könnten die Daten einen neuen, Erfolg versprechenderen Weg aufdecken, den Sie mutig beschreiten müssen.

Abbildung 4-8 fasst diese Konzepte zusammen.

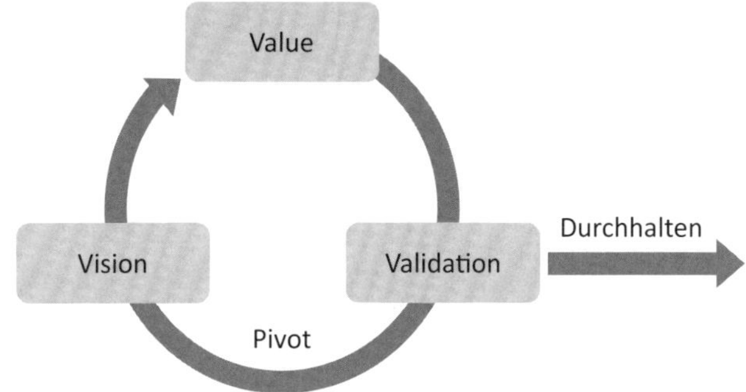

Abbildung 4-8 Die drei V, die zur Entscheidung „Durchhalten" oder „Neuausrichtung" führen

„Das Problem ist, dass wir das Problem nicht verstehen."
– Paul MacCready

Bei einer Neuausrichtung geht es darum, den Weg zu Ihrer Vision anzupassen oder sogar eine völlig neue Vision zu formulieren. Verfügbare Daten, also direkte Nachweise, sind hilfreich, aber die Intuition spielt ebenfalls eine wichtige Rolle, um neue Ideen zu entwickeln. Kürzere Feedbackzyklen ermutigen Sie, öfter Ihrer Intuition zu folgen, während Ihre Ideen letztlich durch konstante Validierung Substanz bekommen.

„Kundenfeedback ist die Basis für Ideen, Kundendaten sind die Basis für Entscheidungen."
– Roman Pichler

Eine Neuausrichtung ist nicht einfach. Sie müssen akzeptieren, dass Sie sich geirrt haben und sich anpassen müssen. Die Akzeptanz des Scheiterns wird viel zu oft durch oberflächliche Kennzahlen (Vanity Metrics) oder falsche Loyalität gegenüber Ihrem Produkt verdeckt.

Sobald sie akzeptiert haben, dass Sie hier sind, um so schnell wie möglich zu lernen, und die Zeit zwischen den Lernschritten reduzieren, werden Sie mehr Gelegenheiten bekommen, sich neu auszurichten, und so Ihre Erfolgschancen verbessern.

Im Jahr 1959 lobte Henry Kremer einen Preis von 2 Millionen US-Dollar (heutiger Wert) aus für die erste Person, die den Ärmelkanal mit einem Flugzeug, das durch Muskelkraft angetrieben wird, überquert. 1979 – also erst 20 Jahre später – schaffte es Paul MacCready. Warum erst so spät? Es war sicher nicht erlahmendes Interesse. Die vielen vorherigen Versuche der Konkurrenten, die Monate und Jahre damit verbrachten, ihre Flugzeuge zu entwickeln und zu bauen, endeten Sekunden nach dem Start mit einem Crash. Diese Angst vor dem Scheitern lastete schwer auf den meisten und führte zu noch längeren, „besseren" Plänen.

> *MacCready hatte solche Ängste nicht … Er rechnete damit, von Zeit zu Zeit zu scheitern, da er wusste, dass er, wenn er Erfolg haben wollte, in der Lage sein musste, es immer wieder zu versuchen und unzählige Male zu testen. Ist das Scheitern oder der Mut zum Scheitern?*[8]

[8] Anthony Morris: *A Willingness to Fail Solved the Problem of Human-Powered Flight*, *Financial Review*, 16. Oktober 2015.

Paul MacCready erkannte, dass es nicht um das Flugzeug selbst ging, sondern um die Möglichkeit, ein Flugzeug zu bauen, das innerhalb von Stunden immer wieder getestet werden konnte. Er kam auf vier Versuche pro Tag und mit seinem 223. Versuch hatte er Erfolg. Die Lerngeschwindigkeit war für seinen Erfolg wesentlich.

Stellen Sie sicher, dass die Feedbackschleife aus Vision, Value, Validation so häufig wie möglich geschlossen ist. Je höher die Häufigkeit, umso öfter können Sie sich neu ausrichten und desto besser sind Ihre Chancen auf Erfolg.

Ihre begrenzten Ressourcen bieten Ihnen nur eine bestimmte Startbahn (Zeit und Budget). Wenn Sie das Ende der Startbahn erreicht haben, müssen Sie schnell genug sein, um zu fliegen. Die Länge der Startbahn ist vorgegeben, also ist Ihre Fähigkeit, sich neu auszurichten der bestimmende Faktor für den Erfolg, andernfalls werden Sie am Ende der Startbahn abstürzen.

QUIZ-ÜBERPRÜFUNG

Vergleichen Sie Ihre Antworten vom Beginn dieses Kapitels mit den folgenden. Nachdem Sie das Kapitel gelesen haben, würden Sie irgendeine Ihrer Antworten ändern? Stimmen Sie den folgenden Antworten zu?

Aussage	Stimme zu	Stimme nicht zu
Validierung bedeutet sicherzustellen, dass der Umfang, das Budget und der Zeitplan des Projekts eingehalten werden.	☐	☑
Eine einfache Onlineumfrage, die Daten über Ihre möglichen Kunden erhebt, ist ein valides Release, das einen Wert bietet.	☑	☐
Alles ist nur eine Hypothese, bevor es nicht am Markt getestet ist.	☑	☐
Je mehr Stakeholder Feedback geben, desto mehr sind sie für die Ausrichtung des Produkts verantwortlich.	☑	☐
Die Einhaltung aller internen Governance-Regelungen bietet die notwendige Validierung, um erfolgreich zu sein.	☐	☑

TEIL II
SCRUM

Kapitel 5
Empirie

QUIZ

Zur Einführung in dieses Kapitel überlegen Sie, ob Sie den folgenden Aussagen zustimmen oder nicht. Die Antworten befinden sich am Ende des Kapitels.

Aussage	Stimme zu	Stimme nicht zu
Agile Praktiken passen am besten zu eher einfachen Produkten wie Websites.	☐	☐
Die richtigen Leute können, wenn sie sich genügend Zeit nehmen, um ein komplexes Problem zu analysieren, alle Variablen exakt vorhersagen.	☐	☐
Der effizienteste Weg, ein komplexes Problem anzugehen, ist, kontinuierlich zu überprüfen und anzupassen.	☐	☐
Wenn man an komplexen Problemen arbeitet, ist es gut, Risiken einzugehen.	☐	☐
Jedes Mal, wenn ein funktionierendes Inkrement entwickelt und überprüft wird, wird die Komplexität reduziert.	☐	☐

ES IST EIN KOMPLEXES PROBLEM

Nehmen wir an, Sie sind dafür verantwortlich, einen Konferenzraum von 9 bis 17 Uhr konstant auf einer Temperatur von 21 Grad Celsius zu halten. In dem Raum gibt es keinen Thermostat und keine Möglichkeit für Sie, während des Tages die Temperatur abzulesen und anzupassen. Der Gebäudemanager besteht darauf, dass Sie jeden Tag um 9 Uhr alle Variablen bereitstellen, die die Temperatur möglicherweise beeinflussen könnten. Diese Variablen werden dann in ein zentrales Heiz-/Kühlsystem eingegeben, um die Temperatur des Raums während des Tages zu kontrollieren.

Es sollte einfach zu berechnen sein, zu welchen Tageszeiten Sie heizen oder abkühlen müssen, oder? Welche Informationen benötigen Sie? Wenn Sie eine Weile darüber nachdenken, erhalten Sie wahrscheinlich eine Liste wie die folgende:

1. Anzahl der Menschen im Raum: Ein sitzender menschlicher Körper ist eine Wärmequelle von ungefähr 100 Watt.
2. Aktivitätslevel der Menschen im Raum: Je aktiver sie sind, desto mehr Hitze erzeugen sie.
3. Raumvolumen: Länge x Breite x Höhe
4. Kapazität der HLK (Heizungs-, Lüftungs- und Klimatechnik): Wie schnell kann das System ein bestimmtes Volumen abkühlen/aufheizen?
5. Starttemperatur um 8 Uhr: Startpunkt
6. Andere Wärmequellen: Laptops, Projektor, Essen etc.
7. Wettervorhersage: wechselnde Außentemperatur im Tagesverlauf; Wolken oder Sonne
8. Isolierung des Raums: Wie wirkt sich die Außentemperatur auf die Raumtemperatur aus?
9. Jahreszeit: die Position der Sonne im Tagesverlauf
10. Geschlossene und geöffnete Fenster und Türen: erwarteter Temperaturanstieg oder abfall
11. Ausrichtung des Raums: Norden, Süden, Penthouse, Erdgeschoss etc.

Welche dieser Aspekte bleiben im Tagesverlauf konstant?

~~1. Anzahl der Menschen im Raum~~
~~2. Aktivitätslevel der Menschen~~
3. **Raumvolumen**
4. **Kapazität der HLK**
5. **Starttemperatur um 8 Uhr**
~~6. Andere Wärmequellen~~
~~7. Wettervorhersage~~
8. **Isolierung des Raums**
9. **Jahreszeit**
~~10. Geschlossene und geöffnete Fenster und Türen~~
11. **Ausrichtung des Raums**

Einige sind vorhersehbar, also können Sie den Plan für den Tag erstellen.

Was passiert, wenn aufgrund von Verkehrsproblemen nur die Hälfte der Menschen erscheint? Was ist, wenn der Projektor nicht funktioniert und Sie mit Flipcharts arbeiten müssen? Was ist, wenn jeder seinen eigenen Laptop benutzt? Was ist, wenn sich die Wettervorhersage ändert und die derzeitige Hitzewelle durch einen schweren Sturm unterbrochen wird? Was ist, wenn jemand zum Lüften das Fenster öffnet?

Selbst wenn die meisten Parameter vorhersehbar sind, können einige unvorhersehbare den besten Plan ruinieren. Eine kleine Veränderung kann große Auswirkungen auf das Endergebnis haben. Sie stellen vielleicht fest, dass Sie tatsächlich versuchen, die Umgebung und die Menschen zu kontrollieren, immer wenn es scheint, als würden sie vom ursprünglichen Plan abweichen: „Sie können jetzt nicht die Tür öffnen, um zum Waschraum zu gehen. Eine Pause ist erst in 22 Minuten eingeplant.“ Kommt Ihnen das aus vergangenen Projekten bekannt vor?

Das ist offenbar nicht der Weg, mit dem Sie für eine angenehme Raumtemperatur sorgen. Es gibt eine einfachere Lösung: **einen Thermostat.**

Der Thermostat vergleicht die derzeitige Temperatur mit der Zieltemperatur. Alle paar Minuten berechnet der Thermostat die Differenz und reagiert entsprechend. Durch dieses

Feedback können Sie alle ungeregelten Variablen ignorieren. Es spielt keine Rolle, ob nur die Hälfte der Leute erscheint, die Wettervorhersage falsch ist oder weitere Wärmequellen auftauchen. Der Thermostat wird mit dieser Variabilität fertig.

Der Thermostat ist eine schöne Metapher. Er entkoppelt Sie von allem Unbekannten und führt stattdessen eine Feedbackschleife ein. Er liest transparent ab, überprüft und passt an. Je kürzer diese Schleife ist, desto genauer ist die Temperatur.

Verbinden wir das mit der Produktentwicklung.

Welche Variablen müssen Sie nun in Ihre Berechnung einbeziehen?

1. Anzahl der Menschen
2. Umfang
3. Budget
4. Zeitplan
5. Technologie
6. Infrastruktur
7. Kenntnisse der Menschen, die an diesem Projekt arbeiten
8. Abhängigkeiten von anderen Systemen oder Komponenten
9. Qualität
10. Urlaub/Krankheitstage
11. Abnutzung
12. Marktveränderungen
13. Regulierungen
14. Zugang zu den richtigen Menschen

Welche dieser Variablen sind konstant oder vorhersehbar?

Vergleichen Sie diese Liste mit den Temperaturvariablen. Welche sind vorhersehbarer?

Sie haben hoffentlich erkannt, wie schwierig es ist, die Variablen für das Temperaturproblem vorherzusehen. Warum versucht man es also weiterhin in der Welt der Produktentwicklung?

Sie haben vielleicht schon ein Team, aber Menschen können kündigen, krank werden oder Urlaub nehmen. Das Budget und der Zeitplan sind anfangs vielleicht festgelegt, beide können sich allerdings im Verlauf ändern. Einige zentrale Infrastruktur- und Technologieentscheidungen werden früh getroffen, aber wie sie umgesetzt werden, variiert sehr stark – und halten wir uns erst gar nicht damit auf zu bestimmen, ob der Umfang vorhersehbar ist.

Sie erkennen sehr schnell, dass die Welt der Produktentwicklung sogar noch komplexer ist als das Temperaturproblem. Wie beim Temperaturproblem benötigen Sie einen einfacheren Ansatz, der Feedbackschleifen aus **Transparenz → Überprüfen → Anpassen** einbezieht. Was also steht in der Produktentwicklung für den Thermostat?

Scrum.

In Kapitel 6 werden die Mechaniken von Scrum detaillierter behandelt. Betrachten wir zunächst einmal die Theorie hinter Scrum und einem Großteil der agilen Bewegung.

SICHERHEITS-QUIZ

Um die Unsicherheit in Ihrem Umfeld zu messen, führen Sie das folgende Quiz durch.

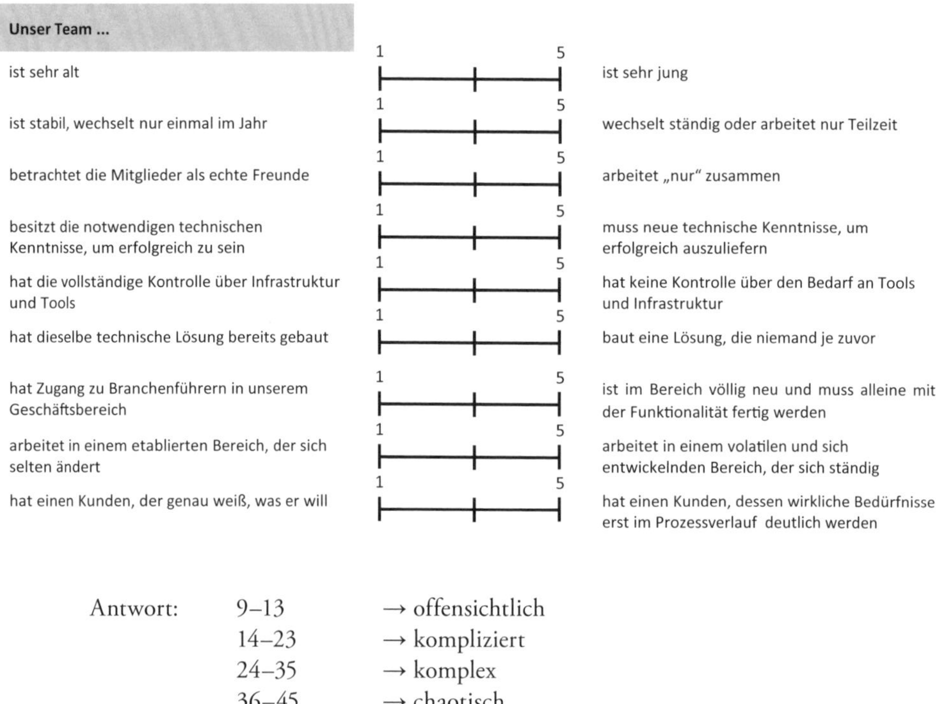

Antwort:	9–13	→ offensichtlich
	14–23	→ kompliziert
	24–35	→ komplex
	36–45	→ chaotisch

Die meisten Initiativen in der Produktentwicklung fallen in den Bereich komplex. Was also bedeutet „komplex“?

Ralph Douglas Stacey entwickelte 2001 die Stacey-Matrix, um die komplexe Realität der Produktentwicklung zu visualisieren.[1]

VISUALISIERUNG DER KOMPLEXITÄT

In der modifizierten Stacey-Matrix (siehe Abbildung 5-1)[2] stellt die x-Achse die Sicherheit der Technologie dar, die Sie nutzen wollen. Wie sicher sind sie, dass sie so funktioniert wie geplant? Auf der linken Seite sind Sie sehr sicher, wahrscheinlich aufgrund vorangegangener Erfahrungen. Je mehr Sie sich nach rechts bewegen, desto unsicherer werden Sie. Die äußerste rechte Seite könnte anzeigen, dass Sie neue Technologien entwickeln müssen, die

[1] *The Stacey Matrix*, gp-training.net, http://www.gp-training.net/training/communication_skills/consultation/equipoise/complexity/stacey.htm, abgerufen am 23. Februar 2018.

[2] Ken Schwaber und Mike Beedle: *Agile Software Development with Scrum* (Upper Saddle River, NJ: Prentice Hall, 2002), S. 93.

viele Herausforderungen mit sich bringen. Edison brauchte 3000 verschiedene Designs und zwei Jahre, um schließlich eine Glühlampe zu produzieren.[3] Diese Erfindung besaß einen enormen Komplexitätsgrad.

Die y-Achse zeigt den Grad der Übereinstimmung mit den vereinbarten Anforderungen an. Dicht am Nullpunkt besteht Einigkeit über genau das, was gebraucht wird: Es werden keine Änderungen erwartet. Je weiter Sie sich vom Nullpunkt entfernen, desto weniger Übereinstimmung gibt es. Im Extremfall gibt es überhaupt keine Einigung, noch nicht einmal über einige hochrangige Ziele.

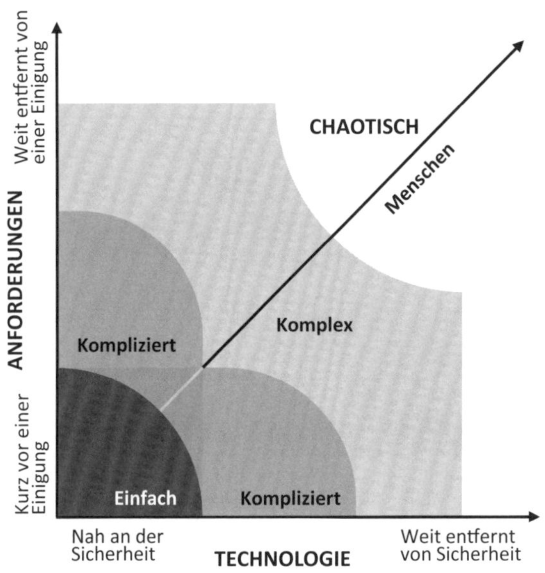

Abbildung 5-1 Modifizierte Stacey-Matrix

Die dritte Achse, die von Ken Schwaber hinzugefügt wurde, führt die Teamdimension ein. Wie gut ist die Zusammenarbeit der Mitglieder? Besitzt das Entwicklungsteam alle erforderlichen Kenntnisse, um am Ende des Sprint ein „Done"(zum Release bereites)-Produktinkrement zu liefern? Haben Sie überhaupt schon ein vollständiges Team? Ist das Team bereits durch die Phasen Einstieg – Auseinandersetzung – Regelung – Leistung (Forming – Storming – Norming – Performing) gegangen?[4] Besteht Vertrauen? Eine der wichtigsten Zutaten für ein Hochleistungsteam ist Vertrauen. Ohne Vertrauen wird sich kein effektives Teamverhalten einstellen.[5]

Überdenken Sie anhand dieser drei Achsen Ihre derzeitigen Entwicklungsbemühungen (oder nehmen Sie eine aus der Vergangenheit) und versuchen Sie sie in der Grafik zu

[3] Elizabeth Palermo: *Who Invented the Light Bulb?, Live Science,* http://www.livescience.com/43424-who-invented-the-light-bulb.htmln, abgerufen am 16. August 2017.

[4] Bruce W. Tuckman: *Developmental Sequence in Small Groups, Psychological Bulletin* 63, Nr. 6 (1965): S. 384–399.

[5] Patrick Lencioni: *The Five Dysfunctions of a Team* (San Francisco: Jossey-Bass, 2002).

positionieren. Befinden Sie sich im einfachen, komplizierten, komplexen oder sogar im chaotischen Bereich?

Normalerweise werden Sie feststellen, dass die Technologie und die Anforderungen im komplizierten Bereich liegen, und wenn Sie diesen Punkt grafisch darstellen, liegt die Schnittmenge im komplexen Bereich (siehe Abbildung 5-2), was das Spiel komplett verändert.

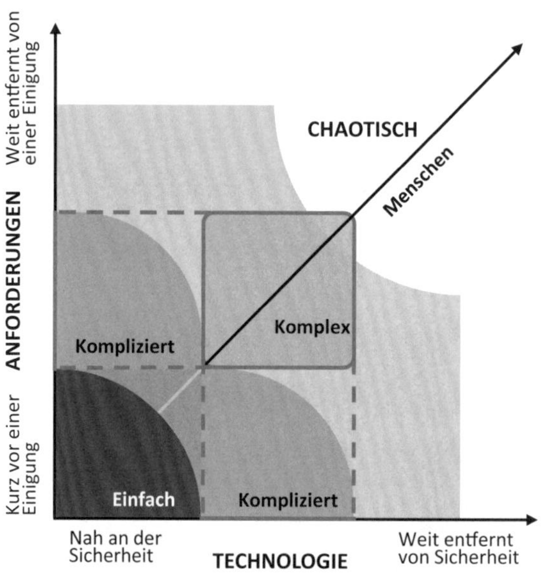

Abbildung 5-2 Die Schnittmenge von komplizierten Dimensionen ist komplex

CYNEFIN

Dave Snowden forscht über Komplexitätstheorien und Wissensmanagement. Im Jahr 1999 entwickelte er während seiner Arbeit bei IBM das Cynefin[6] Framework. Cynefin besteht aus fünf Bereichen: *offensichtlich*[7] und *kompliziert* auf der rechten Seite und *komplex* und *chaotisch* auf der linken. Ein fünfter Bereich – Verwirrung – ist dafür reserviert, wenn der Bereich unklar ist.

Abbildung 5-3 zeigt die Grundstruktur.

---

[6] David J. Snowden und Mary E. Boone, Mary E.: *A Leader's Framework for Decision Making, Harvard Business Review,* November 2007, S. 69–76.

[7] Bis Januar 2015 wurde er *einfach* genannt.

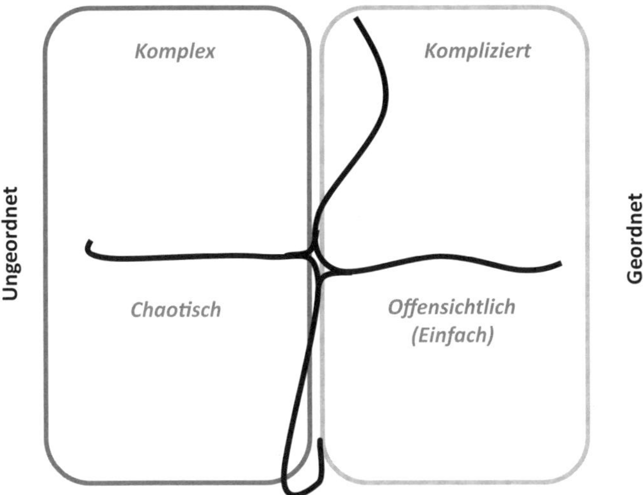

Abbildung 5-3 Cynefin-Grundstruktur: geordnete vs. ungeordnete Domänen

Cynefin wird häufig als Kategorisierungs-Framework betrachtet. Snowden betont jedoch, dass es ein „Wissensmanagement"-Framework ist, das auf vergangenen Erfahrungen der Menschen aufgebaut ist und zukünftige Erfahrungen voraussieht. Tabelle 5-1 zeigt den Unterschied.

Tabelle 5-1 Kategorisierungsmodell und sinnstiftendes Modell im Vergleich

Kategorisierungsmodell	Sinnstiftendes Modell
Die Daten folgen dem Framework.	*Das Framework folgt den Daten.*
Sie müssen die Passform für die Daten finden und sie daher in ein bestehendes Framework einordnen.	Sie erheben Daten und erkennen, ob Sie in einem *geordneten* oder *ungeordneten* Bereich operieren. In einem ungeordneten Bereich müssen Sie die Akteure identifizieren, die das System beeinflussen, sodass Sie einlenken können.

Das Ziel von Cynefin ist die Beantwortung folgender Frage: Wie unterschiedlich behandeln Sie Probleme, abhängig vom Bereich, zu dem sie gehören?

OFFENSICHTLICH

Kochen ist ein perfektes Beispiel für einfache Arbeit. Sie entscheiden, was Sie gerne essen möchten und kaufen ein, schneiden, würfeln, frittieren und rühren um, wie es im Rezept beschrieben wird. Solange Sie in der Lage sind, den Anweisungen zu folgen, werden Sie Erfolg haben. Normalerweise sind im Rezept auch die Zeiten für die Vorbereitung und das Kochen angegeben. Sie operieren mit dem *bekannten Bekannten*. Das Konzept ist Wahrnehmen – Einordnen – Reagieren (*Sense – Categorize – Respond*), das für jeden, der den Anweisungen folgen kann, wiederholbar ist. Daher befinden sich im offensichtlichen Bereich die *Best Practices* (siehe Abbildung 5-4).

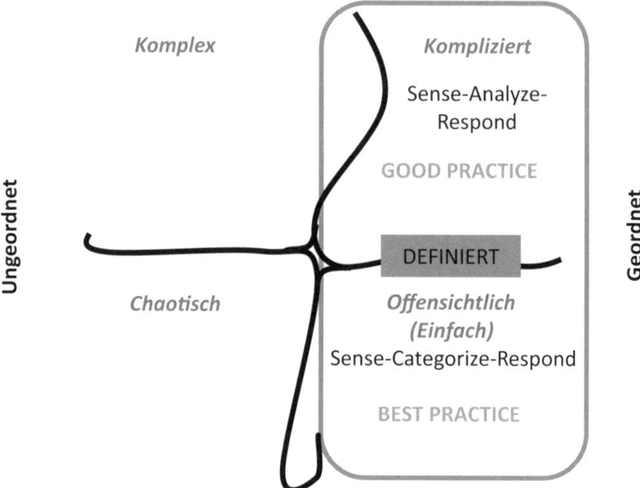

Abbildung 5-4 Nach Cynefin sind einfache und komplizierte Domänen geordnet

KOMPLIZIERT

Jetzt bauen wir ein Haus, ein zweistöckiges Einfamilienhaus. Sie wissen, wie das geht; es gibt Berufe für diese Art Arbeit: Architekten, Baustatiker, Bauingenieure, um nur einige zu nennen.

Abhängig vom Standort des Hauses müssen Sie bestimmte allgemeine Bedingungen beachten.

Dort, wo ich in der Schweiz lebe, stehen viele Häuser an steilen Hängen; das erfordert ein verstärktes und verankertes Fundament. Bevor ich in die Schweiz gezogen bin, habe ich im Silicon Valley gelebt, wo jedes meiner gemieteten Häuser erdbebensicher gebaut war.

Bestimmte Probleme müssen korrekt analysiert werden. Falls nicht, kann das schwerwiegende Konsequenzen haben. Sie operieren mit dem *bekannten Unbekannten* und das Konzept ist Wahrnehmen – Analysieren – Reagieren (*Sense – Analyze – Respond*).

Für einen Experten wiederholt sich der komplizierte Bereich von Projekt zu Projekt, daher haben sich *Good Practices* im Lauf der Zeit etabliert. Das ist anders als im offensichtlichen Bereich, in dem dieselben Schritte (Best Practices) immer anwendbar sind.

Diese beiden Bereiche sind *geordnet*; es gibt einen eindeutigen Zusammenhang zwischen Ursache und Wirkung. Aufgrund der Wiederholbarkeit kann ein lineares Konzept angewendet werden.

KOMPLEX

Wenn es kompliziert ist, ein Haus zu bauen, was ist dann mit einem Flughafen? Es gibt viele Flughäfen auf der Welt, aber aufgrund ihrer Größe und unvorstellbaren Anzahl von Abhängigkeiten, ist es unrealistisch, alles vorab im Detail zu planen. Viele Situationen ergeben sich erst im Verlauf und machen Planänderungen erforderlich. Ein Vertragspartner geht pleite, der gegossene Beton hat die falsche chemische Zusammensetzung, was eine zusätzliche Stahlverstärkung erforderlich macht, die wiederum einen Schacht blockiert. Diese Änderungen haben oft erhebliche Auswirkungen und der Plan muss angepasst werden, während Sie ihn durchführen. Komplexität wird am besten beschrieben als der Bereich des *unbekannten Unbekannten*, dafür benötigt man den Ansatz Erforschen – Wahrnehmen – Reagieren (*Probe – Sense – Respond*) (siehe Abbildung 5-5).

Um erfolgreich zu sein, ist es wesentlich, dass das angewandte Verfahren das unbekannte Unbekannte sichtbar macht. Dadurch können Sie entsprechend handeln und bekommen eine Gelegenheit, es zu analysieren.

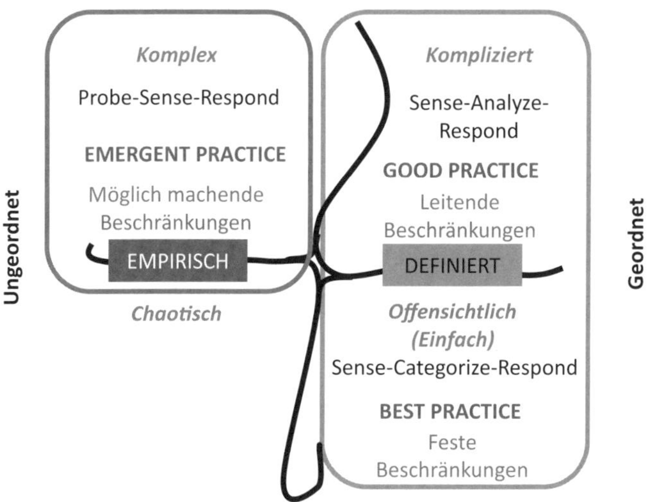

Abbildung 5-5 Nach Cynefin ist die komplexe Domäne ungeordnet

Im *offensichtlichen* Bereich haben Sie *feste* Beschränkungen, da Sie sich auf die etablierten Best Practices verlassen können. Sie wissen, wie lange eine bestimmte Arbeit dauert und wie teuer sie wird. Im *komplizierten* Bereich arbeiten Sie mit *herrschenden* Beschränkungen. Sie überprüfen bestimmte Berechnungen und ein Büro beaufsichtigt Ihre Arbeit, um sicherzustellen, dass Sie nicht abweichen und dass Sie korrekt analysieren. Im *komplexen* Bereich benötigen Sie jedoch *ermöglichende* Beschränkungen, die Ihnen helfen, das aufgetretene Problem zu verstehen, damit Sie es beheben können. Hat Ihnen ein Team schon einmal gesagt, dass es ein bestimmtes Feature nicht einschätzen kann, da es absolut keine Vorstellung davon hat, welche Technologie es nutzen oder wie es das Feature designen soll?

Sie haben wahrscheinlich bereits ermöglichende Beschränkungen, wie ein Proof of Concept, Prototypen oder technische „Spikes", genutzt, die es Ihnen erlauben, das Problem zu verstehen. Mit diesem Wissen können Sie den Plan mit *Emerging Practices* im Verlauf überprüfen und anpassen.

Ich stelle gerne vier Tabellen für die vier Bereiche auf. Dann lasse ich mein Team jede hochrangige Anforderung (häufig Anwendungsfälle) in jedem dieser Bereiche platzieren. Ich habe diese Übung von Dave Snowden selbst gelernt. Nicht alles, was wir tun müssen, wird komplex sein. Es wird einfache, komplizierte und komplexe Aspekte geben. Die einfachen bedeuten nur Arbeit, nichts, worüber man sich Sorgen machen müsste. Bei den komplizierten müssen wir sicherstellen, dass wir sie korrekt analysieren. Wir könnten Paararbeit, Reviews oder andere Praktiken nutzen. Bei allen komplexen müssen wir herausfinden, was wir zuerst tun müssen, um genug Informationen zu sammeln, mit denen wir planen können.

Nun ist ein häufiges Problem, dass Unternehmen Termine und Kostenschätzungen erwarten, bevor Sie ein Projekt starten, da es weit im Voraus budgetiert werden muss. Später im Kapitel über Release-Planung (Kapitel 8), lernen Sie dafür Methoden kennen, wie beispielsweise die Zwei-Phasen-Budgetierung.

Scrum ist ein empirisches Management-Framework für komplexe Initiativen. Es erkennt die Unsicherheit und Komplexität in der Produktentwicklung an und die daraus resultierende Unfähigkeit, alles im Voraus zu planen.

CHAOTISCH

Im *chaotischen* Bereich ist die Verhaltensweise Handeln – Wahrnehmen – Reagieren (Act – Sense – Respond) ohne irgendeinen Zusammenhang zwischen Ursache und Wirkung, da es keine Beschränkungen gibt. Es geht um das *unerkennbare Unerkennbare.* Stellen Sie sich eine Gruppe von Fremden vor, die in eine Situation geworfen werden, in der sie nicht wissen, wie sie damit fertig werden sollen, wie beispielsweise eine Naturkatastrophe. Wie auch immer sie sich entscheiden, es würde nur einmal passieren und wahrscheinlich nie wiederholt werden. Dies bezeichnet man als *Novel Practices.*

ALLES ZUSAMMENGENOMMEN

Es gibt im Wesentlichen zwei Ansätze, ein Produkt zu „managen". Welchen Sie wählen, hängt von der Planbarkeit dessen ab, was Sie herstellen. An dem einen Ende des Spektrums ist es *geordnet* (offensichtlich und kompliziert) und am anderen ist es *ungeordnet* (komplex und chaotisch).

Geordnet

Stellen Sie sich vor, Sie sind ein erfahrener Bauunternehmer, der Hunderte von Einfamilienhäusern gebaut hat.

- Würden Sie es vorziehen, dass sich Ihr Team aus funktionsübergreifenden Einzelpersonen oder aus Spezialisten zusammensetzt?
- Würden Sie die Möglichkeiten zur Kommunikation und zum Lernen gerne ausbauen oder einschränken?
- Möchten Sie lieber, dass sich Ihr Team selbst organisiert oder dass ein Manager die Aufgaben zuweist?
- Wer sollte die Entscheidungen treffen? Die Teammitglieder oder ihr Manager?
- Welche Aktivitäten sollte ein Bauleiter durchführen?

Ein guter Bauunternehmer wird im Vorfeld einen Plan entwickeln, der auf den Best Practices der Branche basiert und auf dem, was er aus vorangegangenen Projekten gelernt hat. Er wird Fachleute wie Zimmerer, Klempner und Maurer engagieren, die sich nur auf ihren Jobs konzentrieren, ohne Verpflichtung, die übergeordnete Vision zu verstehen. Während des Jobs zu lernen ist wahrscheinlich keine Option. Kommuniziert wird mithilfe des Bauplans oder über den Bauleiter.

Ungeordnet

Stellen Sie sich vor, Sie organisieren ein Ärzteteam im Operationssaal.

- Würden Sie es vorziehen, dass sich Ihr Team aus funktionsübergreifenden Einzelpersonen oder aus Spezialisten zusammensetzt?
- Würden Sie die Möglichkeiten zur Kommunikation und zum Lernen gerne ausbauen oder einschränken?
- Möchten Sie lieber, dass sich Ihr Team selbst organisiert oder dass ein Manager die Aufgaben zuweist?
- Wer sollte die Entscheidungen treffen? Die Teammitglieder oder ihr Manager?
- Welche Aktivitäten sollte ein OP-Manager durchführen?

Ihre Antworten unterscheiden sich wahrscheinlich von denen aus dem Hausbau-Szenario. Ein Ärzteteam im OP muss eher funktionsübergreifend statt spezialisiert sein, da es nicht vorhersehen kann, was alles passieren wird. Es muss die Kommunikation auf einem hohen Niveau halten und zusätzlich Zeit einräumen, um sich gegenseitig zu helfen und voneinander zu lernen. Es benötigt einen Manager, der ihm nicht im Weg steht, damit die einzelnen Teammitglieder ihre Jobs erledigen können. Ein idealer Manager würde als ein „Servant Leader" agieren und helfen, wo er kann, indem er Hindernisse beseitigt und wiederholte Inspektionen und eine Anpassung ihrer Abläufe einführt. Er würde fragen: „Wie war der Tag? Wie können wir morgen besser sein? Wie kann ich helfen?".

Beide Beispiele stammen aus etablierten Branchen und sind durchaus vernünftige Strategien. Es kommt auf den vorausschauenden Charakter dessen an, was sie tun, worin sich die Art unterscheidet, wie die Teams zusammengestellt und gemanagt werden. Wenn es eine Diskrepanz zwischen dem Managementstil und der Art der Komplexität des Produkts gibt, werden Sie Probleme bekommen.

Bei der Produktentwicklung befindet sich das meiste, das Sie bauen, im *komplexen* Bereich. Diese Produkte sind in der Regel viel zu schwierig, um Sie im Vorfeld zu analysieren, was häufig zu einer „Paralyse durch Analyse" führt.[8]

Scrum nimmt ein Stück aus dem *komplexen* Kuchen heraus und ermöglicht Ihnen, nur dieses Stück für den kommenden Sprint zu analysieren und ihn planbar zu machen. Das geschieht durch kontinuierliche Verfeinerung und bereitet gerade genug aus dem Product Backlog für das Sprint Planning vor. Im Sprint Planning wird der Plan für den nächsten Sprint entwickelt – das Sprint Backlog, das das Entwicklungsteam während des Sprint intensiv nachverfolgt.

---

[8] *Oxford Dictionaries* (American English), s.v. *analysis paralysis*, („Inability to respond effectively to a situation due to an over-analytical approach or to an excess of available information" [die Unfähigkeit, effektiv auf eine Situation zu reagieren, aufgrund eines zu analytischen Ansatzes oder von Überinformation]), abgerufen am 5. März 2018.

So etablieren Sie einen umlaufenden Strom zwischen dem *komplexen* und dem *komplizierten* Bereich. Das Produkt ist *komplex,* der Plan für den Sprint ist *kompliziert.* Am Ende des Sprint reflektieren das Scrum-Team und die Stakeholder, indem Sie das neue Produktinkrement im Gesamtzusammenhang überprüfen und das *komplexe* Product Backlog entsprechend aktualisieren. Das Produkt bleibt jedoch immer *komplex;* Sie sind nie völlig sicher vor dem unbekannten Unbekannten. Seltsame Dinge können und werden im Verlauf passieren und möglicherweise kurze *chaotische* Phasen verursachen (siehe Abbildung 5-6).

Abbildung 5-6 Von Komplex zu kompliziert und zurück, wodurch ein kontinuierlicher Lernfluss mit einem Zwischenspiel im Chaos entsteht

Scrum hilft Ihnen, mit *komplexen* Problemen fertig zu werden, indem es die empirische Prozesssteuerung implementiert.

TYPEN DER KOMPLEXITÄT

Komplexität ist Ihre Realität. Berücksichtigen Sie zwei Typen: *essenzielle Komplexität* und *zufällige Komplexität.*[9]

- **Essenzielle Komplexität** ist in einem Problem enthalten und kann nicht entfernt werden.
- **Zufällige Komplexität** ist die Verflechtung von Komponenten/Vorstellungen, die für die Problemlösung nicht notwendig sind. Diese Komplexität ist zufällig, da sie infolge unserer eigenen Entscheidungen entsteht.

[9] Ben Moseley und Peter Marks: *Out of the Tar Pit* (6. Februar 2006), https://github.com/papers-we-love/papers-we-love/blob/master/design/out-of-the-tar-pit.pdf
(Zitat Frederick P. Brooks Jr.: „No Silver Bullet – Essence and Accident in Software Engineering“ [1986], http://worrydream.com/refs/Brooks-NoSilverBullet.pdf).

Aus dem *Scrum Guide*

Scrum ist ein Framework zur Entwicklung, Auslieferung und Erhaltung komplexer Produkte.[10]

Wenn Sie Scrum sinnvoll anwenden, dann können Sie das Produkt stärken, indem Sie am Ende jedes Sprint „done“ sind. Das erfordert eine stabile Entwicklung. Wenn im Lauf der Zeit Probleme auftauchen, die es erschweren, Ihr Produkt auszuliefern, betrachten Sie diese Hindernisse als zufällig Komplexitäten. Scrum behandelt essenzielle Komplexität (das Produkt), indem es zufällige Komplexität (den Prozess) – und somit die Risiken – minimiert.

RISIKOMANAGEMENT

Keine Produktentwicklung wird jemals ohne Risiken ablaufen. Risiken sind interessant, da sie sowohl gut als auch schlecht sein können.

In meinen Management-3.0-Klassen zeige ich gerne einen kurzen TED Talk von Tim Harford „Trial, Error and the God Complex". Tim erklärt die Bedeutung davon, Risiken einzugehen und daraus zu lernen. Er nennt das „gute Fehler".

Was ist ein guter Fehler? Ein guter Fehler ist, wenn Sie versuchen, das Problem zu lösen, das in den Bereich essenzieller Komplexität gehört. Wenn Sie zuerst ein bestimmtes Feature oder eine technologische Herausforderung angehen, werden Sie gegenüber Ihren Konkurrenten im Vorteil sein. Sie scheitern vielleicht, aber Sie werden auch lernen und möglicherweise eine andere potenzielle Lösung entwickeln. Also haben Sie einen guten Fehler gemacht. Ohne Fehler gehen Sie nicht genug gute Risiken ein und werden in der Mittelmäßigkeit versinken.

In *Alice hinter den Spiegeln* von Lewis Carroll rennen die Rote Königin und Alice ständig, ohne jedoch voranzukommen.

---

10 Ken Schwaber und Jeff Sutherland: *The Scrum Guide* (Nov. 2017), S. 3.

„Nun, in unserer Gegend", sagte Alice, noch immer ein wenig atemlos, „kommt man im Allgemeinen woandershin, wenn man so schnell und lange läuft wie wir eben."

„Behäbige Gegend!", sagte die Königin. „Hierzulande musst du so schnell rennen, wie du kannst, wenn du am gleichen Fleck bleiben willst. Um woandershin zu kommen, musst du noch mindestens doppelt so schnell laufen!"

Um die Konkurrenz auszustechen muss man also wesentliche Risiken schneller angehen als die Mitbewerber. Diese Risiken können Features oder die Technik betreffen, die Sie als Teil Ihres Product Backlog ansprechen. Im Allgemeinen ist es gute Praxis, risikoreiche Product Backlog Items weiter oben im Product Backlog anzusiedeln, um schnelles Lernen zu ermöglichen und genügend Zeit zu haben, eine alternative Lösung zu finden oder sogar das Produkt aufzugeben, ohne zu viel Geld verloren zu haben. Andere laufende, produktspezifische essenzielle Risiken können durch die „Definition of Done" angegangen werden.

„Wenn Ihr nächstes Projekt kein Risiko birgt – lassen Sie die Finger davon."
– Tom DeMarco

Sie müssen Risiken eingehen und sie im Blickfeld behalten, bis sie erledigt sind. Essenzielle Risiken, die durch essenzielle Komplexität entstehen, sind gut und können zu einem Wettbewerbsvorteil führen.

Was ist mit zufälliger Komplexität und zufälligen Risiken?

Tharwon Arnuphaptrairog's Metastudie über Risiken bei Softwareprojekten definiert „Risiko" auf verschiedene Weise:

> PM-BOK (Project Management Body of Knowledge) definiert Risiko als „… ein unsicheres Event oder einen Zustand, der, wenn er auftritt, einen positiven oder negativen Effekt auf die Projektziele hat." … PRINCE2, der Projektmanagement-Standard, der

von der britischen Regierung unterstützt wird, definiert Risiko als „Unsicherheit des Ergebnisses".[11]

Die Definition von PRINCE2 ist hier passender, da sie sich direkt auf die Komplexität der Produktentwicklung bezieht.

Arnuphaptrairog hat zwölf Studien analysiert, um Ähnlichkeiten zu identifizieren. Wichtige Kategorien waren „Risikohäufigkeit nach Dimension" (siehe Tabelle 5-2) und „Risikoeinträge nach Häufigkeit" (siehe Tabelle 5-3).

Tabelle 5-2 Software-Risikohäufigkeit nach Dimension

Dimension	Gesamthäufigkeit
User	14
Anforderungen	17
Komplexität	4
Planung und Kontrolle	27
Team	9
Organisatorisches Umfeld	9
Gesamt	80

- User
  Die Dimension User umfasste Punkte wie das Fehlen adäquater User-Einbindung, kein Engagement der User, die fehlende Kooperation der User, das gescheiterte Management der User-Erwartungen.
- Anforderungen
  Die Dimension Anforderungen umfasste Missverständnisse bei den Anforderungen, ständige Änderungen, unklare Systemanforderungen, zu enggefassten Fokus auf Probleme des IT-Projekts und das Überblicken der Auswirkungen auf das Business im Allgemeinen.
- Komplexität
  Die Dimension Komplexität umfasste unpassende Sicherheits-Features, die in das System eingebaut wurden, die Anwendung neuer Technologie, Leistungsausfälle, angespannte wissenschaftliche Ressourcen.
- Planung und Kontrolle
  Die Dimension Planung und Kontrolle umfasste unrealistische Einschätzungen von Zeit und Kosten, Übererfüllung, nicht gut gemanagte Änderungen, unklare Ziele, wechselnden Umfang, künstliche Deadlines, Unklarheit des Projekts, keine effektive Projektmanagementmethode, schlechte Einschätzung der erforderlichen Ressourcen, nicht ausreichende direkte Überprüfung des Projektfortschritts.

[11] Tharwon Arnuphaptrairog: *Top Ten Lists of Software Project Risks: Evidence from the Literature Survey*, in *Proceedings of the International MultiConference of Engineers and Computer Scientists* (Hongkong: IAENG, 2011).

- Organisatorisches Umfeld
  Die Dimension Organisatorisches Umfeld umfasste die fehlendes Verpflichtung des Topmanagements für das Projekt und mangelnde Unterstützung, eine Unternehmenspolitik mit negativen Auswirkungen auf das Projekt.

Tabelle 5-3 Software-Risikopositionen nach Häufigkeit

Risikoposition	Häufigkeit
1. Missverstandene Anforderungen (*Anforderungen*)	5
2. Fehlende Verpflichtung und Unterstützung durch das Topmanagement (*Organisatorisches Umfeld*)	5
3. Keine gute Einbeziehung der User (*User*)	4
4. User-Bindung wird nicht erreicht (*User*)	3
5. Erwartungen der End-User werden nicht erfüllt (*User*)	3
6. Änderungen der Anforderungen (*Anforderungen*)	3
7. Keine effektive Projektmanagementmethode (*Planung und Kontrolle*)	3

Schauen wir, wie die Empirie von Scrum helfen kann, diese Punkte anzugehen:

1. **Missverstandene Anforderungen**
   Die ständige Verfeinerung durch das Scrum-Team unterstützt entscheidende Gespräche zwischen dem Product Owner und dem Entwicklungsteam. Dadurch entstehen ein zusammenhängendes Bild und ein Verständnis für das jeweilige Produkt. Nur „fertige" Product Backlog Items werden in den Sprint gebracht. Die nachfolgende Überprüfung des „Done"-Inkrements schließt die Feedbackschleife des Produkts. Sie sehen ein funktionierendes Produkt, nicht nur eine Dokumentation.
2. **Fehlende Verpflichtung und Unterstützung durch das Topmanagement**
   Um die Unterstützung des Managements zu bekommen, ist es wichtig, Vertrauen herzustellen. Scrum ist auf vielerlei Weise ein Framework zur Vertrauensgewinnung, indem in jedem Sprint Ergebnisse geliefert werden und Transparenz entsteht.
3. **Keine gute Einbeziehung der User**
   Veränderung ist gut, je mehr je besser. Je mehr die User die Gelegenheit bekommen, ein Produkt in der Entwicklung zu beeinflussen, desto besser wird das Produkt und desto höher wird der daraus entstehende Wert. Es ist wesentlich, dass User die Möglichkeit bekommen, ein lauffähiges Produkt zu überprüfen.

   „Eine späte Veränderung der Anforderungen ist ein Wettbewerbsvorteil."
   – Mary Poppendieck

4. **User-Bindung wird nicht erreicht**
   Siehe oben Punkt 3.: Wenn der User sieht und versteht, dass ein Produkt in der Entwicklung modelliert werden kann, entstehen mehr Engagement und Vertrauen.
5. **Erwartungen der End-User werden nicht erfüllt.**
   Siehe oben Punkte 3. und 4.: Wenn End-User in jedem Sprint eine funktionierende Software sehen und wertvolles Feedback liefern können, werden sie nicht enttäuscht sein.
6. **Änderungen der Anforderungen**
   Siehe oben Punkte 3., 4. und 5.: Veränderungen sind gut, nehmen Sie sie an!

7. **Keine effektive Projektmanagementmethode**
   Scrum ist keine konstruierte Methodik. Scrum hilft Teams, ihren eigenen anpassungsfähigen Prozess zu gestalten, um in der unruhigen See der Komplexität zu navigieren, und zwar auf eine empirische Weise, wo eine lineare und definierte Methodik zum Scheitern verurteilt ist. Wir werden das im nächsten Kapitel eingehender behandeln.

Die gute Nachricht ist, dass Scrum es Ihnen ermöglicht, die meisten der essenziellen und zufälligen Risiken direkt anzugehen. Die übrigen Risiken können in eine klassische Risikomatrix eingetragen (Tabelle 5-4) und wenigstens einmal pro Sprint bearbeitet werden.

Tabelle 5-4 Beispiel für eine Risikomatrix

Risiko	Status	Anmerkungen	Wahrscheinlichkeit	Auswirkungen	Notfall	Minderung
Hohes Risiko	rot	Beschreibung	hoch	hoch	Ausweichplan	Wie man das Risiko beseitigt oder erträglich gestaltet
Mittleres Risiko	beige	…	hoch	mittel	…	…
Mittleres Risiko	beige	…	mittel	hoch	…	…
Niedriges Risiko	grün	…	niedrig	hoch	…	…
Niedriges Risiko	grün	…	hoch	niedrig	…	…
Gesamtrisiko = Wahrscheinlichkeit x Auswirkungen						

Das Gesamtrisiko ist die Kombination aus Wahrscheinlichkeit und Auswirkungen. Sie müssen entweder sicherstellen, dass kein Risiko besteht oder es keine Konsequenzen hat, falls es eintritt. Jede dieser Optionen wird in den Spalten Notfall und Minderung dargestellt. Sobald Sie die Wahrscheinlichkeit und die Auswirkungen auf null setzen können, ist das Risiko beseitigt.

QUIZ-ÜBERPRÜFUNG

Vergleichen Sie Ihre Antworten vom Beginn dieses Kapitels mit den folgenden. Nachdem Sie das Kapitel gelesen haben, würden Sie irgendeine Ihrer Antworten ändern? Stimmen Sie den folgenden Antworten zu?

Aussage	Stimme zu	Stimme nicht zu
Agile Praktiken passen am besten zu eher einfachen Produkten wie Websites.	☐	☑
Die richtigen Leute können, wenn sie sich genügend Zeit nehmen, um ein komplexes Problem zu analysieren, alle Variablen exakt vorhersagen.	☐	☑
Der effizienteste Weg, ein komplexes Problem anzugehen, ist, kontinuierlich zu überprüfen und anzupassen.	☐	☑
Wenn man an komplexen Problemen arbeitet, ist es gut, Risiken einzugehen.	☑	☐
Jedes Mal, wenn ein funktionierendes Inkrement entwickelt und überprüft wird, wird die Komplexität reduziert.	☑	☐

Kapitel 6
Scrum

QUIZ

Zur Einführung in dieses Kapitel überlegen Sie, ob Sie den folgenden Aussagen zustimmen oder nicht. Die Antworten befinden sich am Ende des Kapitels.

Aussage	Stimme zu	Stimme nicht zu
Scrum ist ein agiler Prozess.	☐	☐
Scrum-Teams planen wenig.	☐	☐
Wenn ein Scrum-Team das Scrum Framework ändert, wendet es Scrum nicht länger an.	☐	☐
Wenn ein Scrum-Team dem Scrum Framework etwas hinzufügt, wendet es Scrum nicht länger an.	☐	☐
Jedes Scrum-Event ist befristet.	☐	☐
Der Entwicklungsprozess gehört dem Entwicklungsteam. Der Product Owner kann dabei nicht mitreden.	☐	☐

Aus dem *Scrum Guide*
Scrum ist ein *Framework* zur Entwicklung, Auslieferung und Erhaltung komplexer Produkte.[1]

WARUM EIN FRAMEWORK?

Scrum ist ein Framework (siehe Abbildung 6-1). Was bedeutet das? Warum nennen wir es nicht einfach einen Prozess?

Scrum vermeidet es, sich selbst als Prozess zu bezeichnen. Warum?

[1] Ken Schwaber und Jeff Sutherland: *The Scrum Guide* (November 2017), S. 3.

Vor Gericht würden Sie wahrscheinlich den Streit darum, ob Scrum ein Prozess ist oder nicht, verlieren. Es verfügt über geordnete Events, Rollen und Artefakte, klingt also wie ein Prozess.

Das Schlüsselelement ist hier die Ownership (Eigentümerschaft). Wem sollte der Prozess wirklich „gehören"? Dem Management? Dem Project Management Office (PMO) Ihres Unternehmens? Irgendeinem Buch oder Leitfaden? Schwaber und Sutherland?

Natürlich nicht. Wenn Sie uns bis hierher aufmerksam gefolgt sind, dann sollte die Antwort klar sein. Der Prozess muss dem Scrum-Team gehören. Jedes Team, jedes Produkt, jedes Unternehmen ist unterschiedlich und jeder Prozess muss ihre einzigartigen Bedürfnisse unterstützen. Es würde jedoch hilfreich sein, wenn Teams mit etwas starten könnten, auf dem sie aufbauen können, einem minimalen Regelwerk: einem Framework.

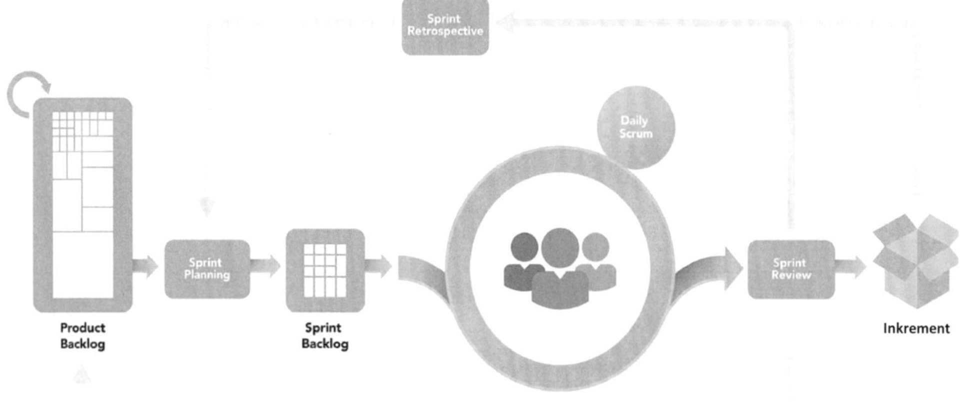

Abbildung 6-1 Das Scrum Framework

Eine Metapher, die hier gut passt, ist das Mieten eines Hauses gegenüber dem Kauf eines Hauses. Wenn Sie ein Haus mieten und etwas schiefläuft, was tun Sie dann? Sie nehmen das Telefon in die Hand und beschweren sich beim Vermieter. Dann beklagen Sie sich darüber, dass immer alles kaputtgeht und der Vermieter sich besser darum kümmern soll. Sie fühlen sich als Opfer.

Wenn Sie jedoch ein Haus besitzen und etwas geht kaputt, was tun Sie dann? Sie können sich an niemanden wenden, richtig? Sie müssen sich zusammenreißen und selbst mit dem Problem fertig werden. Sie treffen Entscheidungen auf der Grundlage von Rendite (Wert) und Investition (Kosten, Zeit). Manchmal reparieren Sie etwas selbst, manchmal holen Sie einen Fachmann und manchmal leben Sie auch einfach damit. Letztlich geht es nur darum, eine funktionierende Lösung zu finden, für die Sie verantwortlich sind.

Dasselbe geschieht bei Prozessen. Wenn der Prozess von außerhalb des Teams definiert sowie installiert und ihm „aufgezwungen" worden ist, dann ruft es das Management oder das PMO an, falls etwas schiefgeht. Es schiebt die Schuld auf den Prozess und beklagt sich beim Mittagessen gegenüber den Kollegen oder online durch wütende Posts. Es geht nur um Schuldzuweisungen.

Wenn nun ein Team Scrum als Ausgangspunkt betrachtet, ein echtes *Framework* mit integrierten Möglichkeiten zu Veränderung und Verbesserung, dann fühlt es sich als Owner. Es kann niemandem außer sich selbst die Schuld geben, wenn die Dinge nicht funktionieren. Das ist die wesentliche Voraussetzung für Verantwortlichkeit und Selbstorganisation.

Wie im vorherigen Kapitel erläutert, erfordert Komplexität neu entstehende Praktiken. Die Teamverantwortung für einen flexiblen (empirischen) Prozess ist hierfür wesentlich.

Wenn Organisationen nicht aufpassen, kann Scrum auch als *„gemieteter" Prozess* betrachtet werden.

Ich habe mit Unternehmen gearbeitet, die mit einem Pilotteam begonnen haben, um Scrum zu testen. Da Scrum nur ein Framework ist, das in einem 17-seitigen Dokument beschrieben wird[2], gibt es keine Schritt-für-Schritt-Installationsanleitung. Also muss das Scrum-Team es selbst herausfinden. Es liest Bücher und Blogs, es experimentiert, es scheitert und schließlich landet es bei etwas, das für das Team funktioniert – ein echter Prozess, der dem Scrum-Team gehört.

Wenn das Management schließlich den Erfolg des Pilotteams sieht, bittet es das Team, alles, was es getan hat, aufzulisten, damit alle anderen Teams das Gleiche tun können. Welchen Titel hatte ihr Scrum Master? Was ist mit dem Product Owner? Welche Tools haben sie genutzt? Wie lange dauerten ihre Sprints? Zu welcher Tageszeit haben Sie ihre Daily Scrums abgehalten? Welche Farben hatten ihre Haftnotizen?

Indem nachfolgende Teams den Scrum-basierten Prozess des Pilotteams kopieren, statt das Scrum Framework anzuwenden, kehren wir unglücklicherweise wieder dahin zurück, einen Prozess nur zu „mieten". Die nachfolgenden Teams werden nicht dasselbe Gefühl für Ownership haben und wieder die Schuld beim Scrum-Prozess, den Managern oder vielleicht sogar beim Pilotteam suchen.

Das können Sie online in jeder Anti-Scrum-Rhetorik beobachten.

Graben Sie etwas tiefer und Sie werden erkennen, dass die Beschwerden nicht die Elemente des Framework betreffen, sondern die Praktiken, die auf Scrum aufgesetzt wurden (häufig Bemessungstechniken, Erfassung der Anforderungen, Sprint Commitment, Aufgabenverwaltung etc.) durch Menschen von außerhalb des Teams (Manager, PMOs, agile „Coaches", Tools etc.).

Mithilfe des *Scrum Guide* selbst schauen wir uns nun die wesentlichen Elemente des Scrum Framework an.

DIE SÄULEN VON SCRUM

Aus dem *Scrum Guide*

Scrum basiert auf der Theorie empirischer Prozesssteuerung oder kurz „Empirie". Empirie bedeutet, dass Wissen aus Erfahrung gewonnen wird und Entscheidungen auf Basis des Bekannten getroffen werden. Scrum verfolgt einen iterativen, inkrementellen Ansatz, um Prognosesicherheit zu optimieren und Risiken zu kontrollieren.

---

[2] Schwaber und Sutherland: *Scrum Guide.*

Drei Säulen tragen jede empirische Prozesssteuerung: Transparenz, Überprüfung (Inspection) und Anpassung (Adaptation).[3]

Abbildung 6-2 symbolisiert die drei Säulen von Scrum. Wenn nicht alle drei vorhanden sind, kollabiert das System.

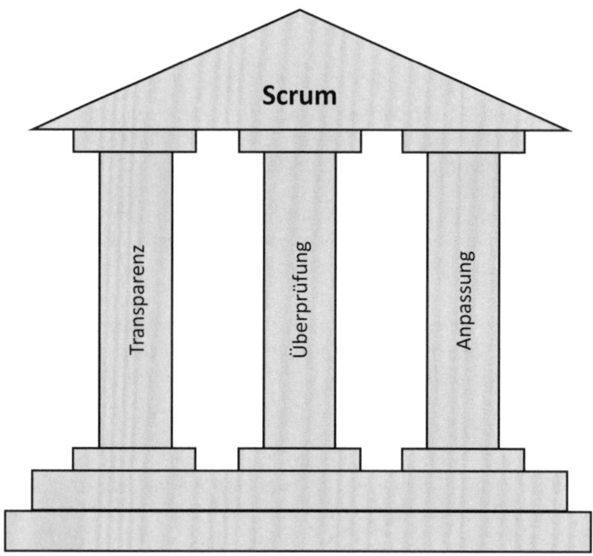

Abbildung 6-2 Die Säulen von Scrum: Transparenz, Überprüfung und Anpassung

TRANSPARENZ

Aus dem *Scrum Guide*

Die wesentlichen Aspekte des Prozesses müssen für diejenigen sichtbar sein, die für das Ergebnis verantwortlich sind. Transparenz erfordert, dass diese Aspekte nach einem gemeinsamen Standard definiert werden, damit die Betrachter ein gemeinsames Verständnis des Gesehenen teilen.

Dies umfasst beispielsweise:

- Eine gemeinsame Prozesssprache muss von allen Teilnehmern geteilt werden.
- Die Personen, die das Produktinkrement produzieren und prüfen, müssen ein gemeinsames Verständnis von „done" teilen.[4]

Stellen Sie sich eine Organisation vor, die über alle Daten verfügt (Überprüfung) und die Fähigkeit hat, sich zu verändern (Anpassung), aber keine Transparenz. Die Daten spiegeln möglicherweise nicht die Realität wider und sind eventuell für die richtigen Menschen nicht sichtbar. Daher kann das, was sie überprüfen, nicht korrekt und die Anpassung über-

[3] Ebd., S. 4.
[4] Ebd., S. 5.

flüssig sein. Eine Kultur, die Offenheit und Kommunikation unterstützt, ist wesentlich für die Effektivität jedes empirischen Prozesses.

Fehlende Transparenz ist, wie wenn man ein nasses Wäschestück über einen Thermostat hängt. Der Thermostat wird ungenaue Daten überprüfen und sich entsprechend falsch anpassen.

ÜBERPRÜFUNG

Aus dem *Scrum Guide*

Scrum-Anwender müssen die Scrum-Artefakte und den Fortschritt regelmäßig in Bezug auf die Erreichung eines Sprint-Ziels überprüfen, um unerwünschte Abweichungen zu erkennen. Ihre Untersuchungen sollten nicht so häufig erfolgen, dass sie die Arbeit behindern. Den größten Nutzen bringen Überprüfungen, wenn sie gewissenhaft durch kompetente Prüfer dort vorgenommen werden, wo die Arbeit verrichtet wird.[5]

Stellen Sie sich eine Organisation vor, die nichts zu verbergen hat und eine solide Kommunikation aufweist (Transparenz) sowie die Fähigkeit, sich zu verändern (Anpassung). Sie haben sich jedoch nicht die Zeit genommen, konsequent Daten zu sammeln und zu analysieren. Das führt dazu, dass die Menschen das *Gefühl* haben, dass sie sich irgendwie anpassen sollten, aber ohne stichhaltige Beweise, die dies belegen, werden echte Veränderungen immer schwieriger. Konsequente und kurze Feedbackschleifen und klare Informationen sind für die Effektivität jedes empirischen Prozesses wesentlich.

ANPASSUNG

Aus dem *Scrum Guide*

Wenn ein Prüfer feststellt, dass Aspekte des Prozesses von den akzeptablen Grenzwerten abweichen und dass das resultierende Produkt so nicht akzeptabel sein wird, müssen der Prozess oder das zu bearbeitende Material angepasst werden. Eine Anpassung muss (dann) so schnell wie möglich vorgenommen werden, um weitere Abweichungen zu minimieren.

Scrum schreibt vier formale Events für Überprüfung und Anpassung vor:

- Sprint Planning
- Daily Scrum
- Sprint Review
- Sprint Retrospektive[6]

Stellen Sie sich eine Organisation vor, die alle genauen Daten hat (Transparenz und Überprüfung), die notwendig sind, um sinnvolle Veränderungen vorzunehmen. Es ist jedoch niemand beauftragt oder bereit, etwas Entsprechendes zu tun (Anpassung). Die Fähigkeit zur Umsetzung ist wesentlich für die Effektivität jedes empirischen Prozesses.

---

[5] Ebd.

[6] Ebd.

„Eine Vision ohne Umsetzung ist eine Halluzination."
– Thomas A. Edison

SCRUM-ROLLEN

Die drei definierten Rollen in Scrum sind Product Owner, Entwicklungsteam und Scrum Master. Während es viele andere Rollen innerhalb eines Unternehmens gibt, die wesentlich für den Erfolg eines Produkts sind, müssen diese drei für das Scrum Framework vorhanden sein.

PRODUCT OWNER

Aus dem *Scrum Guide*

Der Product Owner ist dafür verantwortlich, den Wert des Produkts zu maximieren, das aus der Arbeit des Entwicklungsteams entsteht. Wie dies geschieht, kann je nach Organisation, Scrum-Team und Einzelpersonen stark variieren.

Der Product Owner ist die einzige Person, die für das Management des Product Backlog verantwortlich ist. Das Product Backlog Management umfasst,

- die Product Backlog Items klar zu formulieren;
- die Items im Product Backlog so zu sortieren, dass die Ziele und Missionen optimal erreicht werden können;
- den Wert der Arbeit zu optimieren, die das Entwicklungsteam erledigt;
- sicherzustellen, dass das Product Backlog sichtbar, transparent und für alle klar ist sowie zeigt, woran das Scrum-Team als Nächstes arbeiten wird und
- sicherzustellen, dass das Entwicklungsteam die Product Backlog Items im erforderlichen Maße versteht.

Der Product Owner kann die genannten Arbeiten selbst durchführen oder sie durch das Entwicklungsteam erledigen lassen. Der Product Owner bleibt jedoch immer rechenschaftspflichtig.

Der Product Owner ist eine einzelne Person, kein Komitee. Er kann zwar die Wünsche eines Komitees im Product Backlog wiedergeben, aber diejenigen, die die Priorität eines Product Backlog Item verändern möchten, müssen sich an den Product Owner wenden.

Damit der Product Owner erfolgreich sein kann, muss die gesamte Organisation seine Entscheidungen respektieren. Die Entscheidungen des Product Owner sind in Inhalt und Reihenfolge im Product Backlog sichtbar. Niemand darf das Entwicklungsteam zwingen, andere Anforderungen zu bearbeiten.[7]

Eine einzelne Person, die wirklich für das Produkt zuständig ist und das letzte Wort hat, ist für den Erfolg des Produkts wesentlich.

Was nützt das beste Entwicklungsteam, wenn das falsche Produkt gebaut wird? Der Product Owner ist der Grundpfeiler, von dem das richtige Produkt – die gesamte Produktqualität – abhängt.

[7] Ebd., S. 6–7.

Abbildung 6-3 zeigt, wie Scrum einen integrierten Servicefluss nutzt. Letztendlich dient das Entwicklungsteam dem Product Owner und der Scrum Master dem Entwicklungsteam. Sie könnten auch sagen, dass der Product Owner den Kunden und anderen Stakeholdern dient.

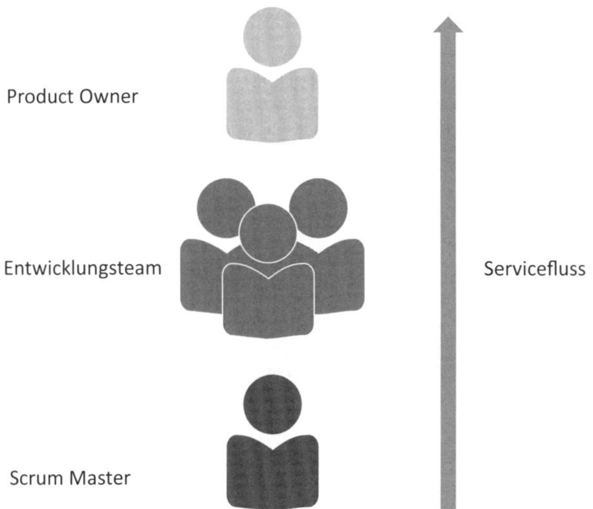

Abbildung 6-3 Das Servicemodell von Scrum

Aufbauend auf dem, was wir im Abschnitt „Der Product Owner" im ersten Kapitel erläutert haben, schauen wir nun, wie der Product Owner im Tagesgeschäft arbeitet.

Ich zeichne den Product Owner oft mit einer Krone (siehe Abbildung 6-4). Als Königin oder König haben Sie das Recht, alle Entscheidungen bezogen auf Ihr Königreich zu treffen. Solange Sie einen guten Job machen, werden Ihre Stakeholder Sie respektieren oder sogar lieben. Wenn die Dinge zu lange schlecht laufen, werden Sie vielleicht eine Revolution mit schlimmen Konsequenzen erleben.

Abbildung 6-4 Der Product Owner trifft alle auf ihr oder sein Königreich bezogene Entscheidungen

Als Product Owner haben Sie das absolute Recht, alle Produktentscheidungen zu treffen. Das steht im Gegensatz zu einem traditionellen Projektmanager, der dafür verantwortlich ist zu gewährleisten, dass das Projekt im Rahmen seines Umfangs, des Zeitplans und des Budgets bleibt. Ob das Produkt das richtige ist und ob es für User und Kunden einen Wert bietet, ist wahrscheinlich nicht das Hauptanliegen eines Projektmanagers. Als Product Owner ist genau das Ihr Ziel. Sie sind der Wertmaximierer für das Produkt.

Fachbereichsexperte und Beziehung zu Stakeholdern

Als Wertmaximierer ist es unerlässlich, den Fachbereich des Produkts zu verstehen und alle Stakeholder wie Kunden, User und Führungspersonen zu identifizieren und eng mit ihnen zusammenzuarbeiten.

Ich habe einmal ein großes Programm zum Ersatz des bestehenden Scanners bei der Schweizerischen Post betreut und geleitet. Da mehr als 20000 Personen das Gerät nutzten, luden wir regelmäßig Angestellte der Post ein. Sie nahmen bei anspruchsvollen Prozessen an der Verfeinerung des Product Backlog teil, besuchten User-Schnittstellen-Workshops und alle zwei Wochen ein Sprint Review. Unser Ziel war es, nicht nur das alte System zu ersetzen, sondern für Tausende von Menschen einen Wert zu schaffen, da sie jeden Tag Millionen von Briefen und Paketen auslieferten.

Es sollte klar sein, dass es eine fragwürdige Entscheidung ist, Sie als Product Owner für ein Produkt in einem Bereich einzusetzen, den Sie tatsächlich nicht verstehen. Höchstwahrscheinlich wird dieser Product Owner zu einem Proxy (siehe Kapitel 1). Das führt jeden Tag zu Verzögerungen und Informationsverlusten. Ein guter Product Owner ist ein Fachbereichsexperte, der das Geschäft aus vielen Perspektiven kennt. Dadurch kann er schnell navigieren und sich in Abstimmung mit den Stakeholdern anpassen, sobald neue Informationen auftauchen. Ein Product Owner, der ein Proxy ist, sammelt nur die Anfragen der Stakeholder und ordnet sie so, dass die lautesten Stakeholder zufrieden sind (quietschende Räder). Ein Product Owner, der hervortritt und für das Produkt zuständig ist, spielt eine wichtige Rolle hinsichtlich der Schaffung eines agilen Business.

Realistisch betrachtet ist es eine fast unmögliche Forderung, von einem Product Owner zu verlangen, alles über den Bereich zu wissen. Während er seine Vision und Ownership aufrechterhält, sollte ein effektiver Product Owner in der Lage sein, andere Fachexperten (Subject Matter Experts [SMEs]) zu seinem Vorteil zu nutzen, die ihm bei der Leitung des Produkts helfen. Der Product Owner könnte sogar direkte Kommunikationswege zwischen dem Entwicklungsteam und den Stakeholdern schaffen. Das gilt umso mehr in einer skalierten Umgebung, in der die Kapazität des Product Owner angespannt ist.

Ich hatte einmal einen Product Owner, der einen Fachexperten aus der Rechtsabteilung zum Sprint Planning mitbrachte und verkündete, dass er ehrlicherweise nicht viel über die rechtlichen Einzelheiten der Features, auf die wir uns in diesem Sprint konzentrieren wollten, wisse. Er machte klar, dass wir wegen der Einzelheiten direkt zu dem Fachexperten gehen könnten und dass er allen seinen Entscheidungen vertraue. Es war offensichtlich, dass das den Product Owner nicht aus der Verantwortung entließ. Er tat das Richtige, um in dem Sprint ein exzellentes Produktinkrement zu erzeugen.

ENTWICKLUNGSTEAM

Aus dem *Scrum Guide*

Das Entwicklungsteam besteht aus Profis, die am Ende eines jeden Sprint ein fertiges („done") Inkrement übergeben, welches potenziell auslieferbar ist. Im Sprint Review muss ein fertiges Inkrement vorhanden sein. Nur die Mitglieder der Entwicklungsteams erstellen das Produktinkrement.

Entwicklungsteams sind von der Organisation so strukturiert und befähigt, dass sie ihre eigene Arbeit selbst organisieren und managen. Die daraus resultierende Synergie optimiert die Gesamteffizienz und -effektivität des Entwicklungsteams.

Entwicklungsteams weisen die folgenden Eigenschaften auf:

- Sie sind selbst organisierend. Niemand (nicht einmal der Scrum Master) sagt dem Entwicklungsteam, wie es ein Product Backlog in Inkremente mit potenziell auslieferbarer Funktionalität verwandeln soll.
- Entwicklungsteams sind interdisziplinär. Sie haben als Team alle Fähigkeiten, um ein Produktinkrement zu erstellen.
- Scrum kennt für Mitglieder des Entwicklungsteams keine Titel. Dies ist unabhängig von der Arbeit, die diese Personen erledigen.
- Scrum kennt keine weiteren Unterteilungen innerhalb des Entwicklungsteams, ungeachtet der verschiedenen Themenfelder, wie zum Beispiel „Test", „Architektur", „Betrieb" oder „Geschäftsanalyse".
- Einzelne Mitglieder des Entwicklungsteams können zwar spezialisierte Fähigkeiten oder Schwerpunkte haben, aber die Verantwortlichkeit obliegt dem Team als Ganzem.[8]

Product Owner und das Entwicklungsteam

Ein guter Product Owner arbeitet nicht nur eng mit allen Stakeholdern zusammen, sondern auch mit dem Entwicklungsteam. Tatsächlich sollte der Product Owner das Team ein wenig in taktische Arbeit beim Product Backlog, Verfeinerungen, Abnahmekriterien und andere Bereiche einbeziehen. Abbildung 6-5 zeigt, dass einige Bereiche voll und ganz entweder in der Verantwortung des Product Owner oder des Entwicklungsteams liegen, das Scrum Framework aber auch viele Möglichkeiten für beide Parteien bietet, zusammenzuarbeiten und Verantwortlichkeiten zu teilen.

Was Sie wirklich vermeiden müssen, ist ein Weiterreichen der Anforderungen vom Product Owner zum Entwicklungsteam. Je enger das Entwicklungsteam mit den Features und ihren Verfeinerungen verbunden ist, desto mehr macht es sich die Product Backlog Items zu eigen. Das führt zu mehr Ownership, stärkerem Engagement und Stolz; das sind wichtige Schritte auf dem Weg zur Spitzenleistung.

[8] Ebd., S. 7.

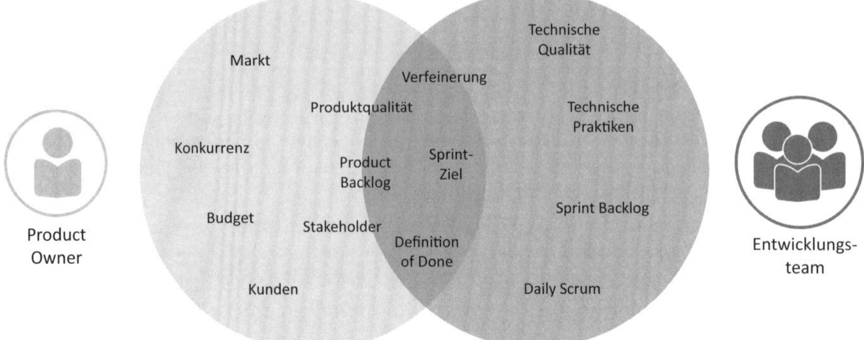

Abbildung 6-5 Überschneidungen und unterschiedliche Verantwortlichkeiten von Product Owner und Entwicklungsteam

Im Alltagsgeschäft bedeutet das, dass Sie als Product Owner weniger Zeit damit verbringen, Anforderungen zu spezifizieren, sondern damit, das Entwicklungsteam hinsichtlich des Werts der Anforderungen auszubilden. Bieten Sie dem Team die Unterstützung, die es benötigt, und dann vertrauen Sie darauf, dass ihm eine Lösung einfallen wird.

Wenn Sie das Product Backlog für zukünftige Sprints verfeinern, geben Sie das nicht einfach nur weiter und erläutern es. Nutzen Sie die Verfeinerung, um Verständnis zu erzeugen, anfängliche Fragen zu beantworten und dann das Entwicklungsteam seine Arbeit tun zu lassen. Unterstützen Sie das Team während des Sprint, wo es nötig ist, und bieten Sie Feedback zu den Product Backlog Items. Der Vorteil dabei ist nicht nur, dass das Entwicklungsteam ein besseres Verständnis der Ownership für das Product Backlog erlangt, sondern es bietet Ihnen die Freiheit, mehr strategische Product-Owner-Aufgaben zu erledigen, wie Marktanalyse, Beobachtung der Konkurrenz, Gespräche mit Verkauf und Marketing, Abgleichen mit anderen Product Owners, Gespräche mit Stakeholdern und dergleichen.

Sie werden weiterhin ein Auge auf den Fortschritt des Product Backlog haben, da Sie immer noch die Gesamtverantwortung tragen. Für die Planung des Sprint ist jedoch das Entwicklungsteam zuständig. Ihm also zu sagen, wann es was erledigen soll, ist nicht Ihre Aufgabe.

Denken Sie daran: Die Verantwortung des Entwicklungsteams besteht darin, in jedem einzelnen Sprint ein lauffähiges „Done“-Inkrement zu erstellen. Um das zu erreichen, muss das Entwicklungsteam über alle notwendigen Fähigkeiten verfügen, um zu erreichen, dass „keine Arbeit übrig bleibt“ und es sagen kann „ja, wir können liefern“.

Entwicklungsteam = Produkt

Was im Entwicklungsteam vorhanden ist, kann in das Produkt einfließen, was nicht dort ist, kann es nicht.

Stellen Sie sich vor, Sie und Ihre Kochfreunde werden gebeten, das Catering für eine große Veranstaltung zu übernehmen. Sie haben alle schon einige Zeit gemeinsam gekocht. Sie kennen einander, haben eine Kommunikationsroutine und Bewegungsabläufe entwickelt, sodass Sie sich nicht gegenseitig behindern. Das, zusammen mit einer gefüllten Vorratskammer, versetzt Sie in die Lage, einige Gaumen zu verblüffen.

Nehmen wir jedoch an, nicht alles ist perfekt. Vielleicht schaffen es zwei Ihrer Freunde nicht oder es fehlen einige wichtige Zutaten oder Ihr Team verfügt wirklich nicht über die erforderlichen Fähigkeiten, um das gewünschte Menü zu erstellen. Sie könnten sicher improvisieren, aber das birgt Risiken. Ein erfolgreicher Ausgang wird deutlich schwerer zu erreichen sein.

Wenn wir die Situation in die Welt der Softwareentwicklung übertragen, wird deutlich, dass das, was im Entwicklungsteam vorhanden ist, in das Produkt einfließen kann, aber was nicht dort ist, aller Wahrscheinlichkeit nach nicht. Sie können improvisieren, von externen Mitarbeitern abhängen oder andere kreative Lösungen entwickeln, aber dadurch schaffen Sie erhebliche Risiken für die Qualität des Features, die technische Qualität und den Fortschritt.

Als Product Owner starten Sie nie mit einem perfekten Entwicklungsteam. Es entwickelt sich im Lauf der Zeit. Geben Sie ihm also die Zeit, den Fokus und die Ressourcen, die es benötigt, um ein professionelles Team zu werden. Hilfreich hierbei sind Sprint Retrospektives und das Messen von Schlüsselindikatoren wie On-Product Index, Innovationsrate und Mitarbeiterzufriedenheit (wie im Kapitel 3 beschrieben).

Sandy Mamoli und David Mole stellen fest, dass 60 Prozent des Erfolgs von den Menschen abhängen, die die Arbeit erledigen.[9] Unternehmen, die das erkennen, unterstützen keine Projekte, sie unterstützen Teams, die ein Produkt bauen und warten, wie in Abbildung 6-6 dargestellt.

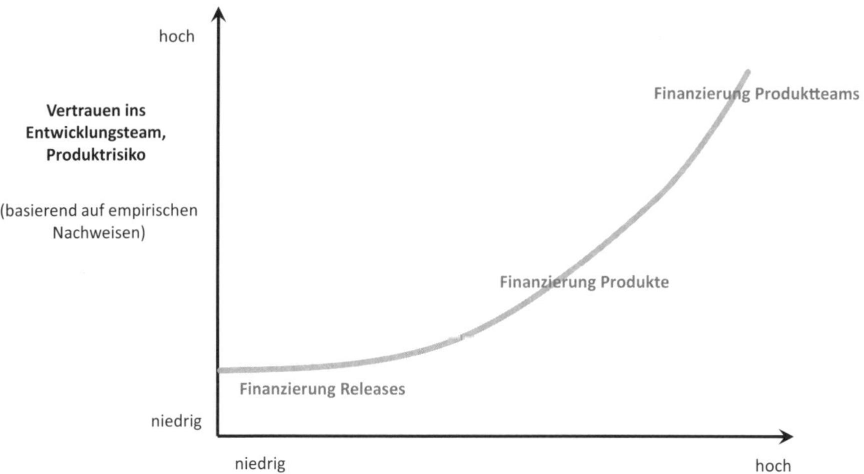

Abbildung 6-6 Die Finanzierung von Projektfreigaben über Releases hin zu Teams

[9] Sandy Mamoli und David Mole: *Creating Great Teams* (Raleigh, NC: Pragmatic Bookshelf, 2015), S. 4–5.

SCRUM MASTER

Aus dem *Scrum Guide*

Der Scrum Master ist dafür verantwortlich, Scrum entsprechend dem Scrum Guide zu fördern und zu unterstützen. Scrum Master tun dies, indem sie allen Beteiligten helfen, die Scrum-Theorie, die Praktiken, Regeln und Werte zu verstehen.

Der Scrum Master ist ein „Servant Leader" für das Scrum-Team. Der Scrum Master hilft denjenigen, die kein Teil des Scrum-Teams sind, zu verstehen, welche ihrer Interaktionen mit dem Team sich hilfreich auswirken und welche nicht. Der Scrum Master hilft dabei, die Zusammenarbeit so zu optimieren, dass der durch das Scrum-Team generierte Wert maximiert wird.

Der Service des Scrum Master für den Product Owner

Der Scrum Master dient dem Product Owner auf verschiedene Arten, unter anderem, indem er

- sicherstellt, dass Ziele, Umfang und Produktdomäne von allen im Scrum-Team so gut wie möglich verstanden werden;
- Techniken für eine effektive Verwaltung des Product Backlog findet;
- das Scrum-Team unterstützt, die Notwendigkeit klarer, prägnanter Product Backlog Items zu verstehen;
- Verständnis für die Produktplanung in einem empirischen Arbeitsumfeld schafft;
- sicherstellt, dass der Product Owner weiß, wie er das Product Backlog so anordnet, dass es den größten Wert erzeugt;
- das richtige Verständnis von Agilität und ihrer Anwendung vermittelt und indem er
- bei der Durchführung von Scrum-Events bei Bedarf oder auf Anfrage unterstützt.

Der Service des Scrum Master für das Entwicklungsteam

Der Scrum Master dient dem Entwicklungsteam auf verschiedene Arten, unter anderem, indem er

- das Entwicklungsteam in Selbstorganisation und funktionsübergreifender Teamarbeit coacht;
- es bei der Schaffung hochwertiger Produkte unterstützt;
- Hindernisse beseitigt, die das Entwicklungsteam aufhalten;
- es bei der Durchführung von Scrum-Events bei Bedarf oder auf Anfrage unterstützt und indem er
- das Entwicklungsteam in Organisationen, in denen Scrum noch nicht vollständig angenommen und verstanden wird, coacht.

Der Service des Scrum Master für die Organisation

Der Scrum Master dient der Organisation auf verschiedene Arten, unter anderem dadurch, dass er

- die Organisation bei der Einführung von Scrum führt und coacht;
- Scrum-Implementierungen innerhalb der Organisation plant;
- Kollegen und Stakeholder unterstützt, Scrum und empirische Produktentwicklung zu verstehen und umzusetzen;
- Veränderungen zur Produktivitätssteigerung des Teams herbeiführt und
- mit anderen Scrum Masters zusammenarbeitet, um die Effektivität von Scrum-Implementierungen innerhalb der Organisation zu verbessern.[10]

[10] Schwaber und Sutherland: *Scrum Guide,* S. 7–8.

Product Owner und der Scrum Master

Der Scrum Master ist da, um Ihnen als Product Owner zu helfen, den Wert zu maximieren. Das geschieht meistens dadurch, dass der Scrum Master das Entwicklungsteam coacht. Dabei lenkt er den Fokus auf alle möglichen Hindernisse, die Auswirkungen auf das Entwicklungsteam haben. Als Product Owner benötigen Sie Informationen über die Produktqualität, den Fortschritt, den Risikostatus und dergleichen, abhängig von dem Produkt, das Sie entwickeln. Das sind alles Dinge, die Sie von Ihrem Scrum Master und dem Entwicklungsteam erwarten können und sollten, da diese Informationen wesentlich sind, um fundierte Entscheidungen zu treffen. Ein großer Teil der Rolle des Scrum Master besteht darin sicherzustellen, dass alle geeigneten Mechanismen für Transparenz, Überprüfung und Anpassung verfügbar sind und dem Product Owner und dem Entwicklungsteam ermöglichen, ihre Jobs noch effektiver zu erledigen.

Sollte der Scrum Master Wissen über den Geschäftsbereich besitzen? Das schadet natürlich nicht, ist aber nicht zwingend notwendig. Das ist der Reiz der Rollentrennung in Scrum. Die Produktqualität, also das richtige Produkt mit einem Wert für die User zu entwickeln, diese Verantwortung liegt beim Product Owner. Die Verantwortung für die technische Qualität des Produkts hingegen liegt beim Entwicklungsteam. Der Scrum Master unterstützt alle diese Verantwortlichkeiten. Tatsächlich können fehlende Kenntnisse über den Bereich auch vorteilhaft sein, sodass sich der Scrum Master auf Vermittlung, Coaching und Teamdynamik konzentrieren und sicherstellen kann, dass sich ein Prozess entwickelt, der auf dem Scrum Framework basiert.

Als Berater verbringen wir viel Zeit damit, Scrum-Teams aus allen möglichen Branchen zu unterstützen. Häufig scheinen sie eine komplett unterschiedliche Sprache zu sprechen. Als Vermittler liegt unser Fokus jedoch nicht auf einer Lösung, sondern auf dem Prozess. Wenn wir uns nicht zu sehr in ihren Bereich verstricken, sind wir effektiver dabei, die Situation einzuschätzen, Dinge zu beobachten und nach Lücken im Prozess zu suchen.

SONSTIGE

Andere relevante Scrum-Rollen umfassen das Scrum-Team und die Stakeholder.

Scrum-Team

Aus dem *Scrum Guide*

Ein Scrum-Team besteht aus dem Product Owner, dem Entwicklungsteam sowie dem Scrum Master. Scrum-Teams sind selbstorganisierend und interdisziplinär. Selbstorganisierende Teams entscheiden selbst, wie sie ihre Arbeit am besten erledigen, anstatt dies durch andere Personen von außerhalb des Teams vorgegeben zu bekommen. Interdisziplinäre Teams verfügen über alle Kompetenzen, die erforderlich sind, um die Arbeit zu erledigen, ohne dabei von Personen außerhalb des Teams abhängig zu sein. Das Team-Modell in Scrum wurde konzipiert, um Flexibilität, Kreativität und Produktivität zu optimieren. Das Scrum-Team hat sich als zunehmend effektiv für alle zuvor genannten Anwendungen und jede komplexe Arbeit erwiesen.

Scrum-Teams liefern Produkte iterativ und inkrementell und maximieren somit die Gelegenheiten für Feedback. Die inkrementelle Auslieferung eines „Done"-Produkts sorgt dafür, dass eine potenziell nützliche Version des Produkts immer zur Verfügung steht.[11]

Allzu oft werden die Begriffe „Entwicklungsteam" und „Scrum-Team" synonym verwendet, aber sie bedeuten nicht dasselbe: Das Entwicklungsteam ist Teil des Scrum-Teams. Dieser subtile Unterschied kann große Auswirkungen haben, wenn man allgemein über das „Team" spricht und versteht, wie die Verantwortlichkeiten verteilt sind.

Stakeholder

Obwohl sie keine offizielle Scrum-Rolle einnehmen, sind die Stakeholder wesentlich für den Erfolg jeder Entwicklung in Scrum. Dazu zählen die User, Kunden, Investoren, Führungskräfte, Compliance-Mitarbeiter und alle, deren Leben von dem jeweils entwickelten Produkt betroffen ist.

Als Product Owner liegt es in Ihrer Verantwortung, die Stakeholder zu identifizieren, die im Hinblick auf das Produkt etwas zu sagen haben, und sicherzustellen, dass sie einbezogen werden.

Scrum bietet viele integrierte Möglichkeiten, mit Ihren Stakeholdern in Verbindung zu treten. Die einfachste ist ein Sprint Review, in dem Stakeholder Feedback über das Inkrement geben können, was sich anschließend auf das Product Backlog auswirkt.

Es kann jedoch auch vorteilhaft sein, Stakeholder in das Sprint Planning und die Verfeinerung des Product Backlog einzubinden. Das sollte im Ermessen des Product Owner liegen.

Eine gute Brainstorming-Aktivität, um Ihre Stakeholder zu identifizieren, ist, eine Mindmap wie in Abbildung 6-7 anzulegen.

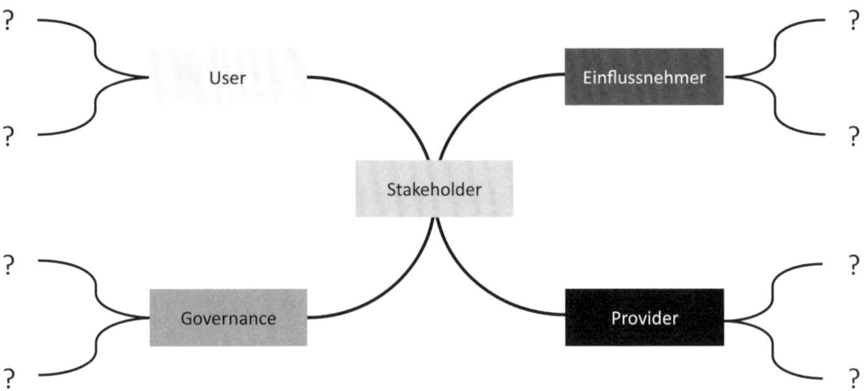

Abbildung 6-7 Mindmap mit verschiedenen Stakeholdern

Benennen Sie für jede Kategorie in dieser Abbildung organisatorische Rollen und sogar die Menschen in diesen Rollen (Sie können auch weitere, für Ihr Produkt spezifische Kate-

[11] Ebd., S. 6.

gorien hinzufügen). So wird wahrscheinlich eine lange Liste von Stakeholdern entstehen, jeder mit einzigartigen Bedürfnissen und Erwartungen hinsichtlich der Richtung des Produkts und darüber, wie er gerne einbezogen werden möchte.

Eine weitere hilfreiche Technik ist, Ihre Stakeholder in einem „Influence 2 x 2" zu positionieren wie in Abbildung 6-8.[12]

Mit diesem Tool bekommen Sie eine bessere Vorstellung davon, wie Sie Ihre Stakeholder einbeziehen können. Denken Sie darüber nach, Ihre interessierten Beteiligten häufiger zu involvieren, selbst während eines Sprint, wo sie mit Details helfen können. Sie können vielleicht weniger Interessierte auf andere Weise zufriedenstellen, die weniger zeitaufwendig ist, aber sie trotzdem glücklich macht. Aktives Stakeholder-Management ist vertrauensbildend, besonders, wenn sie einmal erkannt haben, welchen Einfluss sie auf das Produkt nehmen können. Es verschiebt auch Verantwortlichkeit zu den Stakeholdern. Je mehr sie während der Entwicklung einbezogen werden, desto weniger können sie sich beschweren, sobald das Produkt ausgeliefert ist.

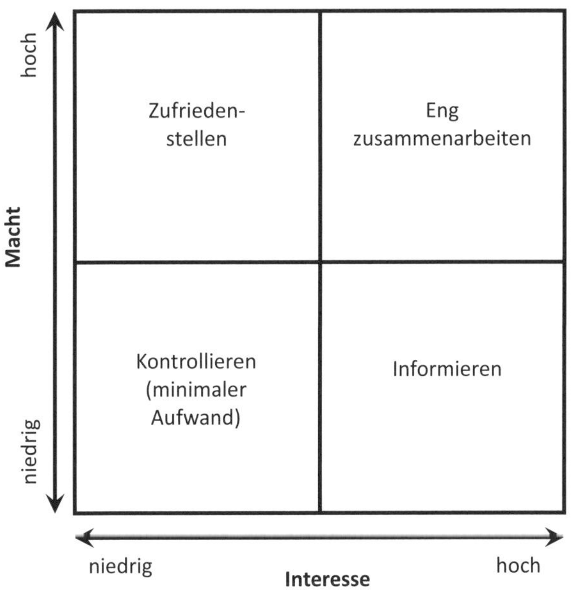

Abbildung 6-8 Influence 2x2

Bei sehr interessierten Stakeholdern, die aber über wenig Macht verfügen (unten rechts in Abbildung 6-8), sollten Sie in Betracht ziehen, sie mitarbeiten zu lassen. Für einen Product Owner gibt es viel zu tun. Vielleicht sind diese Stakeholder bereit, bei eher taktischen Punkten zu helfen, während Sie sich mehr auf die Strategie konzentrieren.

[12] Rachel Thompson: *Winning Support for your Projects*, MindTools, https://www.mindtools.com/pages/article/newPPM_07.htm, abgerufen am 28. Februar 2018.

SCRUM-ARTEFAKTE

Es gibt nur drei verpflichtende Artefakte in Scrum: das Product Backlog, das Sprint Backlog und das Inkrement.

Die drei Artefakte sind verbunden: Das Inkrement wird aus dem Sprint Backlog generiert und das Sprint Backlog aus dem Product Backlog. Das Product Backlog wird dann basierend auf dem Inkrement verbessert (siehe Abbildung 6-9).

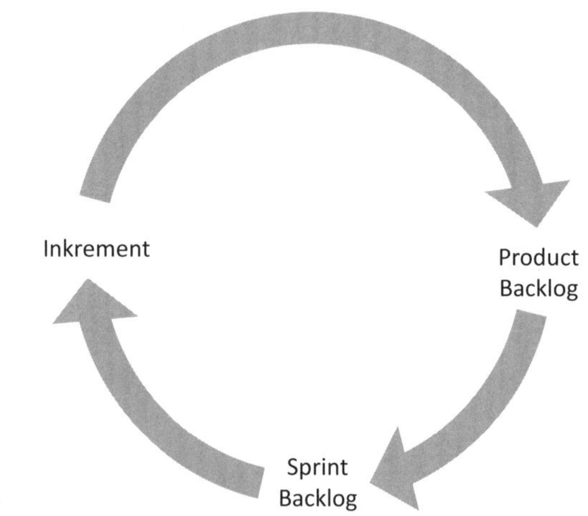

Abbildung 6-9 Miteinander verbundene Scrum-Artefakte

PRODUCT BACKLOG

Aus dem *Scrum Guide*

Das Product Backlog ist eine geordnete Liste von allem, was bekanntermaßen im Produkt enthalten sein soll. Es dient als einzige Anforderungsquelle für alle Änderungen am Produkt. Der Product Owner ist für das Product Backlog, seine Inhalte, den Zugriff darauf und die Reihenfolge der Items verantwortlich.

Ein Product Backlog ist niemals vollständig. Während seiner ersten Entwicklungsschritte zeigt es die anfangs bekannten und am besten verstandenen Anforderungen auf. Das Product Backlog entwickelt sich mit dem Produkt und dessen Einsatz weiter. Es ist dynamisch; es passt sich konstant an, um für das Produkt klar herauszustellen, was es braucht, um seiner Aufgabe angemessen zu sein, im Wettbewerb zu bestehen und den erforderlichen Nutzen zu bieten. Sofern ein Produkt existiert, gibt es auch das dazugehörige Product Backlog.

Im Product Backlog werden alle Features, Funktionalitäten, Verbesserungen und Fehlerbehebungen aufgelistet, die die Änderungen an dem Produkt in zukünftigen Releases ausmachen. Product Backlog Items haben die Eigenschaften einer Beschreibung, einer Reihenfolge, einer Schätzung und eines Werts. Product Backlog Items enthalten oft Testbeschreibungen, die ihre Vollständigkeit beweisen, wenn sie „done" sind.

Das Product Backlog entwickelt sich mit dem Einsatz eines Produkts, dessen Wertsteigerung sowie durch das Feedback des Markts zu einer längeren, ausführlicheren Liste. Anforderungen werden nie aufhören, sich zu ändern. Daher ist das Product Backlog ein lebendes Artefakt. Änderungen an den Geschäftsanforderungen, Marktbedingungen oder der Technologie können Änderungen am Product Backlog nach sich ziehen.

Häufig arbeiten mehrere Scrum-Teams gemeinsam an einem Produkt. Dann wird ein einziges Product Backlog benutzt, um die anstehende Arbeit am Produkt zu beschreiben. In diesem Fall kann ein Product-Backlog-Attribut verwendet werden, das die Items gruppiert ...

Höher eingeordnete Product Backlog Items sind generell klarer und weisen mehr Details auf als niedriger eingeordnete. Präzisere Schätzungen entstehen auf der Basis von größerer Klarheit und Detailtiefe – je niedriger der Rang, desto weniger Details sind bekannt. Die Product Backlog Items, mit denen sich das Entwicklungsteam im kommenden Sprint beschäftigen soll, werden so weit verfeinert, dass jedes von ihnen innerhalb des Sprint vernünftigerweise fertiggestellt („done") werden kann. Die Product Backlog Items, für die das der Fall ist, werden als bereit („ready") für die Auswahl durch das Entwicklungsteam in einem Sprint Planning angesehen. Ein Product Backlog Item entwickelt diesen Transparenzgrad in der Regel durch Verfeinerungsaktivitäten.

Das Entwicklungsteam ist für alle Schätzungen verantwortlich. Der Product Owner kann das Entwicklungsteam dahingehend beeinflussen, dass er ihm hilft, die Kompromisse zu verstehen und auszuwählen. Die endgültige Schätzung erfolgt immer durch diejenigen, die auch die Arbeit erledigen werden.[13]

Im nächsten Kapitel werden wir eingehender erläutern, wie man ein Product Backlog erstellt und pflegt.

Product Owner und Product Backlog

Betrachten Sie als Product Owner das Product Backlog als Ihren aktuellen Pfad. Dieser Pfad stellt eine Momentaufnahme Ihres besten Wissens darüber dar, wie Sie Ihr endgültiges Ziel erreichen. Egal, wie schnell Sie sind, der falsche Pfad wird Sie nicht zu Ihrem Ziel bringen. Sie werden nur schneller das falsche Ziel erreichen.

Ein richtig verfeinertes, geordnetes und geschätztes Product Backlog gibt Ihnen die Richtung vor und liefert Ihnen alle notwendigen Informationen für das Reporting und die Planung. Damit das funktioniert, müssen Sie allerdings sicherstellen, dass das Product Backlog die einzige Quelle für die Arbeit des Entwicklungsteams ist. Stellen Sie sich vor, Sie haben ein Product Backlog für die Features, ein Bug Backlog für die Probleme, ein technisches Backlog für die Infrastruktur- und Architekturarbeiten und Sie haben ungeplante Arbeit, die während des Sprint auftritt. In dieser suboptimalen (jedoch alltäglichen) Situation gibt es keine echte Transparenz hinsichtlich Ihrer Richtung. Es ist schwierig bis unmöglich, Ihren Kurs zu erfassen.

Auch auf die Gefahr hin, dass wir uns wiederholen, die folgende Regel gilt immer:

Ein Produkt → ein Product Owner → ein Product Backlog

Dieses Product Backlog beinhaltet die gesamte Arbeit für das Entwicklungsteam.

[13] Schwaber und Sutherland: *Scrum Guide,* S. 15–16.

SPRINT BACKLOG

Aus dem *Scrum Guide*

Das Sprint Backlog besteht aus den für den Sprint ausgewählten Product Backlog Items, ergänzt um einen Plan für die Bereitstellung des Produktinkrements und die Realisierung des Sprint-Ziels. Das Sprint Backlog ist eine Prognose des Entwicklungsteams darüber, welche Funktionalität im nächsten Inkrement enthalten sein wird und wie viel Arbeit nötig ist, um diese Funktionalität in einem fertigen „Done"-Inkrement zu liefern.

Das Sprint Backlog verdeutlicht die gesamte Arbeit, die das Entwicklungsteam für notwendig erachtet, um das Sprint-Ziel zu erreichen. Um kontinuierliche Verbesserungen zu gewährleisten, umfasst es mindestens eine wichtige Prozessverbesserung, die in der vorherigen Retrospektive identifiziert worden ist.

Das Sprint Backlog ist ein ausreichend detaillierter Plan, um den Fortschritt innerhalb des Sprint im Daily Scrum erkennen zu können. Das Entwicklungsteam passt das Sprint Backlog während des Sprint an und das Sprint Backlog entwickelt sich so während des Sprint weiter. Diese Entwicklung erfolgt, während das Entwicklungsteam den Plan abarbeitet und mehr über die noch benötigten Schritte zur Erreichung des Sprint-Ziels lernt.

Wenn weitere Arbeiten erforderlich sind, fügt sie das Entwicklungsteam zum Sprint Backlog hinzu. Wenn eine Arbeit durchgeführt oder abgeschlossen worden ist, wird die geschätzte Restarbeit aktualisiert. Wenn sich Bestandteile des Plans als unnötig erweisen, werden sie entfernt. Nur das Entwicklungsteam kann sein Sprint Backlog während des Sprint ändern. Das Sprint Backlog ist ein gut sichtbares Echtzeitabbild der Arbeit, die das Entwicklungsteam während des Sprint zu leisten gedenkt. Es gehört einzig und allein dem Entwicklungsteam.[14]

Product Owner und Sprint Backlog

Das Sprint Backlog gehört dem Entwicklungsteam. Das Team plant, wie man das Sprint-Ziel am besten erreichen kann. Als Product Owner können Sie die wichtigsten Product Backlog Items für das Entwicklungsteam bestimmen, die es in seinem Sprint-Plan berücksichtigen soll, aber Sie können ihm nicht diktieren, wie viel es übernehmen oder wie es seine Arbeit aufteilen wird.

Dies ist wesentlich für den Aufbau einer gegenseitigen, respektvollen Beziehung zwischen diesen beiden Rollen. Ein Entwicklungsteam, dem der Plan für den Sprint wirklich gehört, wird während der Arbeit im Sprint viel mehr Verantwortung und Ownership zeigen.

Gemeinsam mit dem Entwicklungsteam definieren Sie im Sprint Planning das Sprint-Ziel und vertrauen dann darauf, dass das Team ein Sprint Backlog erzeugt und es während des Sprint pflegt.

Sprint-Ziel → Sprint Backlog = Prognostizierte Product Backlog Items (was) + Plan für deren Auslieferung (wie)

[14] Ebd., S. 16–17.

INKREMENT

Wenn Scrum auf einen einzigen Satz reduziert werden müsste, dann wäre das, „alle 30 Tage oder früher ein auslieferbares, funktionierendes Produkt" zu haben. Dieses Produkt ist das Inkrement.

Aus dem *Scrum Guide*
Das Inkrement ist die Summe aller während eines Sprint fertiggestellten Product Backlog Items und der Wert der Inkremente aller vorherigen Sprints. Am Ende eines Sprint muss das neue Inkrement „done" sein; das heißt, es muss in einem verwendbaren Zustand sein und die „Definition of Done" des Teams erfüllen. Ein Inkrement ist eine Gesamtheit überprüfbarer, geleisteter Arbeit, die die Empirie am Ende des Sprint unterstützt. Das Inkrement ist ein Schritt in Richtung einer Vision oder eines Ziels. Es muss auch dann im einsatzfähigen Zustand sein, wenn der Product Owner es aktuell noch gar nicht ausliefern will.[15]

Product Owner und das Inkrement

Ein wertvolles Inkrement am Ende jedes Sprint ist das Ziel, das Sie als Product Owner mit dem Entwicklungsteam teilen. Obwohl Sie nicht viel dazu zu sagen haben, wie das Entwicklungsteam seine Arbeit im Sprint plant, sollten Sie dennoch jedes Mal ein lauffähiges „Done"-Inkrement erwarten. Product Owner haben das Recht, ihr Entwicklungsteam zu fordern, ein Inkrement mit einem Wert zu erzeugen und sich nicht nur mit Plänen, Entwürfen, Mockups und ähnlichen Ergebnissen zufriedenzugeben.

Wenn das Product Backlog die Richtung Ihres aktuellen Pfads vorgibt, dann ist das Inkrement Ihr GPS-Gerät, das Ihre derzeitige Position anzeigt. Das Inkrement bietet Ihnen und Ihren Stakeholdern Transparenz. So gesehen ist es das wichtigste Element im Sprint Review und treibt die wichtigste Feedbackschleife in einer empirischen Prozesssteuerung an. Ein funktionierendes Inkrement ermöglicht es Ihnen, zu überprüfen und anzupassen und die nächsten Schritte zu bestimmen, wodurch Ihr Pfad, das Product Backlog, aktualisiert wird.

Damit das funktioniert, muss Ihr Inkrement wirklich „done" sein. Wie können Sie Ihre Position anhand einer ungenauen GPS-Anzeige bestimmen? Gar nicht. Diese fehlende Transparenz ist schädlich oder sogar katastrophal. Auf lange Sicht werden Sie vom Weg abkommen.

SONSTIGE

Obwohl es sich nicht um offizielle Scrum-Artefakte handelt, gibt es andere allgemein anerkannte Scrum-Praktiken, die unbedingt berücksichtigt werden sollten, wie Burn-down/ Burn-up Charts und die „Definition of Done".

---

[15] Ebd., S. 17.

„Done"

Aus dem *Scrum Guide*

Es müssen alle verstehen, was „done" bedeutet, sobald ein Product Backlog Item oder ein Produktinkrement als „done" bezeichnet wird. Obwohl dies von Scrum-Team zu Scrum-Team sehr unterschiedlich sein kann, müssen alle Teammitglieder ein gemeinsames Verständnis davon haben, wann die Arbeit vollständig ist, um Transparenz zu gewährleisten. Dies erfolgt durch die „Definition of Done" des Scrum-Teams, die dazu verwendet wird festzustellen, wann die Arbeit an einem Produktinkrement fertig ist.

Die gleiche Definition leitet das Entwicklungsteam bei der Entscheidung, wie viele Product Backlog Items es während des Sprint Planning auswählen kann. Der Zweck eines jeden Sprint ist es, Inkremente von potenziell auslieferbarer Funktionalität zu liefern, die der aktuellen „Definition of Done" des Scrum-Teams entsprechen.

Entwicklungsteams liefern bei jedem Sprint ein Inkrement der Produktfunktionalität. Dieses Inkrement ist vollständig verwendbar, sodass der Product Owner sich jederzeit dazu entscheiden kann, es zu releasen. Wenn die „Definition of Done" für ein Inkrement Teil der Konventionen, Standards oder Richtlinien der Entwicklungsorganisation ist, müssen sich alle Scrum-Teams mindestens daran halten.

Wenn „done" für ein Inkrement nicht Teil der Konvention der Entwicklungsorganisation ist, muss das Entwicklungsteam des Scrum-Teams eine für das Produkt geeignete „Definition of Done" formulieren. Wenn es mehrere Scrum-Teams gibt, die am selben System- oder Produkt-Release arbeiten, müssen die Entwicklungsteams aller Scrum-Teams gemeinsam eine „Definition of Done" erstellen.

Jedes Inkrement ist zusätzlich zu allen früheren Inkrementen und wird gründlich getestet, um sicherzustellen, dass alle Inkremente gemeinsam funktionieren.

Mit zunehmender Reife des Scrum-Teams erwartet man, dass es seine jeweilige „Definition of Done" um strengere Kriterien für eine höhere Qualität erweitert. Neue Definitionen können dazu führen, dass noch zu erledigende Arbeit in früheren „Done"-Produktinkrementen aufgedeckt wird. Jedes einzelne Produkt oder System sollte eine „Definition of Done" haben, die den Standard für jegliche daran durchgeführte Arbeit darstellt.[16]

Product Owner und „Done"

Wenn das Product Backlog Ihr Pfad ist und das Inkrement Ihr Kompass, dann ist „Done" das Magnetfeld, das die Nadel ausrichtet – keine Nadel, kein Ort, keine Kalibrierung des Pfads.

Ihr Inkrement (Ihr Produkt) muss wenigstens einmal im Sprint „done" sein. „Done" bedeutet in dem Fall, dass keine Arbeit mehr verbleibt und ein Release erfolgen kann. Was immer auch „done" in Ihrem Kontext bedeutet, es ist etwas, das Sie als Product Owner (als Repräsentant der Stakeholder) und das Entwicklungsteam herausarbeiten müssen. Alle Bedürfnisse hinsichtlich „done" müssen entsprechend angesprochen werden. „Done" reicht vom End-User bis zum Betrieb.

Kein „Done" → kein Inkrement → nichts zu zeigen im Sprint Review

Wenn Sie „Done" ignorieren, machen Sie im besten Fall nur Fortschritte. Die Frage ist, in welche Richtung?

Erfahren Sie mehr über „Done" im nächsten Kapitel über Product Backlog Management.

[16] Ebd., S. 17–18.

Burn-down/Burn-up Charts

Wenn wir uns weiterhin an die Metapher des Pfads halten, dann brauchen Sie auf der Reise zur Schaffung eines fabelhaften Produkts eine Karte. Zwei beliebte Tools in der Scrum-Community sind Burn-down und Burn-up Charts. Sie können den Fortschritt Ihrer Reise visualisieren, sodass Sie Ihren Pfad besser überprüfen und anpassen können.

Sprint Burn-down

Der Sprint Burn-down bietet dem Entwicklungsteam Transparenz, den Standort. Er ermöglicht es ihm, seinen Plan während des Sprint zu überprüfen und anzupassen und seinen Fortschritt in Richtung des Sprint-Ziels zu beurteilen.

Abbildung 6-10 zeigt einen Sprint Burn-down Chart. Die gestrichelte Linie (mit x) zeigt die verbleibenden Stunden aus dem Sprint Backlog. Die durchgezogene Linie zeigt die von der Prognose verbleibenden Story Points.

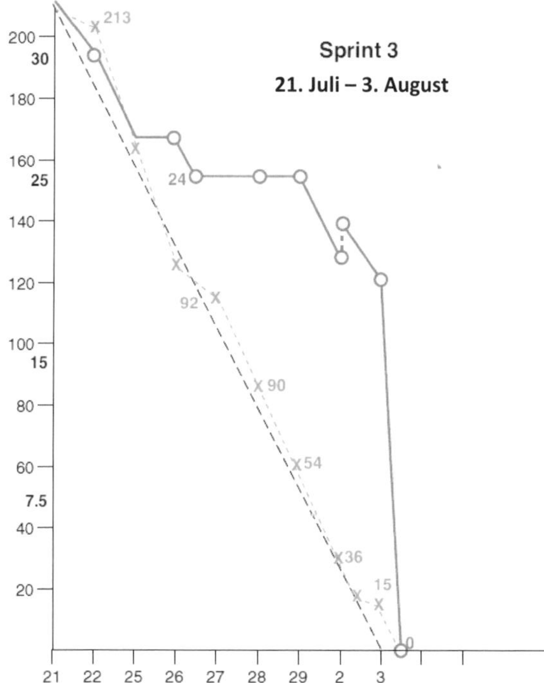

Abbildung 6-10 Beispiel eines Sprint Burn-down Charts

Obwohl der Sprint Burn-down Chart nicht für Sie als Product Owner bestimmt ist, sollten Sie ihn sehen können, um einen Eindruck davon zu bekommen, wie der Sprint läuft. Es liegt jedoch nicht in Ihrer Verantwortung, darauf zu reagieren.

Ein Product Owner und seine Stakeholder sind wahrscheinlich eher am Fortschritt über mehrere Sprints hinweg interessiert. Dafür haben Sie Release Burn-downs oder Burn-ups.

Release Burn-down

Aus dem *Scrum Guide*

Die verbleibende Arbeit, um ein Ziel zu erreichen, kann jederzeit aufsummiert werden. Der Product Owner vermerkt die gesamte verbleibende Arbeit mindestens zu jedem Sprint Review. Er vergleicht diese Summe mit der verbleibenden Arbeit in früheren Sprint Reviews, um den Fortschritt der Arbeiten im Verhältnis zur restlichen Zeit zu begutachten. Diese Information wird allen Stakeholdern präsentiert.

Zur Fortschrittsprognose werden diverse Planungspraktiken eingesetzt, wie Burn-down, Burn-up oder Cumulative Flow Charts. Diese haben sich als nützlich erwiesen, allerdings schmälern sie nicht die Bedeutung des empirischen Vorgehens. In komplexen Umgebungen lassen sich zukünftige Events nicht vorherbestimmen. Nur was bereits geschehen ist, gibt Anhaltspunkte für die zukunftsgerichtete Entscheidungsfindung.[17]

Die wichtigen Worte hierbei sind „verbleibende Arbeit". Wie viel das Team gearbeitet hat, spielt keine Rolle. Sie sollten sich nur darum kümmern, wie viel Arbeit noch verbleibt, damit Sie besser planen können. Ihr Entwicklungsteam kann zehn Stunden lang arbeiten und dann noch 20 Überstunden machen müssen oder drei Product Backlog Items abschließen und dann fünf weitere entdecken, was die verbleibende Arbeit erhöht. Unabhängig von dem, was sie in der Vergangenheit getan haben, ändert das nichts an der Tatsache, dass diese neue Arbeit auch erledigt werden muss. Also passen Sie den Plan an, während Sie voranschreiten.

Burn-down Charts sind eine großartige Möglichkeit, die verbleibende Arbeit zu visualisieren. Sie können natürlich auch andere Charts nutzen, solange sie diesen Zweck erfüllen.

In Kapitel 8 werden wir detaillierter darauf eingehen, wie man Burn-downs/Burn-ups anlegt, um Release-Pläne darzustellen (siehe Abbildungen 6-11 und 6-12).

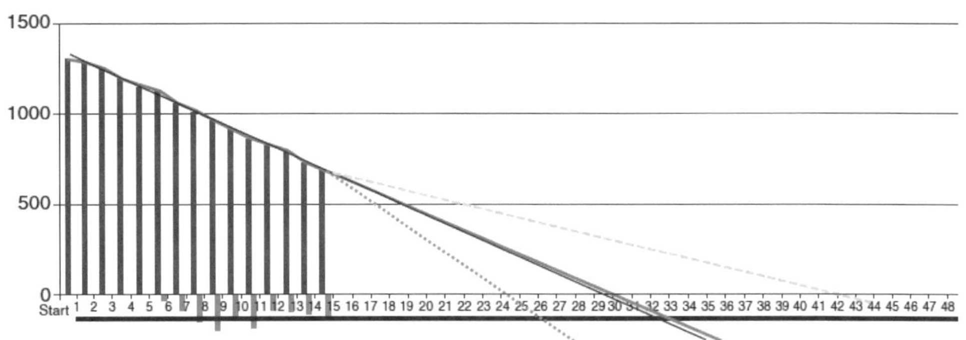

Abbildung 6-11 Release Burn-down

[17] Ebd., S. 16.

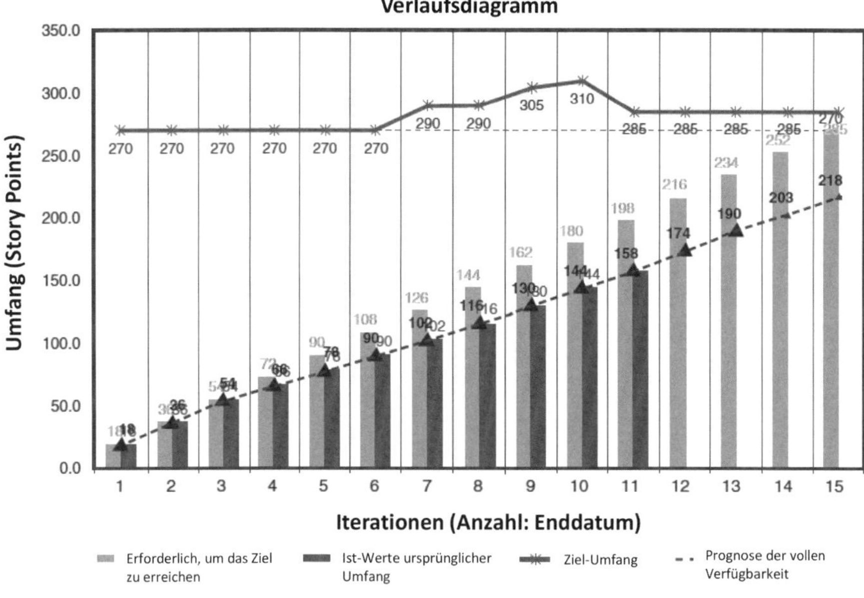

Abbildung 6-12 Release Burn-up

SCRUM-EVENTS

Es gibt fünf verpflichtende Events in Scrum: Sprint, Sprint Planning, Daily Scrum, Sprint Review und Sprint Retrospektive.

In Scrum ist jedes zeitlich befristete Event so entwickelt worden, dass es eine Gelegenheit zum Prüfen und Anpassen bietet. Mit anderen Worten, es gibt für jedes Event immer einen konkreten Input und einen expliziten Output.

SPRINT

Der Sprint enthält alle anderen Scrum-Events. Er ist wie ein Miniprojekt, nach dem es ein lauffähiges Produkt gibt – das Inkrement. Das Worst-Case-Szenario ist, dass Sie einen Sprint verschwenden. Je kürzer der Sprint ist, desto geringer ist das Risiko.

Aus dem *Scrum Guide*

Das Herz von Scrum ist der Sprint, ein Zeitraum von maximal einem Monat, innerhalb dessen ein fertiges („done"), nutzbares und potenziell auslieferbares Produktinkrement hergestellt wird. Alle Sprints innerhalb eines Entwicklungsvorhabens sollten die gleiche Dauer haben. Der neue Sprint startet sofort nach Abschluss des vorherigen Sprint.

Ein Sprint beinhaltet und umfasst das Sprint Planning, die Daily Scrums, die Entwicklungsarbeit, den Sprint Review und die Sprint Retrospektive.

Während des Sprint

- werden keine Änderungen vorgenommen, die das Sprint-Ziel gefährden,
- wird der Qualitätsanspruch nicht geschmälert und
- kann der Anforderungsumfang zwischen Product Owner und Entwicklungsteam geklärt und neu ausgehandelt werden, wenn sich neue Erkenntnisse ergeben.

Jeder Sprint kann als ein Projekt mit einem Zeithorizont von maximal einem Monat betrachtet werden. Wie mit Projekten will man mit Sprints etwas Bestimmtes erreichen. Jeder Sprint hat ein Ziel, das gebaut werden soll, einen Entwurf und einen flexiblen Plan, der die Umsetzung, die Arbeit und das resultierende Produktinkrement in die richtige Richtung lenkt.

Sprints sind auf einen Kalendermonat beschränkt. Wenn der Zeithorizont eines Sprint zu lang gewählt wird, kann sich die Definition dessen, was gebaut werden soll, ändern, die Komplexität ansteigen und das Risiko erhöhen. Sprints ermöglichen Vorhersehbarkeit, indem sie mindestens einmal im Monat eine Überprüfung und Anpassung der Fortschritte in Richtung Sprint-Ziel sicherstellen. Sprints begrenzen auch das Kostenrisiko auf einen Monat.[18]

Product Owner und Sprint

Der Sprint ist die Feedbackschleife, mit der Sie als Product Owner die Richtung Ihres Produkts überprüfen und anpassen können. Jeder Sprint muss mit einem funktionierenden Inkrement abgeschlossen werden, das Sie mit ausgewählten Stakeholdern testen können oder noch besser am Markt. Basierend auf diesem Feedback können Sie das Entwicklungsteam in den nächsten Sprints an dem arbeiten lassen, das Sie für besonders wertvoll halten. Hierdurch sind Sie äußerst flexibel.

Bedenken Sie jedoch, dass Sie, obwohl Sie die Flexibilität besitzen, von Sprint zu Sprint Änderungen vorzunehmen, es so weit wie möglich vermeiden müssen, den Umfang eines aktuellen Sprint zu ändern. Wenn die Notwendigkeit einer Änderung des Sprint-Umfangs ein wiederkehrendes Problem ist, sollten Sie kürzere Sprints in Betracht ziehen.

Ein Sprint bietet Stabilität in einer unvorhersehbaren Welt. Das Scrum-Team trifft harte Entscheidungen über Anforderungen, Infrastruktur und Menschen. Es versucht, für mindestens einen Sprint an diesen Entscheidungen festzuhalten, um dann für den nächsten Sprint zu überprüfen und anzupassen. Zu lange Sprints könnten Sie zu weit vom Kurs abbringen und die Kosten erhöhen, um wieder in die Spur zu kommen.

Die Länge eines Sprint sollte sich danach richten, wie viel dieser stabilen Arbeit ein Scrum-Team übernehmen kann (oder sollte). Das ist der Planungshorizont des Product Owner.

Realistischerweise wird es nicht immer möglich sein, den Sprint stabil zu halten. Betrachten Sie folgendes Szenario:

Sie bekommen als Product Owner ein spannendes neues Feature auf den Tisch. Es ist wertvoller als alle anderen Product Backlog Items, an denen das Entwicklungsteam im aktuellen Sprint gerade arbeitet. Was tun Sie? Sie haben drei Optionen.

1. Die beste Reaktion ist, das neue Feature an die oberste Position des Product Backlog zu setzen und den derzeitigen Sprint nicht zu unterbrechen. Wenn das, was sich im Sprint befindet, immer noch einen Wert hat, dann lassen Sie das Entwicklungsteam die

[18] Ebd., S. 9.

Arbeit abschließen. Zu häufig werden sie durch neue Arbeit unterbrochen und können das, was sie begonnen haben, nicht beenden. Es gibt kaum etwas Ineffizienteres, als ständig etwas anzufangen und dann wieder aufzuhören. Helfen Sie Ihrem Team dabei, das „Anfangen zu stoppen und das Beenden anzufangen".

Als ich Programmierer in einem Entwicklungsteam war, wurde ich ständig von Managern und Geschäftsleuten mit neuen Anfragen unterbrochen. Meine erste Frage war immer: „Ist es wichtiger als das, woran ich gerade arbeite?" Die ehrliche Antwort war häufig: „Ja." Das bedeutete allerdings, dass meine Arbeit immer wieder von etwas anderem übertrumpft wurde, was zu sehr viel überflüssigen Bemühungen und Stress führte, ohne dass ich dafür einen Wert vorweisen konnte. Heute verbringe ich viel Zeit damit, Product Owner zu coachen, und ich erzähle ihnen immer von meinen Erfahrungen im Entwicklungsteam, sodass sie die gesamten Auswirkungen gestörter Sprints erkennen können.

Ich erkläre meinem Entwicklungsteam jedes Mal, wenn sich jemand von außerhalb des Scrum-Teams mit einer kleinen, aber wichtigen Bitte an sie wendet, folgendermaßen vorzugehen: „Es ist sicher wichtig, aber ich kann diese Entscheidung nicht treffen. Sprechen Sie bitte mit meinem Product Owner." Wenn der Product Owner in dieser Situation nicht richtig reagiert, ist es Sache des Scrum Master das Entwicklungsteam zu schützen.

2. Wenn die neue Feature-Anfrage einige der Product Backlog Items aufhebt, an denen im derzeitigen Sprint gearbeitet wird, dann sieht die Sache anders aus. Es ist sinnlos, an Items zu arbeiten, die keinen Wert mehr haben. Am einfachsten ist es hier, weiterzumachen und den Umfang des Sprint anzupassen, ohne das Sprint-Ziel zu gefährden. Das bedeutet wahrscheinlich, Product Backlog Items auszulagern.
3. Die dritte Option besteht darin, dass Sie bestimmen, dass das neue Feature *alles* aus diesem Sprint ersetzt und das Sprint-Ziel aufhebt, dann kann der Product Owner in Betracht ziehen, den ganzen Sprint abzubrechen. Da es keinen Grund gibt fortzufahren, beenden Sie den Sprint und beginnen Sie sofort damit, einen neuen zu planen. Angesichts der vorherigen Optionen sollte diese eine Ausnahme sein.

Aus dem *Scrum Guide*

Ein Sprint würde dann abgebrochen werden, wenn das Sprint-Ziel obsolet wird. Das kann vorkommen, wenn das Unternehmen seine Zielrichtung wechselt oder wenn sich andere Markt- oder technologische Rahmenbedingungen ändern. In der Regel sollte ein Sprint dann abgebrochen werden, wenn die Fortführung unter den gegenwärtigen Umständen keinen Sinn mehr macht. Allerdings ist ein Abbruch bei der kurzen Dauer der Sprints selten sinnvoll.[19]

[19] Ebd., S. 10.

SPRINT PLANNING

Aus dem *Scrum Guide*

Im Sprint Planning wird die Arbeit für den kommenden Sprint geplant. Dieser Plan entsteht durch die gemeinschaftliche Arbeit des gesamten Scrum-Teams.

Das Sprint Planning ist für einen einmonatigen Sprint auf maximal acht Stunden befristet. Bei kürzeren Sprints wendet man normalerweise weniger Zeit auf. Der Scrum Master sorgt dafür, dass das Event stattfindet und die Teilnehmer dessen Zweck verstehen. Er bringt dem Scrum-Team bei, es innerhalb der Frist erfolgreich abzuschließen.

Das Sprint Planning beantwortet die folgenden Fragen:

- Was kann in dem Inkrement, das sich aus dem bevorstehenden Sprint ergibt, erreicht werden?
- Wie wird die für die Lieferung des Produktinkrements erforderliche Arbeit erledigt? [20]

Punkt 1: Was kann in diesem Sprint fertiggestellt werden?

Das Entwicklungsteam erstellt eine Prognose über die Funktionalität, die im Sprint entwickelt werden soll. Der Product Owner beschreibt das Ziel, das mit dem Sprint erreicht werden soll, und die Product Backlog Items, die, wenn sie in dem Sprint abgeschlossen werden, das Ziel erfüllen. Das gesamte Scrum-Team arbeitet zusammen, um die Arbeitsinhalte des Sprint zu verstehen.

Als Eingangsgrößen für das Meeting dienen das Product Backlog, das neueste Produktinkrement, die veranschlagte Kapazität des Entwicklungsteams im Sprint sowie die bisherige Leistung desselben. Ausschließlich das Entwicklungsteam bestimmt die Anzahl der ausgewählten Product Backlog Items für den kommenden Sprint. Nur es selbst kann beurteilen, was im kommenden Sprint machbar ist. Während des Sprint Planning erarbeitet das Scrum-Team gemeinsam ein Sprint-Ziel. Das Sprint-Ziel bildet die Messlatte, die durch die Implementierung der Product Backlog Items im Sprint erreicht wird; es leitet das Entwicklungsteam in der Frage, warum es dieses Produktinkrement erstellt.

Punkt 2: Wie wird die ausgewählte Arbeit erledigt?

Nach der Vereinbarung des Sprint-Ziels und der Auswahl der Product Backlog Items für den Sprint entscheidet das Entwicklungsteam, wie es das Produktinkrement erstellen möchte, damit die Funktionalität in einen „Done"-Zustand gebracht werden kann. Als Sprint Backlog bezeichnet man die Auswahl der Product Backlog Items für den jeweiligen Sprint plus den Umsetzungsplan des Entwicklungsteams.

Das Entwicklungsteam beginnt normalerweise mit dem Entwurf des Systems und den Tätigkeiten, die notwendig sind, um ein funktionsfähiges Produktinkrement zu erstellen. Die Arbeiten können sich in der Größe oder dem geschätzten Aufwand unterscheiden. Auf jeden Fall sollte das Entwicklungsteam genug Arbeit planen, um zu prognostizieren, was es glaubt, im kommenden Sprint schaffen zu können. Die für die ersten Sprint-Tage geplanten Arbeiten werden nach Abschluss des Meetings in kleinere Einheiten von oft einem Tag oder weniger zerlegt. Das Entwicklungsteam organisiert selbst, wie es die Arbeiten im Sprint Backlog angeht, sowohl im Sprint Planning als auch im Sprint selbst.

Der Product Owner kann dabei helfen, die ausgewählten Product Backlog Items klarzustellen und gegebenenfalls Kompromisse einzugehen. Wenn das Entwicklungsteam herausfindet, dass es sich zu viel oder zu wenig Arbeit vorgenommen hat, kann es die ausgewählten Product Backlog Items neu mit dem Product Owner

[20] Ebd., S. 10.

aushandeln. Das Entwicklungsteam kann auch andere Teilnehmer zu dem Meeting einladen, um technische oder fachliche Unterstützung zu erhalten.

Am Ende des Sprint Planning sollte das Entwicklungsteam in der Lage sein, Product Owner und Scrum Master zu schildern, wie es als selbstorganisiertes Team an der Erreichung des Sprint-Ziels und der Erstellung des gewünschten Produktinkrements arbeiten möchte.

Sprint-Ziel

Das Sprint-Ziel ist ein übergeordneter Zweck für den Sprint, der durch die Implementierung der Product Backlog Items erreicht werden kann. Es gibt dem Entwicklungsteam Orientierung, warum es dieses Produktinkrement baut. Das Sprint-Ziel wird während des Sprint Planning erarbeitet. Das Sprint-Ziel bietet dem Entwicklungsteam eine gewisse Flexibilität in Bezug auf die im Sprint zu implementierende Funktionalität. Die ausgewählten Product Backlog Items bilden eine zusammenhängende Funktionalität, die als Sprint-Ziel angesehen werden kann. Das Sprint-Ziel kann aber auch jedes andere verbindende Element sein, das das Entwicklungsteam zur Zusammenarbeit motiviert, statt in verschiedene Richtungen zu laufen.

Bei seiner Arbeit hat das Entwicklungsteam sein Sprint-Ziel vor Augen. Um dieses zu erreichen, implementiert es die entsprechende Funktionalität und Technologie. Falls es sich zeigt, dass der Arbeitsumfang von den ursprünglichen Erwartungen abweicht, handelt das Entwicklungsteam mit dem Product Owner eine Änderung des Sprint-Backlog-Umfangs für den laufenden Sprint aus.[21]

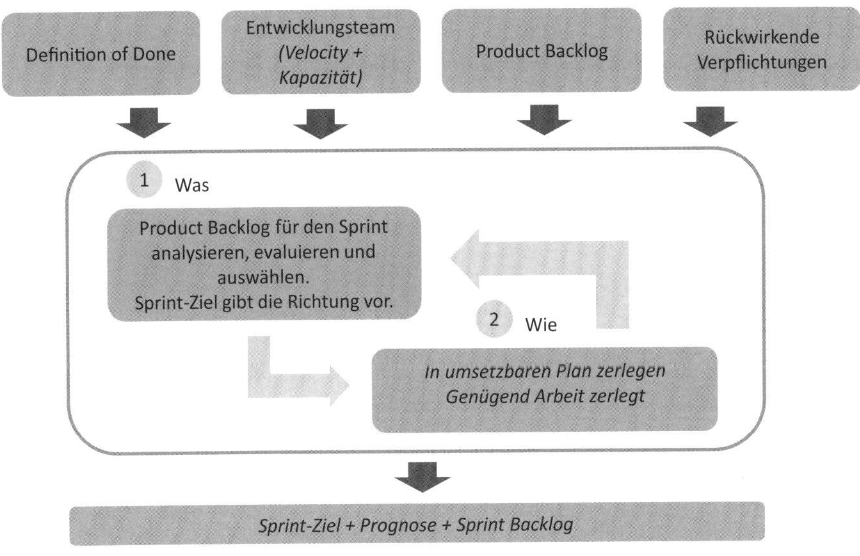

Abbildung 6-13 Spint-Planning-Fluss

Product Owner und Sprint Planning

Im Sprint Planning formuliert das Scrum-Team ein Sprint-Ziel, also die unterstützenden Items aus dem Product Backlog: die Prognose (1. was) und die daraus folgende Arbeit, die

[21] Ebd., S. 10–12.

für jedes dieser Item zu erledigen ist (2. wie). All das zusammen bezeichnet man als Sprint Backlog: den Plan für den derzeitigen Sprint.

Schauen wir uns zwei mögliche Szenarien des Sprint Planning an:

Szenario 1 Sie als Product Owner haben alle Product Backlog Items für diesen Sprint erstellt. Sie verwenden einige Zeit darauf, die Items als User Stories zu schreiben, mit Abnahmekriterien und sogar einigen UI Sketches. Beim Sprint Planning wird dem Entwicklungsteam dieses Product Backlog gezeigt und es wird gebeten, den Sprint zu planen.

Szenario 2 Vor dem kommenden Sprint erklären Sie als Product Owner – vielleicht während einer vorherigen Product-Backlog-Verfeinerung – dem Entwicklungsteam Ihre nächsthöheren Ziele. Wenn Sie einen eher erzählerischen Ansatz wählen, bekommt das Entwicklungsteam ein klareres Verständnis dessen, was getan werden muss. Es bekommt eine Gelegenheit, Fragen zu stellen und sein Verständnis zu festigen. Sobald es alles verstanden hat, kann es dabei helfen, die Product Backlog Items zu erstellen oder zu verfeinern (vielleicht sogar selbstständig), und zwar so lange, bis es das Gefühl hat, dass die Items für den nächsten Sprint bereit sind. Während des nächsten Sprint Planning gehen Sie gemeinsam den oberen Teil des Product Backlog durch, nehmen letzte Änderungen vor und beantworten weitere Fragen.

Welches Szenario wird wahrscheinlich erfolgreicher sein?

Das erste Szenario ist eine Übergabe mit allen damit verbundenen Risiken.

Die gute Nachricht ist, dass Sie nur einen kleinere Teil des Produkts übergeben, aber es ist dennoch eine Übergabe. Wie bei jeder Übergabe können Unklarheiten auftreten, da das geschriebene Wort niemals der beste Weg ist, Komplexität zu kommunizieren.

Ich habe einmal ein sehr gutes Beispiel gehört. Eine Mutter hinterlässt eine Nachricht für ihren Sohn: „Wir haben kaum noch Milch. Könntest du bitte in den Laden gehen und einen Liter Milch kaufen und fragen, ob sie Eier haben. Kauf sechs." Der Sohn geht los und als er zurückkommt, stellt er sechs Liter Milch auf den Tisch und teilt seiner Mutter mit: „Ja, sie haben Eier."

Agil vermischt Geschäft mit Entwicklung, was das klassische Übergabeproblem in einem phasenweise, linearen Entwicklungsansatz vermeidet. Wie das erste Szenario oben gezeigt hat, ist selbst Scrum nicht immun gegenüber dem Übergabeproblem. Es ist wahrscheinlich, dass sich einige Items anders entwickeln als vorhergesehen und häufig antwortet das Entwicklungsteam: „O.k., aber wir haben das gemacht, was hier stand. Es ist nicht unsere Schuld!" Das ist wieder ein Schritt zurück in Richtung Anschuldigungen und der Forderung nach detaillierten Anforderungen (CYA).[22]

Im zweiten Szenario wird das Entwicklungsteam von Anfang an einbezogen. Es versteht, warum es etwas tut. Es übernimmt die Ownership für die Funktionalität. Wenn Ihnen etwas gehört, dann schauen Sie danach, Sie kümmern sich darum, Sie möchten, dass es Erfolg hat.

Wie wir schon beschrieben haben, ist es Ihre Aufgabe als Product Owner, das Entwicklungsteam zu motivieren, indem Sie das nutzen, was Dan Pink in seinem Buch *Drive* beschreibt:

Autonomie → Könnerschaft → Ziel

---

[22] Cover Your @$$.

Sprint-Ziel

In jedem Sprint Planning muss ein gemeinsames Sprint-Ziel formuliert werden. Ein guter Product Owner sollte bereits zum Sprint Planning mit einem Ziel im Kopf erscheinen. Das sollte jedoch mit dem Entwicklungsteam verhandelt werden können, basierend auf dessen Input, Fähigkeiten und Kapazitäten. Das daraus resultierende Sprint-Ziel gehört dem gesamten Scrum-Team.

Ihr Sprint-Ziel sollte als Elevator Pitch für den Sprint betrachtet werden. Stellen Sie sich vor, Sie begegnen eines Tages auf dem Flur einem Stakeholder und der sagt: „Freuen Sie sich auf das Sprint Review nächste Woche? Was bekomme ich zu sehen?“ Wie reagieren Sie? Rattern Sie die neuen Product Backlog Items herunter, an denen gerade gearbeitet wird? Oder geben Sie eine kurze Übersicht über die wichtigsten Elemente? Wenn es Ihnen schwerfällt, eine Zusammenfassung zu geben, ist das vielleicht ein Hinweis darauf, dass es in Ihrem Sprint nicht viel Zusammenhang gibt. Mit anderen Worten, je schwieriger es ist, ein präzises Sprint-Ziel zu formulieren, desto mehr brauchen Sie wahrscheinlich eines.

Das bedeutet nicht, dass man keine Product Backlog Items in einem Sprint haben kann, die nicht in Verbindung mit dem Sprint-Ziel stehen. Sicherlich könnte man auch an einem zusätzlichen Feature, Bericht oder Bug arbeiten, um die ein Stakeholder gebeten hat. Diese sollten jedoch in der Minderheit sein und wahrscheinlich als Erste aus dem Sprint fallen, wenn das Sprint-Ziel in Gefahr ist.

Betrachten Sie die Sprint-Ziele als eine verknüpfte Liste von Zielen, die Sie Schritt für Schritt zu Ihrer Gesamtproduktvision führen. Wenn Sie sich auf Ihre Vision ausrichten, identifizieren Sie kommende Ziele im Hinblick auf das große Ziel (siehe Abbildung 6-14). Die Sprint-Ziele sind keine nachträglichen Einfälle, sondern verfeinerte Leitsterne. Abbildung 6-15 zeigt einige Beispiele für Sprint-Ziele.

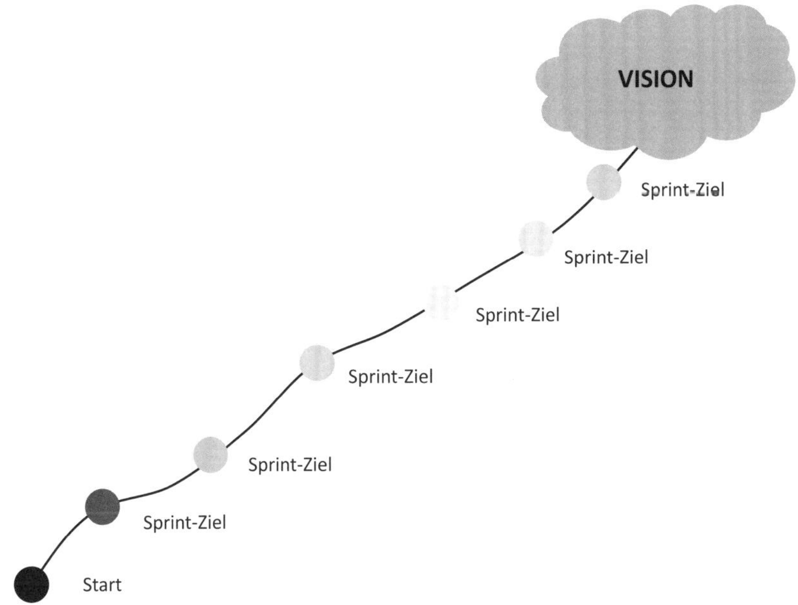

Abbildung 6-14 Sprint-Ziele auf dem Weg zur Vision

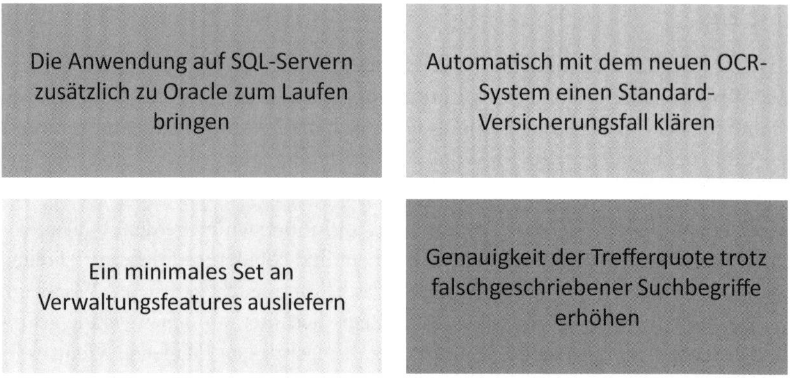

Die Anwendung auf SQL-Servern zusätzlich zu Oracle zum Laufen bringen

Automatisch mit dem neuen OCR-System einen Standard-Versicherungsfall klären

Ein minimales Set an Verwaltungsfeatures ausliefern

Genauigkeit der Trefferquote trotz falschgeschriebener Suchbegriffe erhöhen

Abbildung 6-15 Beispiele für Sprint-Ziele

Ich habe mit dem, wie ich es nenne, „Sprint Goal Driven Development"-Ansatz großartige Ergebnisse gesehen. Statt das Entwicklungsteam mit Anforderungen an den kommenden Sprint zu „füttern", bieten Sie ihm rechtzeitig ein Sprint-Ziel und lassen das Team die Details festlegen, die Product Backlog Items erstellen, die Ownership übernehmen. Sie als Product Owner bieten während der Verfeinerung Feedback und Anleitung.

Ihr Sprint-Ziel sollte keine Auflistung von User Stories (Product Backlog Items) sein, die am Ende des Sprint abgehakt ist.

Ich habe einmal folgendes Sprint-Ziel gesehen: „Unser Sprint-Ziel ist, das Sprint-Ziel zu erreichen." Bitte geben Sie sich mehr Mühe.

DAILY SCRUM

Aus dem *Scrum Guide*

Das Daily Scrum ist eine 15-minütige, zeitlich festgelegte Veranstaltung für das Entwicklungsteam. Das Daily Scrum findet an jedem Tag des Sprint statt. Das Entwicklungsteam plant dabei die Arbeit für die nächsten 24 Stunden. Es überprüft die Arbeitsergebnisse seit dem letzten Daily Scrum und prognostiziert die im Sprint bevorstehende Arbeit, um die Zusammenarbeit und Leistung des Teams zu optimieren. Um die Komplexität zu reduzieren, wird das Daily Scrum an jedem Tag zur gleichen Uhrzeit am gleichen Ort abgehalten.

Das Entwicklungsteam überprüft im Daily Scrum seinen Fortschritt in Richtung des Sprint-Ziels und den Trend bei der Abarbeitung der Sprint Backlog Items. Das Daily Scrum erhöht die Wahrscheinlichkeit, dass das Entwicklungsteam sein Sprint-Ziel erreicht. Das Entwicklungsteam sollte Tag für Tag im Blick haben, wie es als selbstorganisiertes Team zusammenarbeiten möchte, um das Sprint-Ziel zu erreichen und das erwartete Inkrement zum Ende des Sprint zu liefern.

Die Struktur des Meetings legt das Entwicklungsteam fest, es kann auf unterschiedliche Weise durchgeführt werden, sofern das Erreichen des Sprint-Ziels im Fokus steht. Einige Entwicklungsteams verwenden Fragen, andere konzentrieren sich eher auf Diskussionen. Hier ist ein Beispiel, was verwendet werden könnte:

- Was habe ich gestern getan, das dem Entwicklungsteam geholfen hat, das Sprint-Ziel zu erreichen?
- Was werde ich heute machen, um dem Entwicklungsteam beim Erreichen des Sprint-Ziels zu helfen?
- Sehe ich irgendein Hindernis, das mich oder das Entwicklungsteam daran hindert, das Sprint-Ziel zu erreichen?

Das Entwicklungsteam oder einzelne Mitglieder treffen sich häufig direkt nach dem Daily Scrum für detailliertere Diskussionen, Anpassungen oder Umplanungen der Arbeit im Sprint.

Während der Scrum Master dafür sorgt, dass ein Daily Scrum stattfindet, ist das Entwicklungsteam für dessen Durchführung zuständig. Der Scrum Master bringt dem Entwicklungsteam bei, das Daily Scrum innerhalb des 15-Minuten-Zeitrahmens zu halten.

Das Daily Scrum ist ein internes Treffen für das Entwicklungsteam. Falls andere Personen anwesend sind, stellt der Scrum Master sicher, dass sie das Meeting nicht stören.

Daily Scrums verbessern die Kommunikation, machen andere Meetings überflüssig, identifizieren zu beseitigende Hindernisse, unterstreichen und fördern die schnelle Entscheidungsfindung und erhöhen den Wissensstand des Entwicklungsteams. Das Daily Scrum ist ein entscheidendes Meeting zur Überprüfung und Anpassung.[23]

Product Owner und Daily Scrum

Beim Daily Scrum geht es darum, dass das Entwicklungsteam täglich seinen Sprint-Plan überprüft und anpasst. Da der Sprint-Plan dem Entwicklungsteam gehört, ist das Daily Scrum nicht für Sie, den Product Owner, gedacht. Daher ist es auch keine Gelegenheit für Sie, nach einem Status-Update zu fragen oder das Entwicklungsteam über kürzliche Events zu informieren. Ihre Anwesenheit ist willkommen, um Ihr Engagement zu zeigen und sich danach zur Verfügung zu stellen, aber Sie nehmen nicht am Daily Scrum teil.

Regelmäßige Kommunikation mit dem Entwicklungsteam ist nach wie vor eine großartige Idee, aber überfallen Sie nicht das Daily Scrum damit. Installieren Sie etwas anderes, das für Ihre spezielle Situation am besten passt.

Ich arbeitete mit einem Team, das sich über die Verfügbarkeit des Product Owner, Irene, beklagte. Irene war ein VP und dem Produkt verpflichtet, aber wenn wir ihre Zeit nicht Wochen im Voraus reservierten, drängten sich andere in ihren Kalender. Da wir nicht genau wussten, wie viel ihrer Zeit wir jeden Tag brauchten, war es schwierig, irgendetwas zu planen. Als das Problem in einer Sprint Retrospektive angesprochen wurde, präsentierte ein Teammitglied eine großartige Lösung. Wie wäre es, wenn wir wie im College „Professoren-Sprechstunden" mit dem Product Owner planten? Irene könnte jeden Tag eine Stunde blocken, während der wir Fragen stellen und ihr abgeschlossene Arbeiten präsentieren könnten. Sie reagierte sehr enthusiastisch auf diese Idee und nutzte jede übrige Minute, E-Mails und andere Aufgaben zu bearbeiten. Das ist ein hervorragendes Beispiel für Prozess-Ownership und Anpassung.

[23] Schwaber und Sutherland: *Scrum Guide*, S. 12–13.

Ich arbeitete einmal in einem Pharmaunternehmen an einer internen Software für Forscher. Ein sehr interessantes Produkt in einem komplexen Bereich. Unser Product Owner nahm sich jede Woche zwei Stunden Zeit, um uns einen Einblick in die pharmazeutische Forschung zu geben.

SPRINT REVIEW

Aus dem *Scrum Guide*

Am Ende eines Sprint wird ein Sprint Review abgehalten, um das Produktinkrement zu überprüfen und das Product Backlog bei Bedarf anzupassen. Während des Sprint Review beschäftigen sich das Scrum-Team und die Stakeholder gemeinsam mit den Ergebnissen des Sprint. Auf dieser Grundlage und auf der Grundlage von Änderungen am Product Backlog während des Sprint arbeiten die Teilnehmer gemeinsam an den nächsten Punkten, die zur Optimierung des Werts erledigt werden könnten. Beim Sprint Review handelt es sich um ein informelles Meeting, keinen Statusreport. Die Präsentation des Inkrements ist als Anregung für Feedback und als Basis für die Zusammenarbeit gedacht.

Für einen einmonatigen Sprint wird für dieses Meeting eine Obergrenze von vier Stunden angesetzt. Für kürzere Sprints wird in der Regel ein kürzerer Zeitrahmen veranschlagt. Der Scrum Master stellt sicher, dass das Event stattfindet und die Teilnehmer dessen Zweck verstehen. Der Scrum Master bringt allen Beteiligten bei, das Event innerhalb der zeitlichen Frist durchzuführen.

Das Sprint Review beinhaltet die folgenden Elemente:

- die Teilnehmer, bestehend aus dem Scrum-Team und wichtigen Stakeholdern, die vom Product Owner eingeladen werden;
- der Product Owner erklärt, welche Product Backlog Items „done" sind und welche nicht;
- das Entwicklungsteam diskutiert, was während des Sprint gut gelaufen ist, welche Probleme aufgetaucht sind und wie es diese Probleme gelöst hat;
- das Entwicklungsteam demonstriert die fertige Arbeit und beantwortet Fragen zum Inkrement;
- der Product Owner bespricht das Product Backlog in seiner jetzigen Form; er gibt bei Bedarf eine aktualisierte Vorhersage von wahrscheinlichen Ziel- und Lieferterminen auf der Basis der bisherigen Fortschritte;
- alle Teilnehmer erarbeiten gemeinsam, was als Nächstes zu tun ist, sodass das Sprint Review wertvollen Input für das kommende Sprint Planning liefert;
- es erfolgt eine Überprüfung, ob sich durch die Marktsituation oder den möglichen Produkteinsatz neue Erkenntnisse über die wertvollsten nächsten Schritte ergeben haben und
- anschließend werden Zeitplan, Budget, die potenziellen Eigenschaften sowie die Markterwartungen für das nächste zu erwartende Produkt-Release überprüft.

Das Ergebnis des Sprint Review ist ein überarbeitetes Product Backlog, das die möglichen Product Backlog Items für den nächsten Sprint enthält. Das Product Backlog kann auch umfassend umgearbeitet werden, um neue Chancen zu nutzen.[24]

[24] Ebd., S. 13.

Product Owner und Sprint Review

Das Sprint Review ist in vielerlei Hinsicht das wertvollste Event des Product Owner. Es ist Ihre Gelegenheit, Ihren Kompass neu zu kalibrieren und Ihren Pfad anzupassen. Es ist keine Gelegenheit, Feedback zu geben und die im Sprint geleistete Arbeit zu akzeptieren oder abzulehnen (obwohl viele suboptimale Sprint Reviews diese Richtlinie missachten). Das sollten Sie während des Sprint tun und Sie sollten hier auch nicht eine der Arbeiten, die Sie abgelehnt haben, vorführen. Das wesentliche Ziel des Sprint Review ist, Feedback von Ihren Stakeholdern zu bekommen und, basierend auf diesem Feedback, das Product Backlog zu aktualisieren (Ihren zukünftigen Weg).

Ich habe eine einfache Regel für das Sprint Review: Kein PowerPoint! Also, was zeigen Sie stattdessen? Wie wäre es mit echter, funktionierender „Done"-Software?

Die Rolle, die Sie im Sprint Review einnehmen sollten, ist mehr die eines Repräsentanten des Scrum-Teams und Gastgebers. Sie sollten den Startschuss geben, indem Sie die Produktvision mit allen noch einmal durchgehen und das Sprint-Ziel mit allen teilen. Dann lassen Sie die Zuhörer wissen, wie der Sprint im Hinblick auf das Sprint-Ziel verlaufen ist. Ein üblicher und nützlicher nächster Schritt ist, die Mitglieder des Entwicklungsteams einzuladen, die „Done"-Arbeit zu präsentieren. Es ist eine hervorragende Gelegenheit, die Stakeholder persönlich mit dem Entwicklungsteam zusammenzubringen. Das baut Vertrauen, Motivation und Ownership auf. Während das Inkrement überprüft wird, bitten Sie die Stakeholder um Feedback. Stellen Sie sicher, dass es – hoffentlich direkt im Product Backlog – erfasst wird. Eine gute Möglichkeit das Sprint Review zu beenden ist, mit jedem den Release-Plan zu überprüfen. Vorausgesetzt, dass der Sprint gerade abgeschlossen worden ist, wird dies neue Daten liefern, anhand derer man den zukünftigen Weg des Product Backlog überprüfen und anpassen kann. Abbildung 6-16 zeigt beispielhaft eine Agenda für ein Sprint Review.

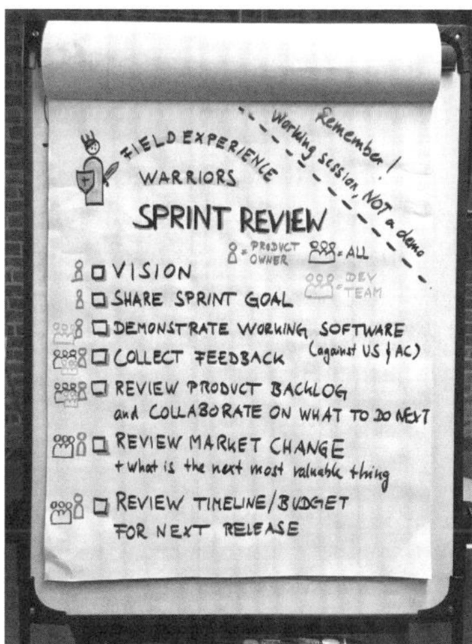

Abbildung 6-16 Agenda für ein Sprint Review

SPRINT RETROSPEKTIVE

Aus dem *Scrum Guide*

Die Sprint Retrospektive bietet dem Scrum-Team die Gelegenheit, sich selbst zu überprüfen und einen Verbesserungsplan für den kommenden Sprint zu erstellen.

Sie findet zwischen dem Sprint Review und dem nächsten Sprint Planning statt. Für einen einmonatigen Sprint wird hierfür eine Obergrenze von drei Stunden angesetzt. Bei kürzeren Sprints ist das Meeting in der Regel kürzer. Der Scrum Master sorgt dafür, dass das Event stattfindet und alle Teilnehmer dessen Zweck verstehen.

Der Scrum Master sorgt dafür, dass das Meeting konstruktiv und produktiv ist. Er lehrt alle, die zeitlich festgesetzte Frist einzuhalten. Aufgrund seiner Verantwortung für den Scrum-Prozess nimmt der Scrum Master als gleichberechtigtes Mitglied an der Sprint Retrospektive teil.

Die Sprint Retrospektive wird durchgeführt, um

- zu überprüfen, wie der vergangene Sprint in Bezug auf die beteiligten Personen, Beziehungen, Prozesse und Werkzeuge verlaufen ist;
- die wichtigsten gut gelaufenen Items und mögliche Verbesserungen zu identifizieren und in eine Reihenfolge zu bringen und
- einen Plan für die Umsetzung von Verbesserungen in der Arbeitsweise des Scrum-Teams zu erstellen.

Der Scrum Master bestärkt das Scrum-Team darin, seine Entwicklungsprozesse und -praktiken innerhalb des Scrum-Prozess-Framework zu verbessern, um im kommenden Sprint effektiver und befriedigender arbeiten zu können. In jeder Sprint Retrospektive erarbeitet das Scrum-Team Wege zur Verbesserung der Produktqualität durch die entsprechende Anpassung der Prozesse oder der „Definition of Done", sofern diese Änderungen angemessen sind und nicht im Widerspruch mit Produkt- oder Unternehmensstandards stehen.

Zum Ende der Sprint Retrospektive sollte das Scrum-Team Verbesserungen für den kommenden Sprint identifiziert haben. Die Umsetzung dieser Verbesserungen im nächsten Sprint ist die Anpassungsleistung zur Selbstüberprüfung des Scrum-Teams. Auch wenn jederzeit Verbesserungen eingeführt werden können, bietet die Sprint Retrospektive eine formelle Gelegenheit, sich auf die Überprüfung und Anpassung zu fokussieren.[25]

Product Owner und die Sprint Retrospektive

Beachten Sie, dass der *Scrum Guide* die Sprint Retrospektive als Gelegenheit für das „Scrum-Team" identifiziert, sich selbst und seine Abläufe zu überprüfen und anzupassen. Das bedeutet, dass Ihre Teilnahme als Product Owner sowie Ihr Einfluss auf den Entwicklungsprozess ebenfalls erwartet werden. Product Owner werden allzu oft aus diesen sehr wichtigen Meetings ausgeschlossen, wahrscheinlich, weil sie nicht immer als Teil des Teams betrachtet werden. Wenn Ihnen das bekannt vorkommt, sollten Sie das korrigieren. Zeigen Sie, dass Sie ein Teamplayer sind, indem Sie als Gleichgestellter teilnehmen und ehrlich, offen und aufnahmebereit sind.

Product Owner befinden sich häufig in einer Autoritätsposition. Das kann ein Entwicklungsteam während einer Retrospektive lahmlegen. Mit anderen Worten, es verhält sich vielleicht nicht ganz offen, wenn Sie anwesend sind, was die Transparenz reduziert. Als

[25] Schwaber und Sutherland: *Scrum Guide*, S. 14.

Product Owner ist es Ihre Aufgabe, diese Kluft zu überbrücken. Nehmen Sie an Teambuilding-Aktivitäten teil, laden Sie Teammitglieder in Ihr Büro ein, ermuntern Sie sie, Ihnen jederzeit zu schreiben oder anzurufen. Seien Sie ein Teamplayer!

Bei einer suboptimalen Scrum-Implementierung wird die Sprint Retrospektive häufiger als jedes andere Scrum-Event ausgelassen. Ich bezeichne die Retrospektive jedoch als das wichtigste Event. Stellen Sie sich ein Team vor, das kein anderes Verfahren hatte als ein wöchentliches Meeting, um zu besprechen, wie die Woche gelaufen war und was es in der folgenden Woche besser machen wollte. Richtig gemacht, wird das Ergebnis letztendlich ein idealer Satz von Praktiken sein, die auf dieses Team zugeschnitten sind, mit anderen Worten, ein Prozess, der vollständig dem Team gehört. Die Idee, dieses Event auszulassen, ist also völlig absurd.

SONSTIGE

Obwohl sie kein offizielles, befristetes Event in Scrum ist, ist die Product-Backlog-Verfeinerung eine weitere wichtige Aktivität.

Product-Backlog-Verfeinerung

Neben „done" ist „ready" eine weitere gute Sache. Wenn Ihnen nicht bewusst ist, was „done" bedeutet, wird es für Sie schwierig, irgendetwas zu beenden. Wenn Sie nicht „ready" sind, wird es schwierig, irgendetwas zu beginnen. Bei der Verfeinerung geht es darum, Ihr Product Backlog für den nächsten Sprint „ready" zu machen. Die Verfeinerung bereitet den Startblock für den Sprint vor, während „done" die Ziellinie vorgibt.

> **Anmerkung**
> Im Jahr 2013 benannte der Scrum Guide die Pflege (Grooming) des Product Backlog um in Product-Backlog-Verfeinerung. In einigen Teilen der Welt hat das Wort „Grooming" einen negativen Beigeschmack.

Abbildung 6-17 stammt aus dem bekannten Artikel „The New New Product Development Game" von Hirotaka Takeuchi und Ikujiro Nonaka, der 1986 in der *Harvard Business Review* erschienen ist.[26]

> **Anmerkung**
> „The New New Product Development Game" ist die Abhandlung, die Ken Schwaber und Jeff Sutherland inspirierte, Scrum zu entwickeln. Takeuchi und Nonaka bezeichneten diesen Ansatz, neue Produkte zu entwickeln, als „Rugby-Ansatz", der ständig „das Scrum auf dem Spielfeld verschiebt".

In Abbildung 6-17 beschreibt Typ B, wie sich die Phasen überschneiden. Wenn Sie die klassischen Phasen des Projektmanagements durch Scrum Sprints ersetzen, beschreibt die Abbildung die Verfeinerung. Typ B stellt die Verfeinerung für einen Sprint im Voraus dar.

[26] Hirotaka Takeuchi und Ikujiro Nonaka: *The New New Product Development Game*, 1986, *Harvard Business Review,* Januar 1986, https://hbr.org/1986/01/the-new-new-product-development-game.

Sequenzielle (A) vs. überlappende (B und C) Phasen der Entwicklung

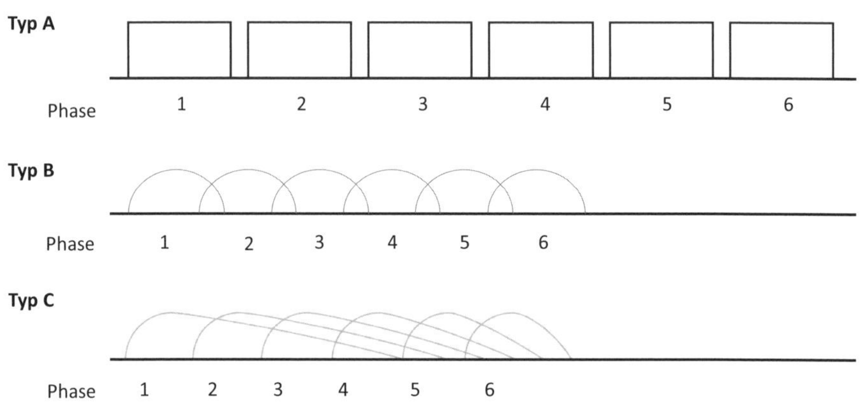

Abbildung 6-17 Sequentielle vs. überlappende Entwicklungsphasen

Die Überschneidung von Sprint 1 zu Sprint 2 und so fort ist die Zeit im aktuellen Sprint, die man dafür aufwendet, den nachfolgenden Sprint „ready" zu machen.

Aus dem *Scrum Guide*

Als Verfeinerung des Product Backlog wird der Vorgang angesehen, in dem Details zu Items hinzugefügt, Schätzungen erstellt oder die Reihenfolge der Items im Product Backlog bestimmt werden. Die Verfeinerung ist ein kontinuierlicher Prozess, in dem der Product Owner und das Entwicklungsteam gemeinsam an den Details der Product Backlog Items arbeiten. Bei der Verfeinerung des Product Backlog werden die Items begutachtet und revidiert. Das Scrum-Team bestimmt, wann und wie diese Verfeinerungsarbeit erfolgt. Sie sollte normalerweise nicht mehr als 10 Prozent der Kapazität des Entwicklungsteams beanspruchen. Der Product Owner kann jedoch jederzeit die Items im Product Backlog aktualisieren oder aktualisieren lassen.[27]

Was ist mit Typ C? Angenommen Sie haben einige zukünftige Product Backlog Items, die noch mehr durchdacht werden müssen, bevor sie bereit sind, oder vielleicht benötigen Sie tiefer gehendes User Experience Design, das einige Zeit in Anspruch nimmt, bevor es in den Sprint gehen kann. In diesen Fällen müssen Sie weiter nach vorne schauen als nur einen Sprint. Typ C zeigt die Verfeinerungen für mehrere Sprints im Voraus.

Ich nehme gerne pro Sprint-Woche eine Verfeinerung vor. Wenn Sie einen zweiwöchigen Sprint durchführen, hätten Sie also zwei Verfeinerungen. Ich beginne zu einer festgelegten Zeit, zwei Stunden vor Ende des Arbeitstags, normalerweise von 15 bis 17 Uhr. Das sind 5 der beschriebenen 10 Prozent. Dann überprüfe ich und passe bei Bedarf an. Gelegentlich ist eine zusätzliche Ad-hoc-Verfeinerung das einzige, was nötig ist, manchmal dehne ich die Verfeinerungen aus oder füge eine weitere hinzu. Ich habe festgestellt, dass die erforderliche Zeit für die Verfeinerungen nicht sonderlich schwankt, sich aber verändern kann, abhängig davon, wo in Ihrem Release Sie sich gerade befinden, besonders wenn Sie größere Releases vornehmen.

[27] Schwaber und Sutherland: *Scrum Guide*, S. 5.

Wenn Sie es richtig machen, bietet Ihnen die Verfeinerung ein schönes, rollierendes Product Backlog (siehe Abbildung 6-18).

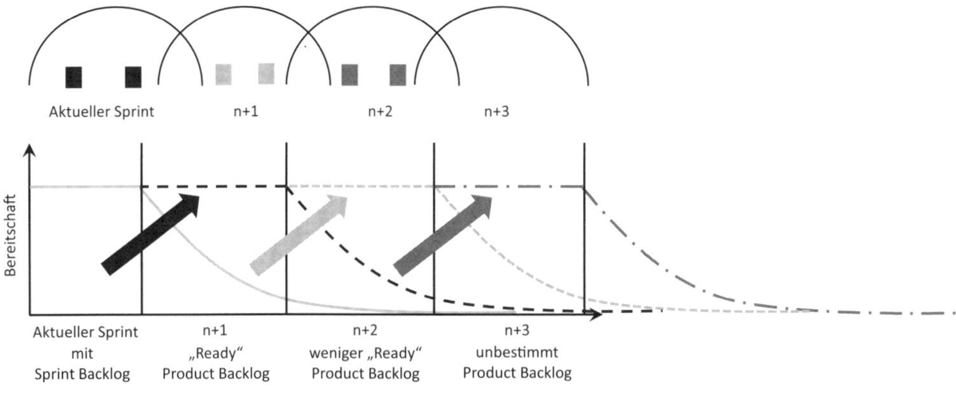

Abbildung 6-18 Konzeptionelle Verfeinerung in einem Sprint von zwei Wochen

Geschwindigkeit (Velocity bezeichnet die Fähigkeit des Entwicklungsteams, das „Ready"-Product Backlog in ein „Done"-Produktinkrement zu verwandeln und gleichzeitig das nächste Product Backlog zu verfeinern, damit es „ready" für den folgenden Sprint ist (siehe Abbildung 6-19).

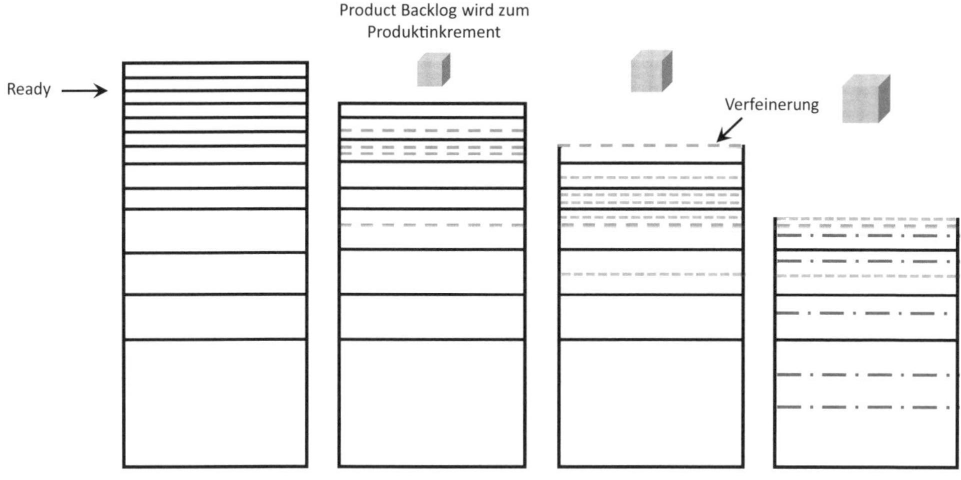

Abbildung 6-19 Emergente Verfeinerung des Product Backlog

ITERATIV UND INKREMENTELL

Inkrementelle Entwicklung ist, wie mit Lego zu spielen. Sie bauen Ihr Produkt Stein für Stein (siehe Abbildung 6-20). Dieser Ansatz ist sehr sinnvoll, wenn Sie alles im Voraus wissen – wie alle Programmierschnittstellen (APIs), jeden Schritt des Ablaufs, die Screens und so fort. Das ist realisierbar, wenn Sie in einem vorhersehbaren und definierten Bereich unterwegs sind, mit einer klaren Beziehung zwischen Ursache und Wirkung. Da die Softwareentwicklung ein komplexer Bereich ist, verlaufen die Dinge aber normalerweise nie so wie geplant.

Abbildung 6-20 Inkrementelle Produktentwicklung

Häufig wird ein Inkrement nur als Ergänzung des bestehenden Produkts betrachtet.

Merriam-Webster definiert „Inkrement" als „Handlung oder Prozess, etwas zu vergrößern, besonders hinsichtlich Quantität und Wert: Vergrößerung". Die Herkunft des Worts ist „aus dem Lateinischen, *incrementum,* von dem Wortstamm *increscere* ‚wachsen'".[28]

Das Inkrement ist das gesamte wachsende Produkt, nicht nur ein kleines Stück, das nach dem letzten Sprint hinzugefügt worden ist. Der *Scrum Guide* erklärt uns auch, dass das Inkrement „done" sein muss, ohne verbleibende Arbeit: das heißt potenziell bereit zum Release.

Das bedeutet auch, dass das vorherige Inkrement immer noch „done" sein muss, selbst wenn es im aktuellen Sprint vielleicht geändert worden ist. Vielleicht musste das Entwicklungsteam eine API um ein zusätzliches Feld ergänzen, eine Bibliothek gegen eine threadsichere tauschen, einige Aspekte der Architektur ändern, damit sie mit den neuen Features zusammenpasst. Solche Änderungen sind nicht schlecht oder gar ein Zeichen dafür, dass man ein schlechter Entwickler ist. Viel eher erkennen sie die emergente, komplexe Natur der Produktentwicklung an.

In der agilen Community wird Qualität nicht als etwas verstanden, das man im Produkt testen kann, nachdem die Implementierung abgeschlossen ist. Sie muss vielmehr vom ersten Tag an in das Produkt eingebaut werden. Das wirft eine Frage auf: Wie können Sie

[28] *Merriam-Webster,* s. v. *increment,* https://www.merriam-webster.com/dictionary/increment, abgerufen am 28. Februar 2018.

sicherstellen, dass die bestehende Qualität nicht verschwindet? Das ist eine der fundamentalen Herausforderungen iterativer und inkrementeller Entwicklung.

Es läuft alles auf gute Entwicklungstechniken und solide Continuous Integration/Delivery mit einer guten Testautomatisierung hinaus.

So erhalten Sie ein Produkt, das in der Lage ist, sich selbst zu testen, und Sie nach jedem Build mit einem „Ich bin o.k. und voll funktionsfähig"-Feedback versorgt. Auf diese Weise kann das Inkrement wachsen (siehe Abbildung 6-21) und den Wert steigern, ohne sich im Lauf der Zeit zu verschlechtern.

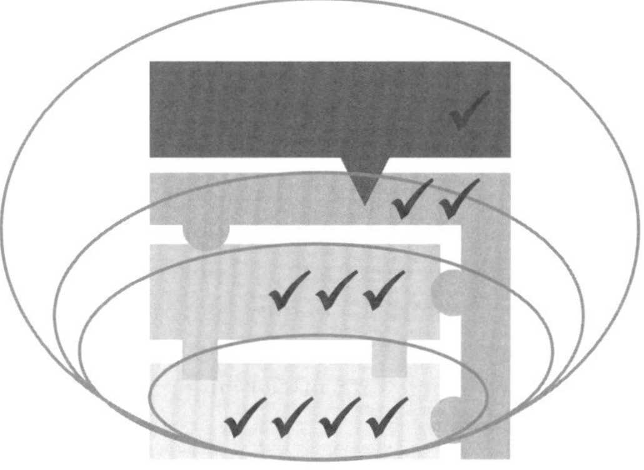

Inkrementell

Iterativ und Inkrementell

Abbildung 6-21 Inkrementell vs. interativ und inkrementell

Ich arbeitete einmal mit einem Team, das einen neuen Service für ein Telekommunikationsunternehmen entwickelte. Ich hatte Glück, dass die Entwickler des Entwicklungsteams hoch qualifiziert und äußerst motiviert waren. Nach dem ersten großen Release hatten sie mehr als 10000 Unit-Tests und mehr als 600 Integrationstests durchgeführt. Ihre Testquote lag bei 95 Prozent. Hierdurch liefen zukünftige Releases schneller und das Scrum-Team nahm souveräner Änderungen am Code vor. Sie verließen sich deutlich mehr auf maschinelles Feedback als auf fehleranfällige menschliche Kreisläufe.

Nehmen Sie keine Abkürzung und opfern Sie nicht die Qualität der Geschwindigkeit. Das steigert nur Ihre technischen Schulden, für die Sie in der Zukunft bitter werden bezahlen müssen. Ihr anfänglicher Gewinn und noch mehr werden verloren sein, wenn Sie Schwierigkeiten mit der bestehenden Implementierung haben. Steve McConnell hat es richtig erkannt: „Das Problem mit ‚Quick and Dirty' … ist, dass ‚Dirty' bleibt, wenn ‚Quick' schon lange vergessen ist."[29]

[29] Steve C. McConnell: *Software Project Survival Guide* (Redmond, WA: Microsoft Press, 1998).

AGILES MANIFEST FÜR DIE SOFTWAREENTWICKLUNG

Wir erschließen bessere Wege, Software zu entwickeln,
indem wir es selbst tun und anderen dabei helfen.
Durch diese Arbeit haben wir Folgendes schätzen gelernt:

Individuen und Interaktionen mehr als Prozesse und Werkzeuge
Funktionierende Software mehr als umfassende Dokumentation
Zusammenarbeit mit dem Kunden mehr als Vertragsverhandlung
Reagieren auf Veränderung mehr als das Befolgen eines Plans

Das heißt, obwohl wir die Werte auf der rechten Seite wichtig finden,
schätzen wir die Werte auf der linken Seite [in Fett] höher ein.[30]

Das Agile Manifest für die Softwareentwicklung wurde Anfang 2001 erstellt und seitdem einige Male überarbeitet, allerdings ohne Veränderungen, da es immer noch als relevant erachtet wurde. Es wurde von 17 Führungskräften aus der Softwareindustrie entwickelt, darunter die Gründer von Scrum, Ken Schwaber und Jeff Sutherland. Es repräsentiert die zugrunde liegenden Werte und Prinzipien guter Softwareentwicklung. Bis zum Agilen Manifest wurde Softwareentwicklung nicht als „agil" bezeichnet. Bis dahin nannte man sie leichtgewichtig.

Auf der Agile 2008 in Toronto schlug Onkel Bob (Robert Martin) in seiner Grundsatzrede vor, einen fünften Wert hinzuzufügen:

Handwerkliches Können mehr als *Mist*

Er erkannte jedoch, dass es nicht in das Schema passte, die linke Seite gegenüber der rechten zu bevorzugen:

> Das Problem mit meinem Vorschlag ist, dass er kein ausgeglichenes Werte-Statement ist. In den anderen vier Aussagen schätzen wir den zweiten Punkt, aber den ersten schätzen wir mehr. Mist, wie in meiner vorgeschlagenen Ergänzung, schätzen wir überhaupt nicht.
>
> Also ändere ich hiermit meinen ursprünglichen Vorschlag, der auch wegen des dramatischen Effekts gemacht wurde, in:
>
> **Handwerkliches Können** mehr als *Umsetzung*
>
> Die meisten Software-Entwicklungsteams setzen etwas um, aber sie tun es nicht sorgfältig.
>
> Wir schätzen die Umsetzung, aber wir schätzen handwerkliches Können mehr.[31]

---

[30] Kent Beck, Mike Beedle, Arie van Bennekum, Alistair Cockburn, Ward Cunningham, Martin Fowler, James Grenning, Jim Highsmith, Andrew Hunt, Ron Jeffries, Jon Kern, Brian Marick, Robert C. Martin, Steve Mellor, Ken Schwaber, Jeff Sutherland und Dave Thomas: *Manifesto for Agile Software Development* (2001), http://agilemanifesto.org/.

[31] Mike Bria: *Craftsmanship – The Fifth Agile Manifesto Value?*, *InfoQ*, 20. August 2008, https://www.infoq.com/news/2008/08/manifesto-fifth-craftmanship.

Letzten Endes geht es nur darum, das richtige Produkt mit der richtigen Qualität zu schaffen.

QUIZ-ÜBERPRÜFUNG

Vergleichen Sie Ihre Antworten vom Beginn dieses Kapitels mit den folgenden. Nachdem Sie das Kapitel gelesen haben, würden Sie irgendeine Ihrer Antworten ändern? Stimmen Sie den folgenden Antworten zu?

Aussage	Stimme zu	Stimme nicht zu
Scrum ist ein agiler Prozess.	☐	☑
Scrum-Teams planen wenig.	☐	☑
Wenn ein Scrum-Team das Scrum Framework ändert, wendet es Scrum nicht länger an.	☑	☐
Wenn ein Scrum-Team dem Scrum Framework etwas hinzufügt, wendet es Scrum nicht länger an.	☐	☑
Jedes Scrum-Event ist befristet.	☑	☐
Der Entwicklungsprozess gehört dem Entwicklungsteam. Der Product Owner kann dabei nicht mitreden.	☐	☑

TEIL III
TAKTIK

Kapitel 7
Product Backlog Management

QUIZ

Zur Einführung in dieses Kapitel überlegen Sie, ob Sie den folgenden Aussagen zustimmen oder nicht. Die Antworten befinden sich am Ende des Kapitels.

Aussage	Stimme zu	Stimme nicht zu
Das Product Backlog ersetzt die Notwendigkeit anderer Anforderungsdokumente.	☐	☐
Agile Anforderungen bestehen aus nur wenigen Sätzen.	☐	☐
Die User Story ist synonym zum Product Backlog Item.	☐	☐
Defects sollten nicht im Product Backlog enthalten sein, da sie vom Entwicklungsteam triagiert werden.	☐	☐
Das Entwicklungsteam sollte keine Product Backlog Items im Sprint zulassen, solange sie nicht der „Definition of ready" entsprechen.	☐	☐
Ein Product Backlog kann aus Tests bestehen.	☐	☐

WAS IST EINE ANFORDERUNG?

Merriam-Webster definiert eine Anforderung folgendermaßen:

a: etwas, das gewünscht oder benötigt wird: NOTWENDIGKEIT

b: etwas Wichtiges für die Existenz und das Vorkommen von etwas anderem: BEDINGUNG.[1]

Eine Anforderung ist kein Dokument. Sie existiert, egal, ob sie erfasst worden ist oder nicht. Sie ist vielleicht im Moment noch nicht einmal bekannt. Dadurch gerät die Softwareentwicklung noch komplexer. Das Beste, was Sie tun können, ist, fortwährend empirisch zu überprüfen und anzupassen.

[1] *Merriam-Webster Collegiate Dictionary,* 10. Auflage.

Alle Anforderungen fallen unter eine dieser Kategorien:

1. Wie/Warum benutzt jemand das System = funktional?
2. Wie sollte sich das System verhalten = nichtfunktional (Stabilität, User-Freundlichkeit, Performance etc.)?
3. Die Regeln rund um den bestehenden Geschäftsbereich (z. B. Formeln, Prozesse, Gesetze etc.)

Der erforderliche Detaillierungsgrad hängt von Ihrem Ziel ab (siehe Abbildung 7-1). Besteht in der Anforderung selbst ein Wert? Oder geht es nur darum, etwas nicht zu vergessen?

Dokumentieren?
- IEEE 830
- Detaillierte Anwendungsfälle

Repräsentieren?
- User Stories
- Kurzinfos über Anwendungsfälle

Abbildung 7-1 Was ist Ihr Ziel bei der Dokumentation von Anforderungen?

In einigen Situationen kann das Anforderungsdokument für das Unternehmen einen Wert darstellen. Wenn Leben auf dem Spiel stehen, müssen Sie vielleicht mehr Details festlegen. Lieferantenverträge mit Festpreisen benötigen eher mehr Dokumentation.

Heutzutage besteht ein Großteil der Produktentwicklung darin, dass mehr Wert geschaffen wird, der die Bedürfnisse der Stakeholder *repräsentiert* (oder was sie glauben zu benötigen), statt Details zu erfassen.

Anstatt sich über unklare Anforderungen und Dokumentationen zu sorgen, was eine ziemliche Vergeudung sein kann, bemühen Sie sich lieber darum, Funktionalität darzustellen oder zu bezeichnen.

Ziehen Sie lieber in Betracht, eine große *To-do-Liste* für das Produkt zu erstellen, auf der es nicht darum geht, Details zu erfassen. Die Absicht ist, nicht zu vergessen, die richtigen Fragen zu stellen, entweder schon vorher oder irgendwann auf dem Weg.

Überlegen Sie: Wie detailliert sind Ihre persönlichen To-do-Listen? Jeder Eintrag auf einer To-do-Liste ist nichts weiter als eine Erinnerung, etwas zu erledigen.

Die Details wie Abnahmekriterien, Tests, Diagramme, Gespräche und so weiter werden auf dem Weg erfasst, während Sie sich bemühen, die zugrunde liegenden Kundenbedürfnisse besser zu verstehen.

In Scrum ist die „To-do-Liste" des Product Owner das Product Backlog.

PRODUCT BACKLOG

Aus dem *Scrum Guide*

Das Product Backlog ist eine geordnete Liste mit allem, von dem bekannt ist, dass es für das Produkt benötigt wird. Es dient als einzige Anforderungsquelle für alle Änderungen am Produkt. Der Product Owner ist für das Product Backlog, seine Inhalte, den Zugriff darauf und die Reihenfolge der Items verantwortlich.[2]

[2] Ken Schwaber und Jeff Sutherland: *The Scrum Guide* (November 2017), S. 15.

Also, was genau tun Sie nun in ein Product Backlog?

Wie Abbildung 7-2 zeigt, ist das Product Backlog offen für alle Arten von Arbeit:

- **Anfragen nach Features:** jede Anfrage eines Stakeholders (z. B. „Ich möchte einen Admin-Zugang." „Ich möchte diese Liste sortieren können.")
- **Nichtfunktionale Anforderungen:** Qualität des Systems (z. B. Performance, skalierbar bis auf 2000 gleichzeitige Anwender, gesetzliche Bestimmungen)
- **Experimentieren:** Funktionalität, die zur Produktion freigegeben wird, um den Markt zu testen (z. B. neue UI, User-Umfrage, Analytik); Experimente können auch „möglich machende Beschränkungen" sein, wie in Kapitel 5 beschrieben
- **User Stories:** Platzhalter für Gespräche, in der agilen Community beliebt
- **Bugs/Defects:** Probleme, die in einem vorherigen Release aufgetreten sind
- **Anwendungsfälle:** Liste von Handlungen zwischen einem Akteur und einem System (heutzutage nicht mehr so verbreitet)
- **Einsatzmöglichkeiten:** verschiedene Wege oder Kanäle, um Zugang zu bestehender Funktionalität zu bekommen (z. B. Handy, Web, Cloud Services, öffentliche APIs)

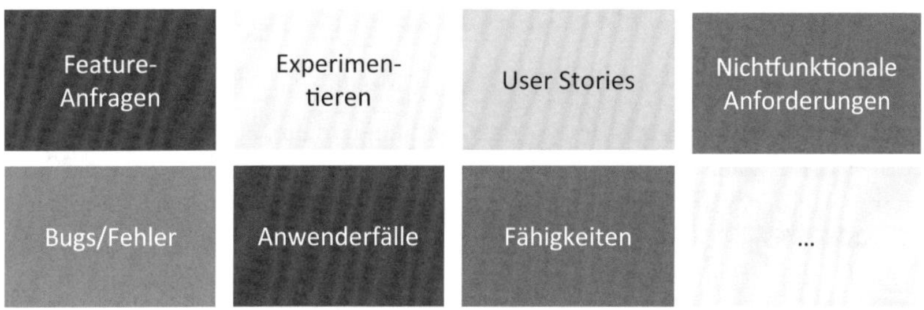

Abbildung 7-2 Valide Product Backlog-Elemente

Da Scrum ein Framework ist, schreibt es keine echte Methode oder Vorlage für Product Backlog Items vor. Die große Mehrheit der Scrum-Teams bestückt ihre Product Backlogs jedoch mit User Stories.

USER STORIES

Vor den User Stories betrachtete man Techniken zum Erfassen von Anforderungen als Kommunikationskanal, der so viele Informationen wie möglich sammeln sollte.

Eine verbreitete Methode für die Erfassung von Anforderungen waren Use Cases (Anwendungsfälle). Diese wurden ursprünglich 1986 von Ivar Jacobson entwickelt und eingesetzt. Sie wurden in den 1990er-Jahren populär durch Anwender des Unified Process (UP) und der Unified Modelling Language (UML). Use Cases teilen Anforderungen in handlichere Stücke auf (Szenarien) und beschreiben ein bestimmtes Verhalten aus dem Kontext eines Akteurs, der mit einem System arbeitet. So kann man sehr ins Detail gehen, was, wenn Sie nicht aufpassen, unnötige Dokumentationen erzeugen kann und die Kommunikation sogar reduziert. Die Erstellung eines einzelnen Use Case könnte ein Team monatelang beschäftigen, bevor er in die Entwicklung geht.

Zugegebenermaßen waren Use Cases nie dafür gedacht, erschöpfende Dokumente zu sein. Sie sollten iterativ während der Entwicklung gebaut werden. Zu viele Organisationen schrieben jedoch unermüdlich Use Cases, die wenig oder gar keinen Wert brachten und zu etlicher Nacharbeit führten.

In dem Bemühen, die Menge an unnötigen Details in den Use Cases zu reduzieren, wurden in den 1990er-Jahren von der Extreme Programming Community die User Stories eingeführt, mit der Absicht, die Kürze zu „erzwingen" und absichtlich Unklarheit zu schaffen. Die Idee dahinter war, dass diese Unklarheit zu mehr persönlicher Kommunikation führen würde.

Ich werde oft gefragt, was der Unterschied zwischen einem Use Case und einer User Story ist. Ich denke, eine User Story beschreibt einen Ablauf mithilfe eines Use Case. Ein Use Case umfasst häufig einen sinnvollen Pfad, ein paar Alternativ- oder Fehlerpfade und einige wenige Ausnahmepfade. Ich sehe oft einen Wert darin, zuerst den sinnvollen Pfad zu implementieren, um die eigentliche Annahme zu validieren. Sobald wir das erste komplette Szenario implementiert und Feedback bekommen haben, dass wir auf dem richtigen Kurs sind, können wir fortfahren und die anderen Pfade implementieren.

User Stories werden am besten anhand der drei Cs erklärt:[3]

- **Card** (Karte): Die Legende besagt, dass die Standardantwort, die Andrew Carnegie eifrigen Unternehmensgründer gab, wenn sie sich auf der Suche nach einem Investor an ihn wandten, war, sie zu bitten, ihre Ideen auf die Rückseite ihrer Visitenkarten zu schreiben. Wenn sie ihm gefielen, würde er die Gründer zurückrufen. Was glauben Sie, worauf fokussierten sie sich angesichts dieser Möglichkeit?
  Man stelle sich vor, dass sie verzweifelt versuchten, einen Wert zu kommunizieren, der so interessant war, dass ein weiteres Gespräch folgte.
  Dasselbe Prinzip gilt für User Stories, die normalerweise auf einer 7 x 12 Zentimeter großen Karte mit einem Filzstift erfasst werden. Sie sind keine Anforderungen. Sie sind stattdessen ein Etikett, das den Wert für das Unternehmen darstellt und ein Versprechen für ein zukünftiges Gespräch, das zweite C.
- **Conversation** (Gespräch): Teams bemerken oft, dass der Bereich, der am meisten verbessert werden muss, die Kommunikation ist. Indem sie absichtlich zweideutig und faszinierend sind, sollen die User Stories dazu dienen, die Konversation zu fördern. Das kann enorm befreiend sein, wenn man Product Backlogs erstellt und neue Anforderungen auftreten. Es ermöglicht Ihnen, sich nicht sofort mit Details zu belasten, sondern stattdessen schnell etwas festzuhalten als Platzhalter für ein zukünftiges Gespräch, in dem Sie dann die Details ergänzen. Die Details werden mit dem letzten C erfasst.
- **Confirmation** (Bestätigung): Statt immer wieder dieselben Gespräche zu führen, erfassen agile Teams Details einer User Story gerade rechtzeitig. Dieses Detail wird normalerweise als Abnahmekriterium erfasst, bevor ein Team die Story übernimmt. Abnahmekriterien werden vom Product Owner, der die Stakeholder repräsentiert, als notwendig erachtet, um die Story als akzeptiert zu betrachten.

[3] Ron Jeffries: *Essential XP: Card, Conversation, Confirmation*, RonJeffries.com, 30. August 2001, http://ronjeffries.com/xprog/articles/expcardconversationconfirmation/.

Eine gute Regel ist, die Abnahmekriterien auf die Rückseite der User-Story-Karte zu beschränken. Wenn man mehr Platz benötigt, muss die Story möglicherweise in kleinere Stories zerlegt werden.

Eine beliebte und einfache Vorlage für User Stories, die zuerst von Connextra genutzt und von Mike Cohn in *User Stories Applied*[4] populär gemacht wurde, wird in Abbildung 7-3 dargestellt.

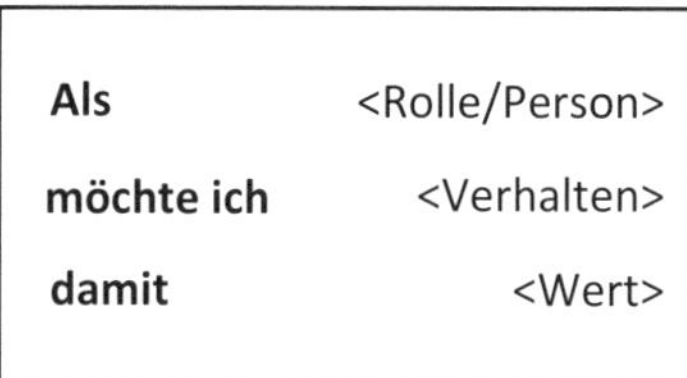

Abbildung 7-3 Eine beliebte User-Story-Vorlage

- **Als eine *<Rolle/Person> (wer?)*:** Der Fokus liegt auf einem Stakeholder, nicht nur auf einem User. Denken Sie daran, dass sich nicht der gesamte Wert auf den User des Systems richtet. Beispielsweise wird der Anwalt eines Unternehmens den Wert in der User Story „Geschäftsbedingungen“ sehen, wohingegen diese für einen tatsächlichen User eher eine Ablenkung sein könnte. Versuchen Sie, bestimmte Rollen aus dem Geschäftsbereich zu identifizieren und vermeiden Sie allgemeine Rollen wie „User“ oder technische Rollen wie „Product Owner“, „Scrum Master“ oder „Entwickler“.

Ich habe einmal auf einer Konferenz ein T-Shirt gesehen, auf dem ungefähr Folgendes stand: „Es gibt auf der Welt nur zwei Arten von Geschäft, die ihre Nutzer ‚User' nennen: Software und illegale Drogen."

- **Möchte ich *<Verhalten> (was?)*:** Dies ist ein geschäftlicher Workflow oder eine Aktion, die das angeforderte Feature beschreibt. Sie sollten technische Aktionen vermeiden, wie „Ich möchte eine Datenbank schaffen“ oder „Ich möchte diesen fiesen Code refaktorieren“. Diese technischen Aktionen sind lösungsorientiert und sollten stattdessen als Teil einer separaten, eher geschäftsorientierte User Story durchgeführt werden.
- **Damit *<der Wert> (warum?)*:** Dies ist ein wichtiger Teil der User Story, der aber oft vergessen wird. Je besser Sie den Grund für die angefragte Funktionalität kommunizieren können, desto bessere Entscheidungen und Annahmen werden alle Beteiligten treffen. Falls das schwierig erscheint, dann sagt Ihnen das vielleicht etwas über die Validität der User Story.

Abbildung 7-4 bietet ein Beispiel.

[4] Mike Cohn: *User Stories Applied* (Boston: Addison-Wesley, 2004), S. 135.

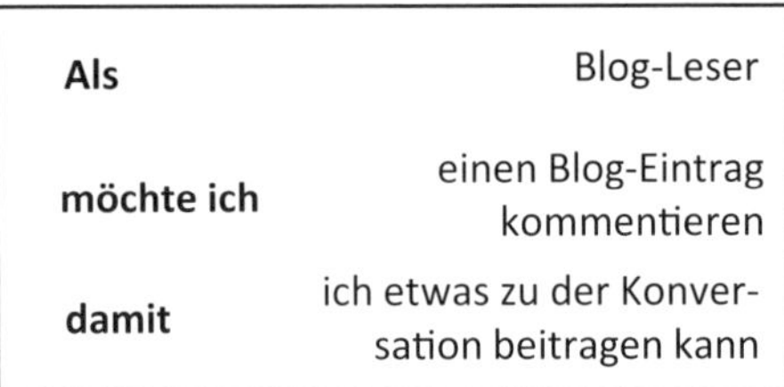

Abbildung 7-4 Beispiel für eine User Story

INVEST ist eine nützliche Gedächtnisstütze, die von Bill Wake in *Extreme Programming Explored*[5] eingeführt wurde. Sie kann genutzt werden, um die Qualität Ihrer User Story zu überprüfen, indem sie mithilfe der folgenden Begriffen validiert wird (mit den Worten von Bill Wake):

- **I**ndependent (unabhängig)
  Mit unabhängigen Stories kann man am einfachsten arbeiten. Das heißt, wir wollen nicht, dass sie sich überschneiden, und wir wollen in der Lage sein, sie in beliebiger Reihenfolge zu planen und zu implementieren.
  Das können Sie nicht immer erreichen. Manchmal sagen wir Dinge wie: „Drei Points für den ersten Bericht, dann einen für jeden der anderen."
- **N**egotiable (verhandelbar) … und negotiated (verhandelt)
  Eine gute Story ist verhandelbar. Sie ist kein expliziter Vertrag für Features. Es ist vielmehr so, dass Details vom Kunden und vom Programmierer gemeinsam während der Entwicklung gestaltet werden. Eine gute Story erfasst das Wesentliche, nicht die Details. Im Lauf der Zeit kann die Karte Notizen, Testideen und dergleichen enthalten, aber wir brauchen diese nicht, um Stories zu priorisieren oder zeitlich zu planen.
- **V**aluable (wertvoll)
  Eine Story muss wertvoll sein, und zwar nicht für irgendjemanden, sondern für den Kunden. Entwickler mögen (berechtigte) Bedenken haben, aber diese sollten so formuliert werden, dass der Kunde sie als wichtig wahrnimmt.
- **E**stimable (schätzbar)
  Eine gute Story kann geschätzt werden. Wir brauchen keine exakte Schätzung, aber sie muss so gut sein, dass sie dem Kunden hilft, die Implementierung der Story einzuordnen und zeitlich zu planen. Schätzbar zu sein, ist teilweise eine Funktion des Verhandelns, da es schwierig ist, eine Story zu schätzen, die wir nicht verstehen. Es ist ebenfalls eine Funktion der Größe: Größere Stories sind schwieriger zu schätzen. Letztlich ist es eine Funktion des Teams: Was leicht zu schätzen ist, variiert, abhängig von der Erfahrung des Teams.
- **S**mall (klein)
  Gute Stories sind eher klein. Stories sind meistens die Arbeit einiger Personen innerhalb einer Woche. (Einige Teams beschränken sie auf einige Tage.) Wenn sie größer sind, scheint es zu schwierig zu sein, den Umfang der Story zu kennen. Wenn man sagt „dafür würde ich länger als einen Monat benötigen", impliziert das häufig, „da ich nicht verstehe, was das alles mit sich bringt". Kleinere Stories lassen sich genauer schätzen.

[5] William C. Wake: *Extreme Programming Explored* (Boston: Addison-Wesley, 2002).

- Testable (testbar)
  Eine gute Story ist testbar. Eine Story Card zu schreiben, beinhaltet ein Versprechen: „Ich verstehe gut genug, was ich möchte, sodass ich einen Test dafür schreiben könnte.“ Einige Teams haben berichtet, dass sie produktiver sind, wenn sie Kundentests fordern, bevor eine Story implementiert wird. „Testbarkeit“ war immer ein Merkmal guter Anforderungen. Tatsächlich hilft es uns zu wissen, ob ein Ziel erreicht wurde, wenn wir die Tests früh schreiben.

Ein weiteres bekanntes Akronym ist DEEP:[6]

- **Detailed enough (genügend detailliert)** – Abnahmekriterien, um zu starten
- **Emergent** – das Product Backlog ist nie „komplett“; es wird im Lauf der Zeit verfeinert
- **Estimated Relatively (relativ geschätzt)** – entsprechend dem Aufwand bemessen
- **Prioritized Ordered (nach Priorität geordnet)** – nach Wert, Risiko, Kosten, Abhängigkeiten etc.

NICHTFUNKTIONALE ANFORDERUNGEN (NFR)

Anforderungen, die unter eine der folgenden Kategorien fallen, sind nichtfunktional:

- User-Freundlichkeit
- Skalierbarkeit
- Portierbarkeit
- Wartbarkeit
- Verfügbarkeit
- Zugänglichkeit
- Instandhaltungsvermögen
- Sicherheit
- Performance
- Kosten
- Rechtliches und Compliance
- Kultur

Das bedeutet, diese Anforderungen bestehen, weil es ein System gibt, im Gegensatz zu funktionalen Anforderungen, diese existieren unabhängig davon, ob Sie ein System haben oder nicht. Beispielsweise besteht das Bedürfnis, Geld auf ein Konto einzuzahlen im Privatkundenbereich unabhängig davon, ob es einen Bankautomaten gibt oder nicht. Ein Bankautomat bietet jedoch neue, nichtfunktionale Anforderungen im Bereich Sicherheit, Zugänglichkeit und User-Freundlichkeit.

Mit anderen Worten, funktionale Anforderungen beschreiben, was das System *tun* soll, wohingegen nichtfunktionale Anforderungen beschreiben, was das System *sein* sollte.

Diese nichtfunktionalen Belange hervorzuheben, ist wichtig, da sie viele wesentliche Entscheidungen hinsichtlich der Architektur steuern.

Wie erfassen Sie nichtfunktionale Anforderungen? Wählen Sie eine der folgenden Möglichkeiten:

---

[6] Mike Cohn: *Make the Product Backlog DEEP*, *Mountain Goat Software* (Blog), 14. Dezember 2009, https://www.mountaingoatsoftware.com/blog/make-the-product-backlog-deep.

1. **Als Product Backlog Item**
   Da nichtfunktionale Anforderungen einen direkten Wert für das Unternehmen haben, ist es vollkommen akzeptabel, sie im Product Backlog zu erfassen, vielleicht sogar als User Stories, wie in Abbildung 7-5 dargestellt.

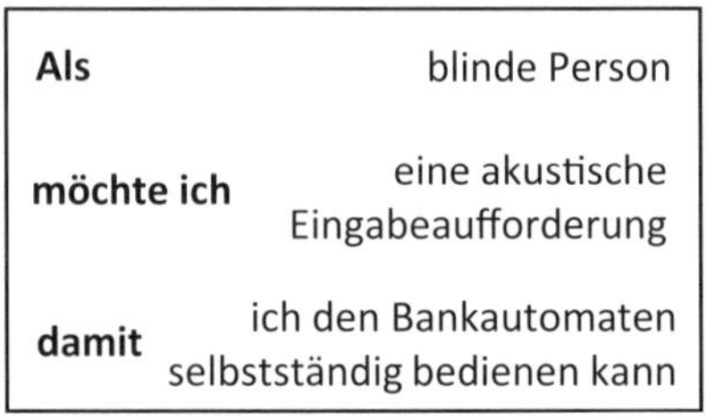

Als	blinde Person
möchte ich	eine akustische Eingabeaufforderung
damit	ich den Bankautomaten selbstständig bedienen kann

Abbildung 7-5 Nichtfunktionale Anforderung als User Story

2. **Als Abnahmekriterien**
   Eine weitere Möglichkeit für nichtfunktionale Anforderungen besteht darin, sie als Abnahmekriterien für ein bestimmtes Product Backlog Item zu erfassen. Auf diese Weise wird die nichtfunktionale Anforderung als Teil eines größeren funktionalen Item vervollständigt und hat vielleicht Auswirkungen auf den erforderlichen Aufwand.
   Beispielsweise könnte ein funktionales „Login" Product Backlog Item folgende nicht funktionale Abnahmekriterien haben:
   - *Das Login erfolgt innerhalb von zwei Sekunden.*
   - *Passwort ist verdeckt.*
3. **Als Teil der „Definition of Done"**
   Wenn dieselben nichtfunktionalen Abnahmekriterien scheinbar bei den meisten Ihrer Product Backlog Items auftauchen, dann denken Sie darüber nach, sie in der „Definition of Done" zu verankern, da sie omnipräsent sind.
   Zum Beispiel:

- *Alle Seiten müssen innerhalb von drei Sekunden geladen werden.*
- *Der Inhalt muss sowohl auf Englisch als auch auf Deutsch erscheinen.*

Ich trage die nichtfunktionalen Anforderungen (aufgelistet als NFR = Nonfunctional Requirements) gerne in ein separates Dokument ein oder, noch besser, hänge sie an die Wand, damit sie jederzeit präsent und sichtbar sind. Wir bezeichnen jede NFR mit einem Buchstaben. Wenn wir dann die Product Backlog Items verfeinern und darüber sprechen, können wir uns auf die NFR-Liste beziehen und die Etiketten als Abnahmekriterien einbeziehen (siehe Abbildung 7-6). Wenn wir jedes Product Backlog Item schätzen, können wir den zusätzlichen NFR-Aufwand in unsere Schätzung einbeziehen. Wenn NFRs hinzugefügt oder entfernt werden, müssen wir das Item wahrscheinlich neu schätzen.

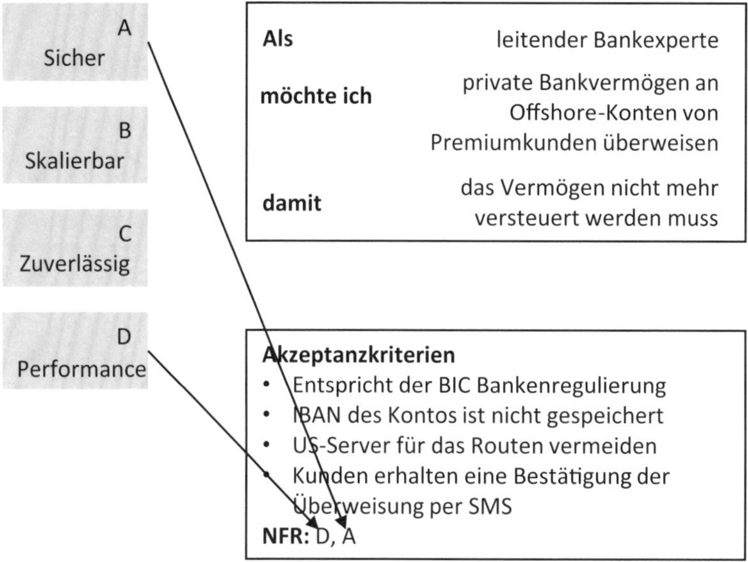

Abbildung 7-6 Beispiel für die Verknüpfung von nichtfunktionalen Anforderungen mit Product Backlog-Elementen

EPICS

Stories, die zu lang sind, um sie in einem einzigen Sprint zu implementieren, werden üblicherweise als Epics (lange Stories) bezeichnet. Es ist nicht unbedingt schlecht, Epics in Ihrem Backlog zu haben. Tatsächlich sind Epics häufig ein wesentlicher Baustein in einem weitreichenden Product Backlog. Irgendwann müssen Sie jedoch die Epics in handlichere Stories zerlegen.

Mir persönlich ist es egal, ob Sie sie Epics, Stories oder Dingsbums nennen. Ich betrachte sie einfach als Product Backlog Items unterschiedlicher Größe. Wenn ein Product Backlog Item am Ende des Sprint nicht zu „done" werden kann, dann ist es zu groß. Verfeinern Sie es, bis es die richtige Größe hat.

Wie groß ist zu groß?

Eine ziemlich verbreitete Regel in der agilen Community ist, dass wenn eine Story – ein Product Backlog Item – nicht in einem Sprint abgeschlossen werden kann, sie ein Epic ist. Es ist jedoch problematisch, in einem Sprint nur eine große Story zu haben. Der Erfolg des Sprint hängt nun vom Abschluss dieser einzigen Story ab. Dadurch riskieren Sie deutlich mehr. Das andere unvermeidliche Ergebnis ist, dass alle Tests für die Story (und für den gesamten Sprint) am Ende des Sprint passieren. Dieses Ungleichgewicht der Schwerpunktbereiche kann zu starken Abwanderungen innerhalb des Entwicklungsteams führen. So wird es unmöglich, innerhalb des Sprint ein fehlerfreies „Done"-Inkrement zu schaffen.

Was können Sie also tun?

Nun, Sie zerlegen sie weiter. Es ist gut, in der Prognose für den Sprint zwischen sechs und zwölf Product Backlog Items zu haben. Das bedeutet auch, dass kürzere Sprints kleinere Product Backlog Items haben. Bei einem zweiwöchigen Sprint heißt das, dass alle paar Tage ein Product Backlog Item „done“ sein sollte. Das fördert das Testen während des Sprint. Entwicklungsteams, die das erreichen können, werden erkennen, dass sie tatsächlich innerhalb des Sprint ausliefern sollten, statt den Wert bis ans Ende zu verschieben.

Wie zerlegen Sie eine Story?

Das kann für viele Teams eine Herausforderung sein. Denken Sie daran, dass die Product Backlog Items wertvoll für den Kunden sein sollen. Das bedeutet, dass jedes Stückchen Story noch einen Wert aufweisen muss, egal, wie klein es ist. Aus diesem Grund werden Stories, die durch Technologiekomponenten zerlegt werden (UI, Datenbank etc.), als ungültig betrachtet (siehe Abbildung 7-7).

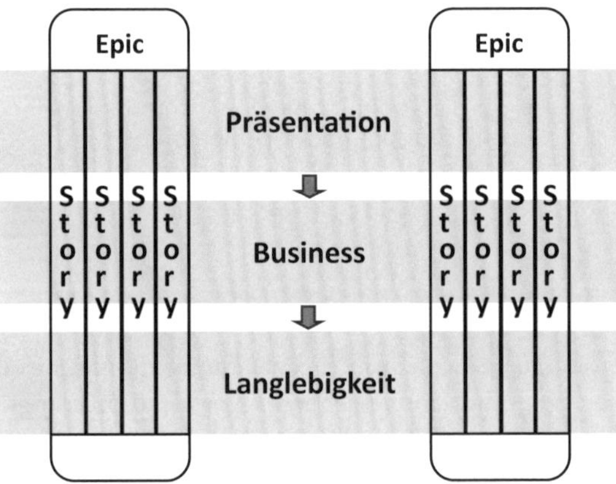

Abbildung 7-7 Epics zerlegt nach Stories über die Architekturschichten

Am besten beginnt man mit den Abnahmekriterien. Sie werden später mehr darüber erfahren, wie man Abnahmekriterien schreibt. Im Moment müssen Sie nur wissen, dass sie die Voraussetzung für die Zufriedenheit der Stakeholder sind, nicht nur für die der User.

Ein Entwicklungsteam sollte sich gemeinsam mit dem Product Owner fragen: „Was werden wir präsentieren, um zu beweisen, dass die Story abgeschlossen ist?“

Die Antwort sollte eine konkrete Liste von Items sein, die die Stakeholder als wertvoll erachten (siehe Abbildung 7-8). Jedes dieser Items kann somit in seine eigene separate Story übertragen werden.

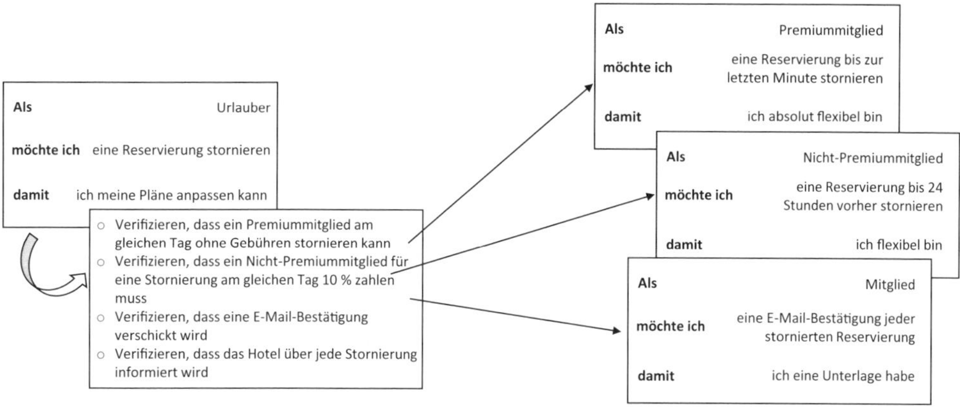

Abbildung 7-8 Einfaches Beispiel für das Zerlegen von User Stories aus Akzeptanzkriterien

Häufig bekomme ich Gegenwind von Scrum-Teams, die gerade anfangen. Sie bestehen darauf, dass die Story viel zu komplex ist, um zerlegt zu werden. Statt allzu sehr auf Konfrontation zu gehen, frage ich sie stattdessen nach den Abnahmekriterien für die Epic Story. Im Handumdrehen rattern sie Dutzende verschiedener Dinge herunter, die für die Stakeholder wichtig sind, und liefern so Dutzende verschiedener Wege, die Epic Story zu zerlegen.

Wann zerlegen Sie Epics?

Erinnern Sie sich an die drei Cs der User Stories? Der Zweck der Karte (Card) ist es, ein Gespräch auszulösen. Über Epics, die sich im Product Backlog weit unten befinden, wird wahrscheinlich nicht so viel gesprochen. Sobald die Epics im Product Backlog weiter nach oben wandern, wird es auch mehr Gespräche geben, die als Abnahmekriterien auf der Rückseite der Karte festgehalten werden. Sobald die Karte sich mit Abnahmekriterien füllt – ein Zeichen, dass ein Epic höher an die Spitze des Product Backlog rutscht –, zerlegen Sie es. Das könnte während einer Verfeinerung oder sogar während eines Sprint Planning passieren.

Schauen wir uns nun die Abnahmekriterien genauer an.

ABNAHMEKRITERIEN

Abnahmekriterien definieren das, was der Kunde sehen wird, um die Arbeit als abgeschlossen freizugeben. Sie können als Testfälle oder weniger detailliert geschrieben werden. Obwohl die Abnahmekriterien dem Product Owner gehören, ist es entscheidend, das gesamte Scrum Team einzubeziehen (und sogar einige Stakeholder), wenn man sie definiert.

Ich schreibe die Abnahmekriterien tatsächlich niemals auf die Rückseite einer physischen Karte. Es ist alles andere als praktisch, ständig die Karten umzudrehen. Das Mindset bleibt jedoch. Ich finde gerne einen Weg, die Abnahmekriterien zu limitieren, entweder durch die Anzahl der Items oder durch die Textmenge. Abbildung 7-9 zeigt beispielhaft eine Vorlage, die die Anzahl der Abnahmekriterien begrenzt (auf neun). Eines meiner größten Probleme mit den Softwaretools im agilen Management ist, dass sie die Textmenge für die User Stories und die Abnahmekriterien nicht begrenzen (Space-Boxing).

Product-Backlog-Eintrag

Produktname:	AMP		
Name der User Story:	Erneuerungsbenachrichtigung		
Beschreibung der User Story:	Als Vertriebsleiter möchte ich per E-Mail über auslaufende Verträge benachrichtigt werden, damit die Kunden nicht ohne Deckung sind und uns kein Umsatz entgeht.		
Release:	1	Sprint:	1
Name der User Story:			
Benachrichtigungsmail an alle Account Executives (AE) am 15. und 30. jedes Monats mit einer Übersicht* über alle auslaufenden Verträge versenden • Übersicht über den Inhalt der Mail wird in analysis.doc kurz dargestellt			Getestet JA Akzeptiert
Mail an die AE enthält eine anklickbare URL zu AMP, die alle auslaufenden Verträge anzeigt (siehe Query User Story) für den betreffenden AE.			Getestet JA Akzeptiert
Einmal pro Monat erhalten Account Sales Manager (ASM) eine Eskalations-mail* mit allen Verträgen des Teams, die innerhalb von 60 Tagen auslaufen. • Übersicht über den Inhalt der Eskalationsmail wird in analysis.doc kurz dargestellt			Getestet JA Akzeptiert
Die Mail für das Auslaufen innerhalb von 60 Tagen enthält eine anklickbare URL zu AMP, die alle auslaufenden Verträge für das Team des ASM anzeigt.			Getestet JA Akzeptiert
Einmal pro Monat erhalten ASM und VP eine Eskalationsmail* mit allen Verträgen ihrer Region, die innerhalb der nächsten 30 Tage auslaufen. • Übersicht über den Inhalt der Eskalationsmail wird in analysis.doc kurz dargestellt			Getestet JA Akzeptiert
Die Mail für das Auslaufen in 30 Tagen enthält eine anklickbare URL zu AMP, die alle auslaufenden Verträge für die Region des VP und des Teams des ASM enthält.			Getestet JA Akzeptiert
			Getestet Akzeptiert
			Getestet Akzeptiert
			Getestet Akzeptiert
Freigabe für Release:	JA	Datum:	26. Juni 2021

Abbildung 7-9 Beispiel für ein Product Backlog Item mit Akzeptanzkriterien

Nachfolgend finden Sie drei verbreitete Wege, Abnahmekriterien zu schreiben:

Testen, dass …

Beginnen Sie jedes Abnahmekriterium mit den Worten „Testen, dass …“. Dadurch kommen die Menschen gleich in eine Testmentalität. Stellen Sie sicher, dass jedes Product Backlog Item, das getestet wird, „done“ ist.

Zeigen, dass …

Beginnen Sie jedes Abnahmekriterium mit den Worten „Zeigen, dass…“. So denken die Menschen über den Sprint Review nach und darüber, was sie den Stakeholdern zeigen möchten, das einen Wert darstellt. In gewisser Hinsicht schreibt das Scrum-Team das Script für den Sprint Review. Sie können im Sprint Review eine Liste der Abnahmekriterien verteilen und sie nacheinander durchgehen.

Given, When, Then (Gherkin-Syntax)

Die Gherkin-Syntax dient zwei Zwecken, der Dokumentation und automatisierten Tests. Die Grammatik ist für jeden lesbar, kann aber auch von Testautomatisierungswerkzeugen wie Cucumber analysiert werden.[7]

Given <eine *Vorbedingung*>
When <eine *User-Aktion tritt auf*>
Then <ein *erwartetes Ergebnis*>

Gute Abnahmekriterien sollten SMART und SAFE sein:[8]

- **SMART**
  - **Specific** – Was ist das Ergebnis?
  - **Measurable** – Wie kann das Ergebnis gemessen werden?
  - **Attainable** – Ist es mit dem derzeitigen Setup erreichbar (Fähigkeiten, Technologie etc.)?
  - **Relevant** – Ist es auf das Ziel ausgerichtet?
  - **Time-Bound** – Wann kann das Ergebnis gemessen werden?
- **SAFE**
  - **Success** – Was sind die Erfolgskriterien für das Product Backlog Item? Der Kunde eines Bankautomaten erhält beispielsweise eine Quittung.
  - **Advance** – Was muss im Vorfeld passieren, damit ein erfolgreiches Ergebnis erzielt werden kann? Der Kunde eines Bankautomaten akzeptiert beispielsweise die Geschäftsbedingungen.
  - **Failure** – Was könnte schieflaufen und wie können Sie damit fertig werden? Der Kunde am Bankautomat hat nicht genügend Geld auf seinem Konto – Aufforderung, einen anderen Betrag einzugeben.
  - **Error** – Was sind die Fehlersituationen, die sich unserer Kontrolle entziehen? Im Bankautomaten befindet sich beispielsweise nicht genügend Bargeld – Anzeige auf dem Display „außer Betrieb“.

---

[7] Cucumber Ltd.'s Homepage, http://cucumber.io, abgerufen am 1. März 2018.
[8] Dieses Akronym wurde erstmals von Jef Newsom definiert, einem der Gründer von Improving Enterprises.

SPIKES

Hin und wieder, normalerweise in frühen Sprints, wird das Scrum-Team auf ein Product Backlog Item treffen, das nicht weiter zerlegt werden kann. Dies liegt in der Regel daran, dass das Team noch nicht genug über die Technologie oder den Bereich weiß.

Ein *Spike* ist ein Product Backlog Item für die Recherche, dessen Ziel es ist, mehr darüber zu erfahren, was benötigt wird, um die angefragte Funktionalität abzuschließen.

Spikes sind üblicherweise sehr einfache Proof of Concepts, die vermutlich weggeworfen werden, wenn sie ihren Zweck erfüllt haben. Letztendlich ist das Ziel eines Spike, das Risiko durch Experimentieren zu reduzieren und uns zu ermöglichen, früher bessere Produktentscheidungen zu treffen.

Achtung

Die Gefahr bei Spikes besteht darin, dass sie wie alles auch missbraucht werden können. Jeder Sprint endet mit einer Spike Story, und über kurz oder lang beginnen Teams, ganze Spike Sprints zu planen. Da Spikes keinen sofortigen Wert für das Geschäft erzeugen, ist das eine Gratwanderung. Nutzen Sie sie, aber missbrauchen Sie sie nicht.

Guter Grund für einen Spike: Laden Sie eine API eines Drittanbieters herunter und installieren Sie sie, um zu sehen, ob sie Ihren Performance-Bedürfnissen entspricht. Das würde es dem Scrum-Team ermöglichen zu entscheiden, ob sie das Feature probieren wollen oder nicht.

Weniger guter Grund für einen Spike: Untersuchen eines Features, damit sich das Entwicklungsteam mit seinen Schätzungen sicherer fühlen kann. Hier geht es wahrscheinlich eher um die Angst vor dem Scheitern als um Experimentieren und hilft dem Scrum-Team nicht unbedingt dabei, Entscheidungen zu treffen.

Ich habe einen Wasserfall-Ansatz erlebt, der sich hinter Product Backlog Items wie „Analyse", „Design", „Implementieren" und „Testen" verborgen hat, statt tatsächliche Funktionalität zu liefern, die am Ende des Sprint „done" ist.

Ein bevorzugter Ansatz ist, im selben Sprint sowohl zu recherchieren als auch das Product Backlog Item zu implementieren. Wenn beides nicht innerhalb des Sprint abgeschlossen werden kann, dann geht das gesamte Product Backlog Item zurück in das Product Backlog, und das Entwicklungsteam beendet es in einem zukünftigen Sprint. Das ist für das Team nicht schlechter, als wenn es die Story vorab auf verschiedene Sprints aufgeteilt hätte.

Man kann es nicht oft genug wiederholen, dass dieser Fokus auf den Abschluss wertvoller Qualitätsinkremente in jedem einzelnen Sprint wesentlich ist für die Agilität des Scrum-Teams und des Unternehmens als Ganzes. Jeder Sprint resultiert in einem Inkrement, das aus Sicht der Stakeholder „done" ist.

ANORDNUNG DES PRODUCT BACKLOG

In der Beschreibung von Product Backlogs im *Scrum Guide* von 2011 wird das Wort „priorisieren“ durch das Wort „anordnen“ ersetzt. Der Grund dafür war, dass „Priorität“ zu oft mit Geschäftswert und Kategorisierungen wie „High, Medium, Low oder MoSCoW“[9] (Must, Should, Could, Won't) gleichgesetzt wurde.

Das letzte Mal, als ich ein „H-M-L-priorisiertes" Product Backlog in einem Unternehmen sah, habe ich die Kategorien gezählt. 80 Prozent von ihnen waren High, 10 Prozent Medium und 10 Prozent Low. Statt sich mit langen Listen dieser Art aufzuhalten, ist es viel einfacher anzuerkennen, dass alle für das Geschäft wichtig sind, und sich nur zu fragen, welches man zuerst bearbeiten will.

Die Geschäftspriorität ist wichtig, aber nicht die einzige Variable, die die Reihenfolge beeinflusst, in der Sie Einträge aus dem Product Backlog nehmen.

Um Ihr Product Backlog vernünftig anzuordnen, müssen viele Aspekte bedacht werden:

- **Geschäftswert**
  Der Wert, der durch die Implementierung des Features entsteht: Einnahmen, Kosteneinsparungen, Kundenbindung, zukünftige Kunden und Gelegenheiten. Features, die der Produktvision am ehesten entsprechen, stehen hier wahrscheinlich am höchsten.
  Beispiel: ein Feature „Zahlung“, das direkte Einkünfte generiert.
- **Risiko**
  Die Bedeutung eines Product Backlog Item im Hinblick auf eine gefährliche Situation. Das umfasst sowohl geschäftliche als auch technische Risiken. Je höher das Risiko, desto weiter oben sollte es im Product Backlog stehen.
  Beispiel für Geschäftsrisiko: ein Feature, das vor einer gesetzlichen Frist implementiert sein muss.
  Beispiel für technisches Risiko: Implementierung einer neue Technologie, von der ein Feature abhängt, ohne zu wissen, ob die Technologielösung überhaupt funktionieren wird.
- **Kosten/Größe**
  Die Kosten für die Implementierung eines Features. Das ist meistens (aber nicht ausschließlich) mit dem Aufwand und der Zeit verbunden, die das Entwicklungsteam benötigt, um das Feature zu bauen.
- **Abhängigkeit**
  Unabhängig vom Wert, dem Risiko und den/der Kosten/Größe kann ein Feature manchmal nicht vor einem anderen abgeschlossen werden. Das können geschäftliche oder auch organisatorische Abhängigkeiten sein.
  Geschäftsbeispiel: ein Authentifizierungsfeature, das abgeschlossen sein muss, bevor irgendjemand die wertvolleren Features nutzen kann.
  Organisatorisches Beispiel: ein Feature, das von einem weiteren nachgelagerten Team abhängt, das einen Service für Ihr Team entwickelt.

Wie Sie sehen, sind hier viele Kräfte am Werk. Beachten Sie die folgende Formel:

---

[9] *The DSDM Agile Project Framework (ab 2014)*, Kapitel 10, Agile Business Consortium, https://www.agilebusiness.org/content/moscow-prioritisation, abgerufen am 15. März 2018.

(Geschäftswert + Risiko) / Größe = Ordnungszahl

Indem Sie eine Möglichkeit finden, jede dieser Variablen aufzuzählen, können Sie ein Rangordnungssystem entwickeln, in dem ein Item umso höher im Product Backlog angesiedelt ist, je höher seine Zahl ist (siehe Abbildung 7-10). Dann nehmen Sie auf der Grundlage der identifizierten Abhängigkeiten Anpassungen vor.

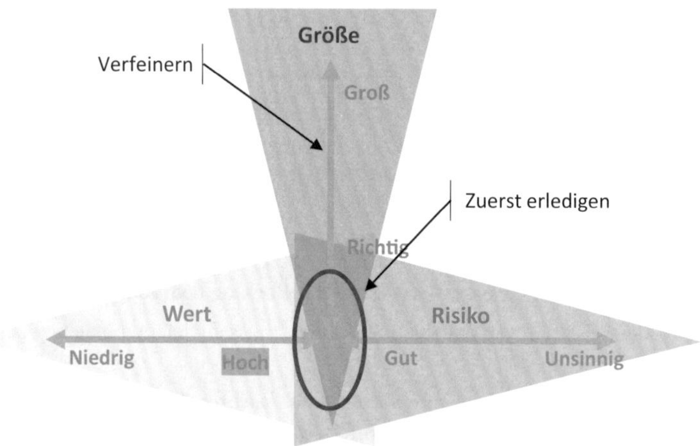

Abbildung 7-10 Wert, Risiko und Größe (Kosten) als Dimensionen zur Anordnung des Product Backlog

Wenn Sie sich auf kleinere, wertvolle Features konzentrieren, riskieren Sie, dass die großen, ebenfalls wertvollen Features ignoriert werden. Da es sich dabei wahrscheinlich um die eher strategischen Initiativen handelt, ist es ein wichtiger Bestandteil der Verfeinerung, sie zu identifizieren und in kleinere (in der Größe angepasste) Arbeitsergebnisse aufzuteilen.

Wir möchten zu Hause unsere Küche renovieren, aber weil es eine so gewaltige Aufgabe ist, schieben wir es immer vor uns her. Es ist wichtig und strategisch, aber es wird nicht erledigt. Die Lösung? Zerlegen Sie die Aufgabe in kleinere Aufgaben. Könnten wir nicht damit beginnen, Leute heranzuholen, die Vorschläge und Kostenschätzungen machen? Das würde den Stein ins Rollen bringen. Wenn wir dann zu dem Schluss kämen, dass Kosten und Risiken zu bewältigen wären, würden wir uns auf die neue Küche festlegen und das Projekt in kleinere Aufgaben aufteilen. Im Handumdrehen hätten wir eine neue Küche – vielleicht.

Items von geringem Wert, die risikoarm sind und wenig kosten (linke Seite in Abbildung 7-10), sollten jedoch nicht zwingend ignoriert werden. Betrachteten Sie sie als „spielerische Größe" und bearbeiteten Sie sie, wenn Kapazitäten übrig sind oder sie von neueren Mitgliedern des Entwicklungsteams übernommen werden können, die sich erst noch an das Produkt gewöhnen müssen. Einige Organisationen geben diese Items sogar als Open Source anderen Gruppen innerhalb des Unternehmens oder sogar der Öffentlichkeit frei.

Riskante Items von geringem Wert (rechte Seite in Abbildung 7-10) sollten allerdings ignoriert werden.

Dieser formale Ansatz für die Reihenfolge könnte ein guter Anfang sein, aber betrachten Sie ihn nicht als Zauberformel, an die Sie gebunden sind. Das Product Backlog zu sortieren, gleicht eher einem nicht deterministischen Problem. Sie sollten sich nicht um die beste Antwort bemühen, denn die existiert wahrscheinlich nicht. Streben Sie nach einer guten Antwort und vertrauen Sie dem empirischen Prozess des Überprüfens und Anpassens. Ein guter Product Owner kann mithilfe des Entwicklungsteams Intuition und Erfahrung nutzen, um das Product Backlog effektiv anzuordnen.

In diesem Sinne ist es eher überflüssig, die untere Hälfte des Product Backlog anzuordnen. Konzentrieren Sie sich stattdessen auf die Anordnung für die nächsten Sprints. Da Sie im Laufe der Zeit verfeinern, wird sich der Rest von selbst ergeben.

Das Product Backlog anzuordnen, wird innerhalb Ihres Scrum-Teams (und mit den Stakeholdern) zu vielen wichtigen Gesprächen führen. Dadurch werden Annahmen, Missverständnisse und Abhängigkeiten geklärt und zufällige Komplexität reduziert. Dieser Prozess selbst generiert viel Wert.

MESSEN VON WERT, RISIKO UND GRÖSSE

Im letzten Abschnitt haben wir diese Formel vorgestellt, an die Sie denken sollten, wenn Sie Ihr Product Backlog anordnen:

(Geschäftswert + Risiko) / Größe = Ordnungszahl

Diese Formel mag einfach erscheinen, aber wo kommen die Zahlen her?

Wert

Wenn Sie den Betrag des finanziellen Werts der Product Backlog Items bestimmen könnten (z. B. dieses Feature wird 270 000 Euro einbringen), dann wäre das ideal. So einfach ist es jedoch selten.

Andere Ansätze verwenden etwas willkürliche Zahlen, um den Wert anzugeben, ähnlich wie bei der relativen Aufwandsgrößenbestimmung. Der Zahlenbereich spielt keine so große Rolle, wie die Einbeziehung der Stakeholder und die Nutzung der Weisheit der Vielen. Es gibt hierfür eine Menge Techniken, wie beispielsweise:

- **Business Value Game**[10]
  Nutzen Sie Planning Poker, um statt der Größe den Wert einzuschätzen.
- **Buy-a-Feature**[11]
  Innovation Game, das mit Geld Features kauft.
- **20/20 Vision**[12]
  Innovation Game für eine einfache Anordnung des Product Backlog
- **Thirty-Five**[13]
  Gemeinschaftsaktivität für die Anordnung

---

[10] *Business Value Game*, agile42, https://www.agile42.com/en/agile-coaching-company/agile-scrum-tools/business-value-game/, abgerufen am 1. März 2018.

[11] *Buy a Feature*, Innovation Games, http://www.innovationgames.com/buy-a-feature/, abgerufen am 1. März 2018.

[12] *20/20 Vision*, Innovation Games, http://www.innovationgames.com/2020-vision/, abgerufen am 1. März 2018.

[13] Thirty-five, TastyCupcakes.org, http://www.tastycupcakes.org/2012/10/thirty-five/, abgerufen am 1. März 2018.

Diese demokratischen und integrativen Prozesse mit Stakeholdern zu nutzen, um den Product Backlog Items einen Geschäftswert zuzuschreiben, bietet Product Owners zwei wesentliche Vorteile:

1. Sie bekommen einen besseren Gesamteindruck darüber, was ihre Stakeholder denken.
2. Ihre Stakeholder fühlen sich mehr einbezogen und gehört.

Denken Sie jedoch daran, dass der Geschäftswert nicht der einzige Faktor ist, wenn Sie ein Product Backlog anordnen. Risiko, Kosten und technische Abhängigkeiten spielen ebenfalls eine Rolle.

Risiko

Der einfachste Weg, das Risiko zu messen, ist mit einem einfachen Low-, Medium-, High-Ranking, das vom Scrum-Team zur Verfügung gestellt wird. Um dieses System in der oben aufgeführten Formel anzuwenden, schreiben Sie jedem Risikorating eine Zahl zu (z. B. L=1, M=5, H=10). Letztendlich hängt die Skala, die Sie zur Darstellung des Risikos verwenden, jedoch von anderen Faktoren ab: Wie bedeutend ist das Risiko für Ihr Produkt? Welche Skala verwenden Sie für den Wert?

Bei bestimmten Produkten muss man ein Risiko noch nicht einmal in Betracht ziehen, während bei anderen das Risiko mehr ins Gewicht fällt.

Größe

Wenn Sie den Product Backlog Items relative Größenschätzungen zuweisen, ist die gebräuchlichste Skala die Fibonacci-Folge (1, 2, 5, 8, 13 etc.). Im nächsten Kapitel über Release-Management werden wir die Gründe für eine relative Einschätzung eingehender behandeln. Für die Anordnung des Product Backlog ist es nur wichtig zu wissen, dass die Größe eines Item eine Rolle spielt. Wie Sie die Einheit benennen, die seine Größe darstellt, ist jedoch nicht so wichtig (häufig wird sie Point oder Story Point genannt).

Stellen Sie sich vor, Sie haben zwei Product Backlog Items, PBI_a und PBI_b. PBI_a ist für das Geschäft wertvoller, während PBI_b kostengünstiger, aber mit einem größeren Risiko behaftet ist. Welches sollten Sie zuerst bearbeiten? Wenden wir die Formel an:

PBI_a → (**25** Wert + **5** Risiko) / **8** Größe = **3,75** Ordnungszahl

PBI_b → (**15** Wert + **10** Risiko) / **5** Größe = **5** Ordnungszahl

In diesem Fall ist PBI_b höher im Product Backlog angesiedelt, da es mit einem größeren Risiko einhergeht und kostengünstiger zu implementieren ist.

Dies kann eine praktische Technik sein, aber wie alles kann sie auch zu weit führen. Sind Sie als Product Owner jetzt durch die Ordnung, die aus dieser Formel resultiert, festgelegt? Natürlich nicht. Wie jedes Tool benutzen Sie es, wenn es Ihren Job erleichtert. Wenn Sie einige Dinge neu arrangieren möchten, dann tun Sie das.

Bedenken Sie, dass diese Formel keine Abhängigkeiten berücksichtigt. Es könnte eine gute Idee sein, dass Ihr Scrum-Team das angeordnete Product Backlog nochmal durchsieht und es auf der Grundlage der technischen und geschäftlichen Abhängigkeiten neu anordnet.

Die Verfeinerung ist eine gute Gelegenheit, diese Anordnung in jedem Sprint neu zu überprüfen.

„DONE"

In diesem Abschnitt definieren wir „done" und arbeiten uns durch einige Beispiele für „done".

„DEFINITION OF DONE"

Wenn Sie ein neues Badezimmer bekommen, ein neues Auto kaufen oder in einem schönen Restaurant essen, dann haben Sie bestimmte Erwartungen an das Endprodukt. Wenn die Kundenerwartungen trotz bester Absichten nicht mit dem Verständnis des Herstellers für diese Erwartungen übereinstimmen, dann sind Konflikte und Unzufriedenheit im Allgemeinen vorprogrammiert. Egal, ob eine Fliese nicht ordentlich verlegt, das Auto schmutzig oder der Teller nicht vorgewärmt ist – Sie sind enttäuscht.

Eine klar kommunizierte und geteilte Erwartungshaltung schafft die notwendige Transparenz, um dieses Problem zu vermeiden.

Im Softwarebereich ist das nicht anders. Egal, ob Sie ein Softwarepaket kaufen, ein Produkt als Dienstleistung nutzen oder abhängig von einer externen API implementieren, Sie haben bestimmte Erwartungen hinsichtlich der Qualität, der Performance und des Supports. Diese Erwartungen definieren die wahre Bedeutung von „done".

Was sollte „done" umfassen? Das hängt vom Kontext ab. Gute Kandidaten sind:

- gründlich getestet
- integriert
- dokumentiert
- auslieferbar

Klingt das gut? Nun, wie viele Tests? Wie viele Dokumentationen? Besteht ein Unterschied zwischen dem Bauen einer Dating-Website oder einem medizinischen Produkt? Es gibt keine universelle „Definition of Done" für alle möglichen Produkte. Sie müssen allerdings sicherstellen, dass „done" kontinuierliche Releases erlaubt, ohne Ihre Kunden und andere Stakeholder zu enttäuschen, und von allen beteiligten Personen klar kommuniziert und verstanden wird.

Aus dem *Scrum Guide*

Es müssen alle verstehen, was „done" bedeutet, sobald ein Product Backlog Item oder ein Produktinkrement als „done" bezeichnet wird. Obwohl sich dies erheblich von Scrum-Team zu Scrum-Team unterscheiden kann, müssen alle Teammitglieder ein gemeinsames Verständnis davon haben, wann eine Arbeit vollständig ist, um Transparenz zu gewährleisten.[14]

Dieses gemeinsame Verständnis mit dem Ziel der Transparenz manifestiert sich in der „Definition of Done".

Wann erreichen Sie „done"? Scrum fordert, dass das Inkrement am Ende des Sprint „done" sein muss. Es kann allerdings riskant sein, bis zum äußersten Ende des Sprint damit zu

[14] Schwaber und Sutherland: *Scrum Guide*, S. 18.

warten. Ein Entwicklungsteam kann seinen Einsatz absichern, indem es während des Sprint jedes Product Backlog Item auf „done" bringt. Sobald ein Product Backlog Item der „Definition of Done" entspricht, ist es Teil des Inkrements. Je eher es das im Sprint erreicht, desto besser (siehe Abbildung 7-11).

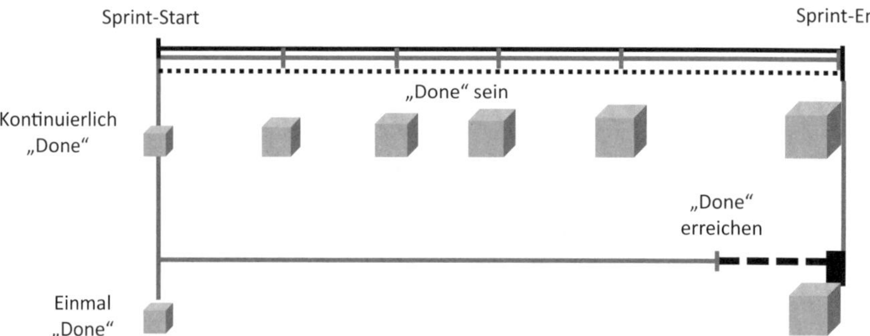

Abbildung 7-11 Kontinuierliches „Done" versus „Done" einmal am Sprint-Ende

Berücksichtigen Sie diese Liste von „Done"-Elementen:

- getestete Einheit
- Code überprüft
- entspricht dem Code-Style-Guide
- keine bekannten Defects
- in den Hauptentwicklungszweig eingecheckt
- öffentliche API dokumentiert
- Abnahmekriterien bestanden
- durch Product Owner genehmigt
- Regressionstests bestanden
- Versionshinweise aktualisiert
- Performancetests bestanden
- User-Handbuch aktualisiert
- Supporthandbuch aktualisiert
- Sicherheitstests bestanden
- Dokumentation der Compliance aktualisiert

Zu welchem Zeitpunkt könnte Ihr Entwicklungsteam das realistischerweise durchführen? Jedes Mal, wenn es ein Sprint Backlog Item abschließt? Ein Product Backlog Item? Am Ende des Sprint für das gesamte Inkrement? Oder muss es bis kurz vor der Auslieferung warten?

Wie wäre es, wenn Sie sie in einen Chart wie in Abbildung 7-12 eintragen würden?

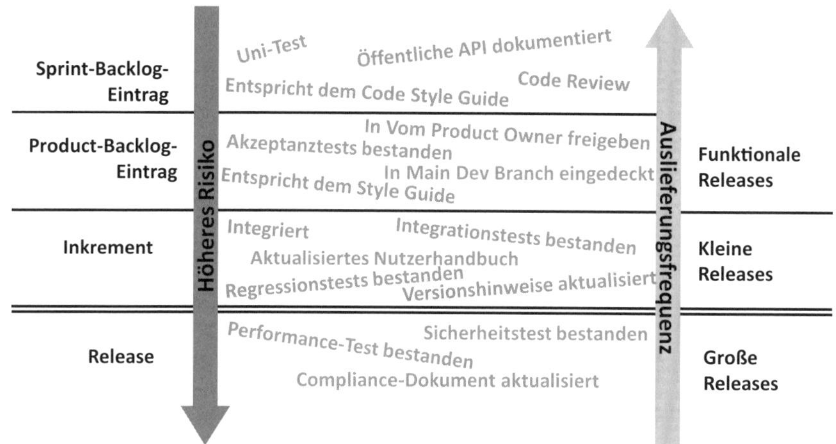

Abbildung 7-12 Ein häufigeres „Done" reduziert das Risiko und fördert die kontinuierliche Lieferung

In einer perfekten Welt würden alle diese Items auf der Ebene des Sprint Backlog abgeschlossen. Durch die Einführung von Praktiken wie der Automatisierung und Eliminierung überflüssiger bürokratischer Aktivitäten, könnte das Realität werden, aber wahrscheinlich würde der zusätzliche Aufwand Ihren ROI reduzieren, zumindest kurzfristig.

Je weiter Sie sich in Abbildung 7-12 nach unten bewegen, desto größer wird das Risiko. Alles auf der „Release"-Ebene ist mit einem großen Risiko behaftet, da Sie darauf hinweisen, dass diese Einträge nicht innerhalb eines Sprint bearbeitet werden können und warten müssten bis kurz vor ein Major Release. Also, wie weit können Sie diese Aktivitäten nach oben schieben? Was können Sie tun, um sie eine Ebene hochzubringen? Wenn es zwei Wochen dauert, Regressionstests durchzuführen, dann können Sie wahrscheinlich nicht innerhalb eines Sprint fertig werden. Regressionstests jedoch ans Ende zu verschieben, ist riskant. Ihr Scrum-Team sollte sich auf alle Elemente auf der „Release"-Ebene konzentrieren und sich fragen, welche Praktiken es anwenden kann, um sie nach oben zu bringen. Im Fall von Regressionstests kann Automatisierung einen großen Unterschied machen. Geben Sie sich jedoch nicht einfach damit zufrieden, einmal pro Sprint Regressionstests für das Inkrement durchzuführen. Was wäre nötig, um alle Regressionstests durchzuführen, jedes Mal, wenn das Entwicklungsteam ein Product Backlog Item erledigt? Oder jedes Mal, wenn ein Programmierer einen Code eincheckt? So kommt ein Scrum-Team der „Continuous Delivery" näher.

Was ist also der Unterschied zwischen den Abnahmekriterien und der „Definition of Done"? Die „Definition of Done" gilt für das gesamte Inkrement. Abnahmekriterien beziehen sich auf ein bestimmtes Product Backlog Item. Um den Wert eines Product Backlog Item zu erkennen, müssen Sie alle seine Abnahmekriterien erfüllen, zusätzlich zu der „Definition of Done". Wenn Sie ein Product Backlog Item entfernen, entfernen Sie auch dessen Abnahmekriterien. Die „Definition of Done" bleibt. Mit anderen Worten, die „Definition of Done" ist das umfassende Abnahmekriterium.

Die „Definition of Done" betrifft zwei Aspekte. Der eine ist, was vom technischen Standpunkt her erforderlich ist, also die technischen Aspekte des Entwicklungsteams. Der anderen, wenn auch kleineren Aspekte sind fachliche Anforderungen wie Vorschriften, Gesetze und dergleichen. Letztere müssen dem Entwicklungsteam kommuniziert werden, damit es einen Weg finden kann, sie von ihrem Standpunkt aus zu bearbeiten (siehe Abbildung 7-13).

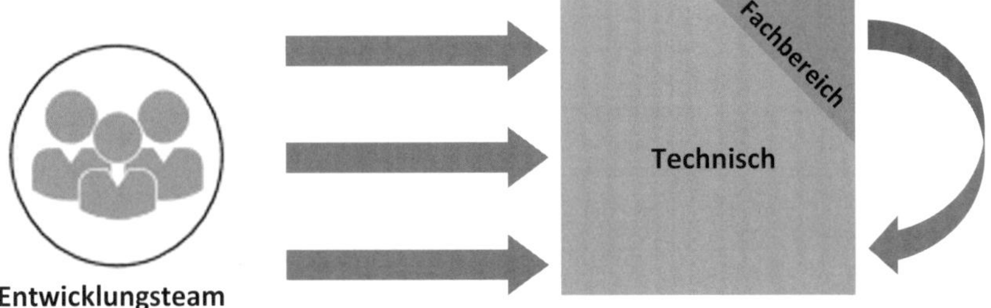

Abbildung 7-13 Aufteilung zwischen technischen und fachlichen Bereichen der Definition von „Done"

Wie oft ändert sich die „Definition of Done"? Noch einmal, es hängt davon ab. Immer wenn es neue Erkenntnisse über das Produkt und seine Qualität gibt, ist es Zeit, die „Definition of Done" zu ändern. Normalerweise treten zu Beginn häufiger Veränderungen auf, da man in den ersten Sprints noch einiges lernt, besonders auf der technischen Seite. Der Bereichsaspekt ändert sich immer dann, wenn Anforderungen eingeführt werden, die den Markt oder interne/externe Vorschriften betreffen. Nichtfunktionale Anforderungen (Performance, User-Freundlichkeit, Recht etc.) finden sich häufig in der „Definition of Done". Die „Definition of Done" wächst im Lauf der Zeit (siehe Abbildung 7-14).

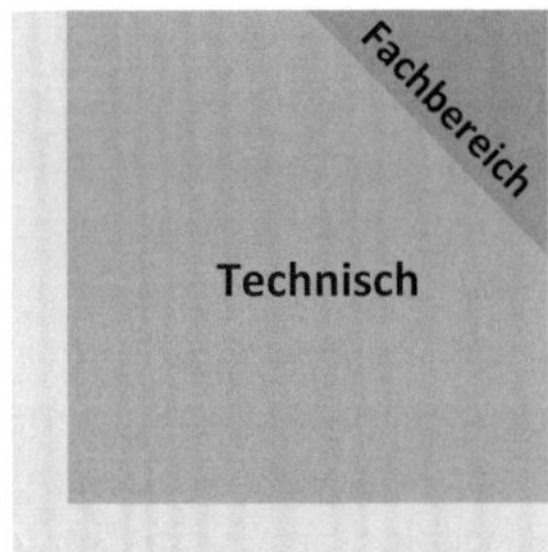

Abbildung 7-14 „Definition von Done" wächst mit der Zeit

Betrachten Sie die „Definition of Done" als Qualitätscode (wie bei Regeln, nicht wie beim Programmieren), dem sich jeder verpflichtet fühlt. Im Gegensatz zu anderen Berufen wie Ärzten, Klempnern oder Buchhaltern gibt es in der Softwareentwicklungsbranche kein allgemein vereinbartes Dokument, das sie schützt, wenn sie unter Druck mehr und schneller liefern muss. Wenn ein Scrum-Team (und die Entwicklungsorganisation) innerhalb eines Unternehmens seine eigenen Qualitätsstandards festlegt, hat es zumindest etwas, das es heranziehen kann, wenn es gebeten wird, etwas zu tun, das die Qualität des Produkts gefährdet. Als Teil kontinuierlicher Verbesserung ist die Sprint Retrospektive eine gute Gelegenheit, die „Definition of Done" zu ergänzen.

BEISPIELE FÜR EINE „DEFINITION OF DONE"

Was „done" bedeutet, variiert stark von Team zu Team. Nachfolgend stellen wir Beispiele einer „Definition of Done" von geschätzten Kollegen vor:

- Barry Overeem:
  - entwickeltes Design
  - aktualisierte Dokumentation
  - getestet
  - durch den Product Owner freigegeben
  - Klarheit über die Art der Präsentation im Sprint Review
- Francois Desrosiers:
  - Code-Prüfung erledigt
  - Tests der Einheit erledigt
  - BDD(Behavior Driven Development)-Tests erledigt auf der Grundlage der Abnahmekriterien
  - Dokumentation erledigt (auf der Grundlage der Dokumentation, die der Kunde als wesentlich und wertvoll definiert hat)
  - Features getestet/freigegeben durch den PO oder Business Analyst
  - Features in die Staging-Umgebung eingebettet
  - Quellcode des Features ist im richtigen Zweig
- Jeronimo Palacios:
  - es funktioniert
  - hat die Abnahmekriterien bestanden
  - ist in Produktion
  - peer-geprüft
  - durch Tests abgesichert
  - alle Tests bestanden
  - im Master aufgegangen
  - keine augenscheinlichen Bugs
  - vom PO akzeptiert
  - API dokumentiert
  - alles Ungewöhnliche kommentiert
  - Argumente für Binärdateien dokumentiert
- Fredrik Wendt:
  - alles ist versionskontrolliert
  - code-geprüft
  - automatisierte Tests
  - Lösung mit dem gesamten Team geteilt
  - Live/in Produktion
- Vincent Tence:
  - Alle automatisierten Tests sind bestanden.
  - Die Anwendung unterstützt die erwartete Belastung.
  - Die Reaktionszeit ist innerhalb akzeptierter Limits.
  - Die manuellen Tests sind schlüssig.
  - Die explorativen Tests sind schlüssig.
  - Das Entwicklungsteam ist zufrieden mit der Testabdeckung.
  - Die Anwendung ist in Französisch und Englisch übersetzt.

  - Die Anwendung ist auf allen unterstützten Geräten erreichbar und verfügbar.
  - Die Versionshinweise sind aktuell und bereit zur Veröffentlichung.
  - Die Onlinehilfe ist auf dem Stand der neuesten Features.
  - Die Ops-Diagnose kann effizient und rechtzeitig erfolgen.
  - Das Ops-Team ist zuversichtlich, dass es die Anwendung betreiben und unterstützen kann.
  - Die Revisionsgeschichte ist verwertbar.
  - Das Entwicklungsteam kann automatisch eine neue Entwicklungsumgebung aufbauen.
  - Neue wichtige Erkenntnisse und Designentscheidungen sind dokumentiert.
  - Das Entwicklungsteam ist zufrieden mit der neuen User Experience.
  - Die Code-Basis ist in einem besseren Zustand als zuvor.
  - Das Entwicklungsteam ist zufrieden mit der neuen Code-Qualität.
  - Das Ops-Team kann zu einer früheren Version zurück und alle Daten speichern.
  - Die Anwendung ist in der Pre-Production-Umgebung verfügbar.
  - Es wurden keine neuen Sicherheitslücken eingeschleppt.
  - Das Entwicklungsteam kann identischen Einsatz reproduzieren.
- Ralph Jocham:
  - entspricht den Entwicklungsstandards
  - Code-Analyse bestanden
  - dokumentiert (Szenario, SAD, Test Case, Schnittstellen)
  - überprüft oder paarweise programmiert
  - automatische Unit-Tests (für Nicht-UI, z. B. Ebene, die Geschäftslogik enthält, hat eine Testabdeckung von 95 Prozent oder höher)
  - automatische Selenium-Tests; jedes Nutzungsszenario hat mindestens einen Selenium-Test
  - automatische Appium-Tests auf Endgerät
  - alle Texte sind internationalisiert
  - keine bekannten Bugs vorhanden

In Abbildung 7-15 sehen Sie eine nützliche Vorlage für die „Definition of Done" für mehrere Teams, die an einem Produkt arbeiten. Sie definiert gemeinsame Elemente der Teams, lässt aber auch ein autonomes Arbeiten innerhalb der Entwicklungsteams zu.

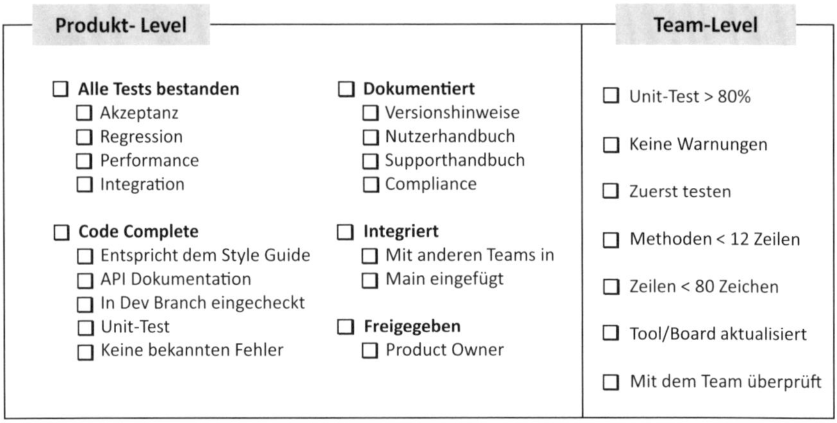

Produkt- Level

- ☐ **Alle Tests bestanden**
  - ☐ Akzeptanz
  - ☐ Regression
  - ☐ Performance
  - ☐ Integration
- ☐ **Code Complete**
  - ☐ Entspricht dem Style Guide
  - ☐ API Dokumentation
  - ☐ In Dev Branch eingecheckt
  - ☐ Unit-Test
  - ☐ Keine bekannten Fehler
- ☐ **Dokumentiert**
  - ☐ Versionshinweise
  - ☐ Nutzerhandbuch
  - ☐ Supporthandbuch
  - ☐ Compliance
- ☐ **Integriert**
  - ☐ Mit anderen Teams in
  - ☐ Main eingefügt
- ☐ **Freigegeben**
  - ☐ Product Owner

Team-Level

- ☐ Unit-Test > 80%
- ☐ Keine Warnungen
- ☐ Zuerst testen
- ☐ Methoden < 12 Zeilen
- ☐ Zeilen < 80 Zeichen
- ☐ Tool/Board aktualisiert
- ☐ Mit dem Team überprüft

Abbildung 7-15 Vorlage für „Definition von Done"

Warum ist das für den Product Owner wichtig?

Für Sie als Product Owner sind einige dieser „Done"-Elemente offensichtlich. Sie brauchen ein integriertes Produkt, Sie brauchen die erforderlichen Ebenen für Dokumentation und Compliance und definitiv einen gewissen Testumfang. Warum jedoch sollten Sie sich um Elemente der Programmierung wie das Einhalten des Programmierstils kümmern? Warum ist es für Sie von Bedeutung, dass eine Methode nicht länger als zwölf Zeilen ist und dass die Zeilen nicht mehr als 80 Zeichen haben? Warum sollten Sie als Product Owner auf diese Punkte achten oder sie sogar unterstützen?

Betrachten Sie es einmal so: Warum wechseln Sie in Ihrem Auto regelmäßig das Öl? Warum prüfen Sie regelmäßig den Reifendruck oder bringen das Auto zur Inspektion? Als Fahrer möchten sie nur von A nach B kommen, darin besteht für Sie der Wert. Wenn Sie sich jedoch nicht regelmäßig um die Wartung kümmern, wird sich diese Nachlässigkeit letztendlich gegen Sie richten, und Sie werden am Straßenrand liegenbleiben und hohe Reparaturkosten haben. Das Gleiche gilt für die Software. Wenn Sie sie nicht regelmäßig warten, werden Sie eine Menge technischer Schulden anhäufen, die die Entwicklung verlangsamen, Innovationen verringern und langfristig deutlich höhere Kosten verursachen.

Aus diesem Grund ist es für den Product Owner wichtig, die technischen Konzepte der „Definition of Done" zu verstehen und sich bewusst zu sein, dass sie langfristig negative Auswirkungen haben können. Deswegen sollten Sie sie kennen und nachverfolgen. Falls dies nicht sowieso schon geschieht, bitten Sie Ihr Entwicklungsteam, mit dem Messen zu beginnen und die Messungen eventuell in die automatisierte, kontinuierliche Integration einzufügen. Dadurch erkennt jeder, wenn das Entwicklungsteam einen Code eincheckt, der nicht der „Definition of Done" entspricht.

Das ist genauso, wie wenn Ihr Armaturenbrett eine Meldung anzeigt, dass irgendetwas nicht stimmt. Letztendlich schafft eine gute „Definition of Done" Transparenz für den Product Owner, das Entwicklungsteam und die Stakeholder.

„READY" IST EIN MINDSET

Mit einem selbstorganisierten Entwicklungsteam zu arbeiten, ist sehr wirkungsvoll und Sie werden erstaunt sein, was es leisten kann, aber auch Selbstorganisation hat ihre Grenzen.

Garbage (Müll) IN → Garbage (Müll) OUT

Wenn Sie den Sprint mit Müll füttern, dann werden Sie höchstwahrscheinlich auch Müll als Ergebnis bekommen.

Mit anderen Worten, *wenn Sie zu Beginn des Sprint nicht „ready" sind, dann werden Sie am Ende auch nicht „done" sein.*

Mise en place ist eine französische kulinarische Redewendung, die grob übersetzt „an Ort und Stelle" oder „alles an seinem Platz" bedeutet und sich auf die Organisation Ihrer Küche bezieht, bevor Sie mit dem Kochen beginnen. Im Allgemeinen vergewissern Sie sich, dass Sie alle erforderlichen Zutaten in ausreichender Menge haben, das richtige, funktionsfähige Equipment, einen vorgeheizten Ofen und dergleichen. Stellen Sie sich vor, dass Sie während der Zubereitung von Omas Apfelkuchen feststellen, dass Sie nicht genügend Äpfel haben. Sie müssten noch einmal losgehen und welche kaufen, doch sobald sie zurückkehren, stellen Sie fest, dass die bereits geschnittenen Äpfel braun geworden sind. Wenn Sie begeisterte Kritiken bekommen wollen, ist das sicher nicht der geeignete Weg. Erst wenn Sie alles an seinem Platz haben und sich vergewissert haben, dass Sie die Werkzeuge und die Infrastruktur haben, sind Sie *ready*.

Was ist das Äquivalent in der Softwareentwicklung? Nun, es reicht nicht, alles vor sich hinzulegen. Produktentwicklung ist komplex, abstrakt und weniger greifbar. Das gilt auch für „ready". Selbst wenn die Product Backlog Items zerlegt, geschätzt und mit eindeutigen Abnahmekriterien ausgestattet worden sind, wissen Sie möglicherweise immer noch nicht, wie Sie das Product Backlog Item implementieren sollen.

Jeff Patton verwendet eine nützliche Metapher in seinem Buch über Story Mapping[15], die die Bedeutung von „Conversation" bei den drei Cs (Card, Conversation, Confirmation) betont. Er erzählt eine Story darüber, wie er einem Freund ein Urlaubsfoto zeigt, eines wie in Abbildung 7-16, auf dem man Ralph mit einigen Freunden im Urlaub sieht.

Abbildung 7-16 Ralph mit Vögeln im Urlaub (Quelle: Ralph Jocham)

Sie sehen den überraschten Ralph mit einigen bunten Vögeln. Für Ralph ist es mehr. Es ist eine Erinnerung, die er immer wieder aufleben lassen kann, sobald er sich das Foto anschaut. Er war dort, um den Moment zu erleben, den Ort, die Geschichte darüber, wie die Vögel ihn fanden, die Geräusche der Vögel, den ohrenbetäubenden Lärm, den sie veranstalteten, ihr beißender Geruch und die Kratzer ihrer ziemlich scharfen Krallen auf seiner Haut, die noch Tage später zu sehen waren.

[15] Jeff Patton: *User Story Mapping: Discover the Whole Story, Build the Right Product* (Sebastopol, CA: O'Reilly Media, 2014), https://pattonassociates.com/user-story-mapping/.

Für uns ist es nur ein Foto, für Ralph ist es eine lebendige Erinnerung. Das ist es, was Product Backlog Items sind. Betrachten Sie sie als Erinnerungen, die Sie für jedes Mitglied des Entwicklungsteams schaffen. Abgesehen von der Größe, der Schätzung und den Abnahmekriterien, spielt es keine so große Rolle, was auf den Karten steht. Entscheidend ist die Geschichte dahinter. Schreiben Sie genug auf die Product-Backlog-Item-Karte, um sie sich zu merken, aber stellen Sie sicher, dass die Erzählung haften bleibt, damit sie abgerufen werden kann, wenn sie Teil des Sprint-Ziels wird.

Mit anderen Worten, ein Product Backlog Item „ready" zu bekommen, beinhaltet, die Story hinter dem Bild zu kommunizieren, und zwar so, dass das Entwicklungsteam danach handeln kann.

„READY"

Was umfasst „ready" genau? Es gibt drei Mindestanforderungen, die jedes Product Backlog Item erfüllen sollte, bevor es in einem Sprint bearbeitet wird:

1. **Klein** genug, damit es innerhalb eines Sprint abgeschlossen werden kann.
2. **Groß genug**, damit Sie eine Vorstellung über den Gesamtaufwand für das ganze Product Backlog bekommen.
3. **Gerade genug Details** (Abnahmekriterien), damit sie als Bestätigung dienen können, dass das Product Backlog Item wie beabsichtigt funktioniert.

   Darüber hinaus können Sie sich auch auf Architekturbeschränkungen, Geschäftsprinzipien, UX-Designs, Abhängigkeiten und mehr beziehen, basierend auf den Bedürfnissen des Produkts und des Scrum-Teams.

   Nichts davon muss perfekt sein. Das Entwicklungsteam muss nur genug wissen, damit es eine Prognose für das Sprint Planning abgeben kann. Das kann von Scrum-Team zu Scrum-Team variieren.

   Scrum definiert das „Ready"-Konzept nicht. Der *Scrum Guide* betrachtet Product Backlog Items, die innerhalb eines Sprint „done" werden können, als „ready". Warum? „Done" ist eine Schwarz-Weiß-Checkliste. Sie können jeden Punkt mit einem Ja oder Nein abhaken. Ein oder mehrere Neins bedeuten, dass Sie die „Definition of Done" nicht erfüllen und nicht ausliefern können. „Ready" hingegen ist keine Checkliste, aber eine hilfreiche Anleitung während der Verfeinerung, die vielleicht nicht immer zu erreichen ist. „Ready" zu definieren, sollte nicht bedeuten, dass ein Entwicklungsteam ein Product Backlog Item nicht bearbeiten kann, das nicht 100 Prozent „ready" ist.

Warnung vor „Definition of Ready": *Ich habe mit Entwicklungsteams gearbeitet, die es abgelehnt haben, ein Product Backlog Item im Sprint zu akzeptieren, das nicht ihrer „Definition of Ready" entspricht. Das mag auf den ersten Blick vernünftig erscheinen. Ich habe allerdings beobachtet, dass dieses Dokument auf einmal zu einer Schranke oder sogar einem Vertrag wurde, der das Mindset des Entwicklungsteams verschob zu einem Mindset, das weniger agil war. Erinnern Sie sich an den dritten Wert des Agilen Manifests „Zusammenarbeit mit dem Kunden mehr als Vertragsverhandlung"? Die „Definition of Ready" kann nicht als Vertrag genutzt werden. Wenn ein Product Owner mitten in der Nacht vor einem Sprint Planning mit der besten Idee aller Zeiten aufwacht, sollte er dann nicht die Möglichkeit haben, sie am nächsten Tag dem Entwicklungsteam zu präsentieren, damit sie im kommenden Sprint berücksichtigt wird? Selbst wenn sie nicht vollständig zur*

„Definition of Ready" passt? Behandeln Sie „ready" als Richtlinie, nicht als einen konkreten Vertrag, der echte Zusammenarbeit ausbremsen könnte.

Wichtig ist, dass „ready" ein Mindset ist, ein gemeinsames Verständnis, das innerhalb eines Scrum-Teams erreicht werden soll. Es spielt keine Rolle, ob der Inhalt die Form einer User Story, eines Satzes oder einer groben Skizze hat. Es ist wichtig, dass jedes Mitglied des Entwicklungsteams die Absicht der Product Backlog Items versteht und sich wohl damit fühlt anzufangen. Also erwägen Sie zusätzlich zu den drei oben erwähnten Punkten, *klein* genug für einen Sprint, *groß* genug und *gerade genug Details*, einen vierten Punkt:

4. **Verstanden** vom Entwicklungsteam
   Sobald dieser Zustand erreicht ist, können Sie gerne das Product Backlog Item zu einem Teil Ihres Sprint-Ziels machen.

Ich arbeitete einmal mit einem Scrum-Team, das eine großartige Idee hatte. Es fügte seiner Wand mit dem Product Backlog, die ähnlich wie eine Story Map arrangiert war, eine „Ready"-Linie hinzu. Nach jeder Verfeinerung wanderten Product Backlog Items auf der Wand nach oben, wie sie geschätzt und auf mehrere Karten verteilt worden waren sowie zusätzliche Abnahmekriterien bekommen hatten. Irgendwann war eine Karte nah an der schwarzen „Ready"-Linie, aber immer noch darunter. Erst nachdem das Entwicklungsteam und der Product Owner sie als „ready" betrachteten, wurde die Karte über die Linie geschoben, um in einen der nächsten Sprints gebracht zu werden. Abbildung 7-17 zeigt das beispielhaft.

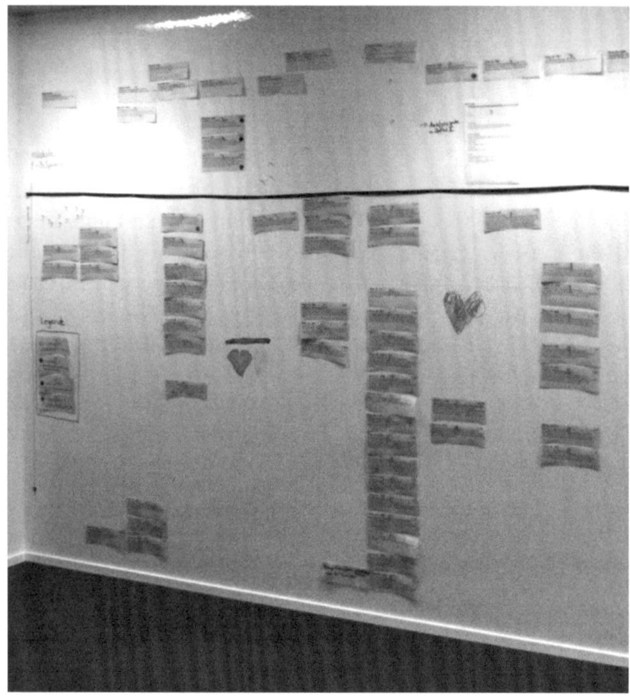

Abbildung 7-17 Verwendung einer „Ready"-Linie für Product Backlog-Elemente (Quelle: Ralph Jocham)

LEAN ANFORDERUNGSMANAGEMENT

Es gibt nichts Schlimmeres, als wenn man einen Großteil harter Arbeit wegschmeißen muss.

Ein Projekt wurde einmal abgesagt, nachdem mein Team und ich drei Monate lang mit Überstunden daran gearbeitet hatten. Wir wohnten praktisch im Büro, abgesehen von kurzen Besuchen zu Hause, um die Kleidung zu wechseln und zweimal pro Woche unsere Familien zu küssen. Nach einem „erfolgreichen" Beta-Launch wurde das Projekt schon am nächsten Tag aus Angst vor einem Prozess wegen möglicher Patentrechtsverletzungen abgesagt. Was für eine VERSCHWENDUNG!

Statt sich von Aktivitäten wie Planung, Analyse, Design, Implementierung und Tests lenken zu lassen, bei denen Ihre Losgröße das gesamte Produkt ist, ist es gut, ein Product Backlog zu haben, das es Ihnen erlaubt, in Werten zu denken. Das ist ein Grund dafür, warum es für den Product Owner wichtig ist, das Product Backlog immer bereit und geordnet zu halten. Das Product Backlog ist emergent, sodass die Details in den Fokus rücken, während das Scrum-Team daran arbeitet. Je länger es warten kann, desto bessere Entscheidungen kann es treffen.

Das bedeutet letztendlich, dass der erste vernünftige Moment, eine Entscheidung zu treffen, der letzte zu verantwortende ist.

> *Der letzte zu verantwortende Moment (Last Responsible Moment [LRM])*
>
> *Dies ist eine Strategie, um keine voreiligen Entscheidungen zu treffen, sondern stattdessen die Festlegung zu verschieben und wichtige und unumkehrbare Entscheidungen offen zu lassen, bis die Kosten, diese Entscheidung nicht zu treffen, höher werden als die Kosten, sie zu treffen.*[16]

Das ermöglicht Ihnen das unbekannte Unbekannte, die Komplexität, so lange vage zu lassen, wie es vernünftig ist. Wenn die Zeit jedoch reif ist, gehen Sie in die Tiefe. Aus „meilenweit und zentimetertief" wird „zentimeterweit und eine Meile tief". Sie machen das gerade rechtzeitig, fahren dann fort und schaffen ein weiteres Inkrement mit genau dem, das Sie vorher bestimmt haben. Auf diese Weise verzögern Sie, um Verschwendung zu vermeiden.

Mit anderen Worten, Sie haben gerade genug von Ihrem Product Backlog „ready" für die nächsten paar Sprints. Alles andere ist Verschwendung.

Lean Manufacturing oder Lean Production, als Erstes von Toyota praktiziert, ist eine systematische Methode, die Verschwendung minimiert, ohne zulasten der Produktivität zu gehen.

Lean definiert sieben Bereiche der Verschwendung. Man kann sie sich leicht merken, indem man an den verschwenderischen TIM WOOD denkt, wie in Tabelle 7-1 dargestellt.

---

[16] Agile Glossary Definitions, s. v. *last responsible moment (LRM)*, Innolution.com, http://www.innolution.com/resources/glossary/last-responsible-moment-lrm, abgerufen am 1. März 2018.

Tabelle 7-1 TIMWOOD-Gedächtnisstütze

Transport	Verschieben der Arbeit zwischen den Phasen; in der Software-Produktentwicklung entspricht dies einer Übergabe zwischen Menschen und Abteilungen.
Inventory	Unnötige Bestände; im Softwarebereich entspricht das jeder Arbeit – Anforderungen, Spezifikationen, Quellcode, Tests –, die noch nicht ausgeliefert und vom Kunden genutzt worden ist.
Motion	Das Gleiche immer und immer wieder tun wie manuelle Regressionstests; der Aufgabenwechsel ist ein weiteres Beispiel für Bewegungsverschwendung (z. B. On-Product Index).
Waiting	Alles, das Leerlauf verursacht, wie das Warten auf Menschen (Fähigkeiten), Daten, Systemverfügbarkeit; kurz gesagt, es bezieht sich auf das Management von Abhängigkeiten.
Overproduction	Ungenutzte Features (z. B. Usage Index).
Overprocessing	Arbeit, die dem Produkt keinen Wert hinzufügt oder es unterstützt; unnötige Dokumente, unnötige Meetings oder das Hin- und Herschieben von Personen zwischen den Teams, sodass diese immer wieder neu lernen müssen.
Defects	Bugs

Alles, das keinen Wert hinzufügt, wird als Verschwendung betrachtet. Auf Japanisch nennt man das *muda*. Lean unterscheidet zwischen zwei Arten von „muda“:

- „Muda“ Typ 1 – Aktivität, die keinen Wert erzeugt, aber notwendig für das Produkt oder den Kunden ist. *Zum Beispiel Compliance-Dokumentation*
- „Muda“ Typ 2 – Aktivität, die keinen Wert erzeugt, unnötig für das Produkt und den Kunden ist. *Das Ziel ist, diesen Typ zu eliminieren.*

STORY MAPPING

Üblicherweise werden Product Backlogs als eindimensionale Prioritätswarteschlangen dargestellt. Diese erzwungene Anordnung ist hilfreich, da Sie von Ihnen als Product Owner fordert, harte Entscheidungen zu treffen, da kein einziges Product Backlog Item genauso wichtig sein kann wie ein anderes. Dies liefert wertvolle Erkenntnisse über das weitere Vorgehen. Manchmal ist es jedoch hilfreich, dem Product Backlog weitere Dimensionen hinzuzufügen, wie Themen, Kundensegmente, Releases und dergleichen.

Story Mapping, das ursprünglich von Jeff Patton entwickelt wurde[17], ist ein wirksames Tool, um die richtige Lösung für Ihre User zu finden, und es entwickelt sich weiter, während Sie Erkenntnisse gewinnen. Es ist der Visualisierungsprozess Ihres Produkts, von der anfänglichen Vision bis hin zu wichtigen User-Aktivitäten und lebensfähigen Releases (sie-

[17] Patton: *User Story Mapping*, https://pattonassociates.com/user-story-mapping/ .

he Abbildung 7-18). Eine Story Map wird zu einer mehrdimensionalen Karte, die die Story des gesamten Produkts erzählt und eine Entwicklungsstrategie für schnelles Lernen liefert.

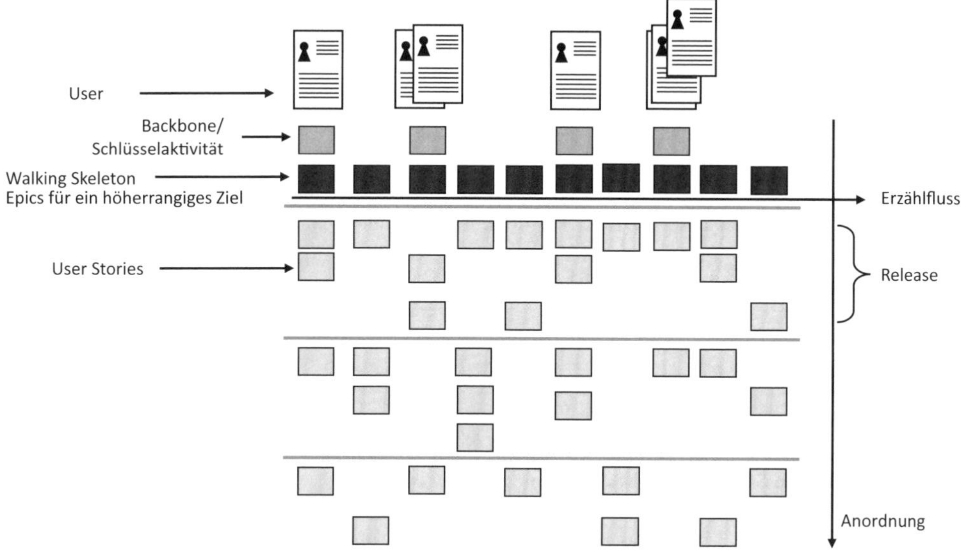

Abbildung 7-18 Aufbau einer Story Map

SCHRITTE ZU EINER STORY MAP

In diesem Abschnitt finden Sie die Schritte zum Erstellen einer Story Map.

1. **Schlüsselaktivitäten – das Rückgrat**
   Versuchen Sie, das gesamte Bild aus der Vogelperspektive zu betrachten, das Rückgrat (siehe Abbildung 7-18). Identifizieren Sie Ihre User und deren hochrangige Schlüsselaktivitäten. Entnehmen Sie diese Informationen Ihrem Business Model Canvas. *Kundensegmente* könnten User identifizieren und *Wertversprechen* könnten mögliche Aktivitäten sein. Siehe den Abschnitt über Geschäftsmodelle in Kapitel 2.
2. **Epics – das Walking Skeleton**
   Zerlegen Sie diese hochrangigen Schlüsselaktivitäten in Epics, um das Walking Skeleton Ihrer Story Map zu formen (siehe Abbildung 7-18).
3. **User Stories – die Map Ihres wichtigsten User**
   Sobald Sie ein Walking Skeleton haben, nehmen Sie den wichtigsten User, den Sie sich vorstellen können, und zeichnen die User Stories für diesen User an einem typischen Tag mit Ihrem Produkt. Der Fluss der User Stories verläuft von links nach rechts. Ihren wichtigsten User zu identifizieren, sollte einfach sein, wenn Sie bereits eine Produktvision erarbeitet haben. Siehe hierzu auch den Abschnitt über Produktvisionen in Kapitel 2.

4. **Entdecken Sie weitere Schlüsselaktivitäten**
   Häufig gehören viele User Stories zusammen und können als eine Aktivität gruppiert werden, die sich in Ihr Rückgrat zurückfaltet. Das ist ein iterativer Prozess, da sich im Lauf der Zeit immer mehr Stories und Aktivitäten ergeben (siehe Abbildung 7-18). Aktivitäten können an erster Stelle stehen oder erst in der Rückschau identifiziert werden, wenn man bestehende User Stories gruppiert.
5. **Erweitern Sie die Map um zusätzliche User**
   Sobald Sie eine Story Map für Ihren wichtigsten und kritischsten User angelegt haben, fahren Sie fort und machen das Gleiche für andere User, basierend auf deren Wichtigkeit. Es ist nicht nötig, detaillierte Maps für User anzulegen, deren Bedürfnisse Sie im Moment gar nicht befriedigen möchten. Noch einmal, nutzen Sie den Fluss von links nach rechts und fügen Sie deren Aktivitäten und Aufgaben hinzu. Stellen Sie sicher, dass jeder „User" einer Aufgabe deutlich identifizierbar ist.

UNTERSUCHUNG DER STORY MAP

Als Nächstes untersuchen Sie die Story Map.

1. **Füllen Sie die Story Map aus und verfeinern Sie sie**
   Teilen Sie große User Stories in kleinere auf und fügen Sie mehr Details hinzu. Diese Aufteilung könnte beispielsweise nach verschiedenen Users, verschiedenen Flussalternativen und dergleichen erfolgen. Andere Karten werden neu geschrieben, sobald das Verständnis wächst. All diese Veränderungen bedeuten, dass sich die Story Map ständig ändert.
2. **Denken Sie unkonventionell**
   Versuchen Sie, sich alle erdenklichen Möglichkeiten auszudenken und sie auf Ihrer Story Map auszuprobieren. Lassen Sie sich dabei nicht einschränken. Später ist es an der Zeit, die Story Map zu triagieren. Vergessen Sie also nicht, über all die Dinge nachzudenken, die schiefgehen können.
   - Denken Sie unkonventionell, um coole Produktideen zu entwickeln.
   - Was sind die Varianten, die der User vom Produkt erwartet?
   - Was sind die außergewöhnlichen Wege für all die Dinge, die schieflaufen können, und wie könnten Sie den User zurückgewinnen?
   - Gibt es andere User und wie würden diese das Produkt gerne nutzen wollen?
3. **Holen Sie Feedback ein**
   Erzählen Sie anderen von dieser Story Map, die Erfahrung in dem Bereich haben und die Bedürfnisse der User verstehen. Nutzen Sie deren Input, um die Story Map zu verfeinern. Lassen Sie die Story Map von Ihrem Entwicklungsteam durcharbeiten, um etwas über Risiken, Abhängigkeiten und verfügbare Technologien zu erfahren. Dieser Prozess ist ebenfalls iterativ.
4. **Gruppieren Sie sie nach Releases**
   Die ganze Story Map ist wahrscheinlich zu viel für ein Release. Schieben Sie wichtigere User Stories weiter nach oben und weniger wichtige nach unten, um Gruppen entsprechend den Releases zu bilden. Stellen Sie sich die entstehende Story Map als eine andere Art Roadmap vor, auf der Ihr Minimum Viable Product (MVP) das erste Release darstellt.

STORY MAPS UND PRODUCT BACKLOGS

Wie verknüpfen sich Story Maps mit dem Product Backlog?

Die kurze Antwort ist: perfekt. Wie im Abschnitt über das Product Backlog beschrieben, reflektiert das Product Backlog die gesamte Arbeit, die ein Entwicklungsteam zu tun hat. Das Product Backlog ist eine eindimensionale Prioritätswarteschlange. Die Story Map drückt die enorme Arbeitsmenge aus dem Product Backlog in mehreren Dimensionen aus. Das Scrum-Team muss die Story Map auf das Product Backlog projizieren (siehe Abbildung 7-19). Die sich daraus ergebende Anordnung muss widerspiegeln, wodurch die Wertgenerierung, die Risikominderung und die technischen Abhängigkeiten für schnelles Lernen am besten maximiert werden.

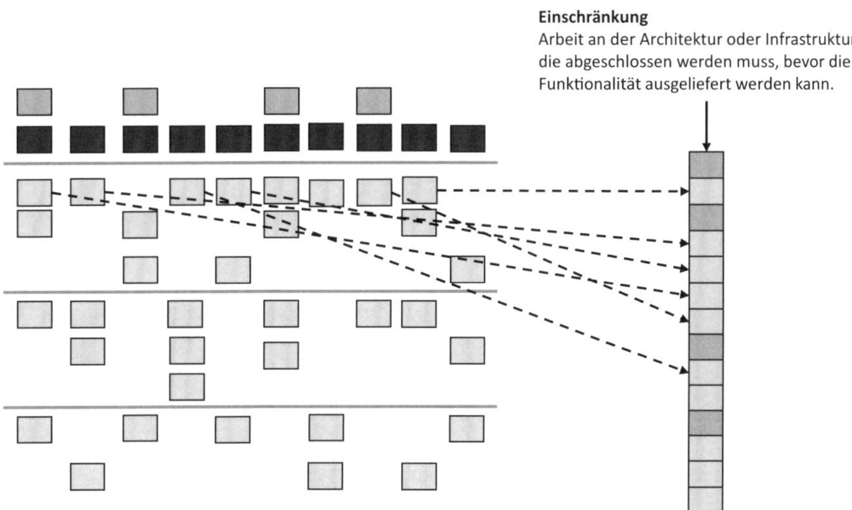

Abbildung 7-19 Story Map projiziert auf das Product Backlog

Möglicherweise entdecken Sie Beschränkungen, das heißt Arbeiten, die die Fertigstellung anderer Product Backlog Items (oder User Stories) verlangsamen oder verhindern. Die Beschränkungen können technischer oder anderer Natur sein.

VERGANGENHEIT UND ZUKUNFT

In bestimmten Situationen, wie dem Ersetzen eines existierenden Produkts, ist es eine gute Übung, zuerst die Story Map der aktuellen Realität anzulegen und dann die zukünftige Story Map. Die Gegenüberstellung beider Standpunkte hilft, das Delta und die daraus resultierende Arbeit im Hinblick auf das gewünschte Ergebnis zu verstehen und einzuordnen.

IMPACT MAPPING

Anforderungen können in einer überambitionierten Einkaufsliste enden. Falls Sie das Gefühl haben, dass Sie nur eine Chance haben, Ihre Bedürfnisse zu äußern, versuchen Sie vielleicht, sich auf alle Eventualitäten vorzubereiten. Dieser Ansatz, kombiniert mit einem definierten Prozess, in dem das gesamte Produkt als ein großer Posten ausgeliefert wird, birgt er zwei große Probleme:

1. Kein Gesamtbild (Vision)
2. Kein Lernprozess (Validierung)

Wie behandelt Impact Mapping diese Punkte? Impact Mapping ist eine strategische Planungstechnik, die Unternehmen davor bewahrt, sich zu verlieren, während sie ein Produkt bauen. Jede Annahme wird deutlich kommuniziert. Jede Aktivität des Teams ist eindeutig fokussiert und direkt auf eines der eindeutigen Geschäftsziele ausgerichtet. Dadurch kann jede Aktivität auch während der Arbeit gemessen und validiert werden. Das erlaubt effektiveres Roadmapping.

Darüber hinaus erleichtert die Arbeit in Sprints mit „Done"-Inkrementen am Ende jedes Sprint das kontinuierliche Lernen darüber, was das Scrum-Team baut und wie es zusammenarbeitet. Dazu gehören Kundenfeedback, Umfang, Tests, Integration und viele weitere Elemente. Dieses Feedback ermöglicht validiertes Lernen, das wiederum den Umfang und die Roadmap beeinflusst.

Dieser Ansatz einer klaren Vision und eines Denkens in Werten mit messbaren Geschäftszielen auf der Grundlage kontinuierlicher Validierung ermöglicht es Ihnen, selbst große, voneinander abhängige Produkte in einem Umfeld ständiger Veränderungen auszuliefern.

Außerdem werden alle Entscheidungen validiert. Dieser Prozess führt zu besseren Entscheidungen im Hinblick auf die Roadmap und den Umfang, was wiederum zu weniger Scope Creep (schleichender Umfangausweitung) und Verschwendung führt.

In seinem bekannten Buch *Start with Why*[18] vertritt Simon Sinek die überzeugende Idee, dass Sie immer mit einem „Wozu" beginnen sollten, wie in seinem „Goldenen Kreis" beschrieben (siehe Abbildung 7-20).

Impact Mapping baut dieses Denken auf und erweitert es, indem es das „Wozu" nutzt, um den richtigen Umfang zu bestimmen und zu validieren. Das erreicht man, indem man die Frage hinzufügt, „wer" davon profitieren wird (siehe Abbildung 7-21).

Ich denke gerne auf folgende Weise darüber nach: Aufgrund dessen, was wir tun, verbessern wir das Leben von irgendjemandem. Das ist vielleicht nicht viel – beispielsweise einen Button statt zwei zu klicken –, aber es ist dennoch eine Verbesserung. Versuchen Sie darüber nachzudenken, „wer" diese Person ist und „wie" Sie ihr Leben verbessern werden.

Wenn das „Wozu" das Ziel ist, das Sie erreichen möchten, zusammen mit einer Wertschöpfungskennzahl, um das Geschäftsziel zu validieren, und das „Wer" der Akteur, der diese Handlung durchführt, können Sie bestimmen, „wie" sie diese Auswirkung erreichen kön-

[18] Simon Sinek: *Start with Why: How Great Leaders Inspire Everyone to Take Action* (New York: Penguin Group, 2009).

Was Jedes Unternehmen auf der Welt weiß, „was" für Dienstleistungen oder Produkte es anbietet.

Wie Einige Unternehmen wissen, „wie" sie das tun. Das hebt sie vom Rest ab und macht sie irgendwie besonders.

Wozu Sehr wenige Unternehmen wissen, „wozu" sie das tun, was sie tun. Beim „Wozu" geht es nicht darum, Geld zu verdienen. Geld folgt auf das Ergebnis. Das „Wozu" ist der Grund, weshalb dieses Unternehmen existiert.

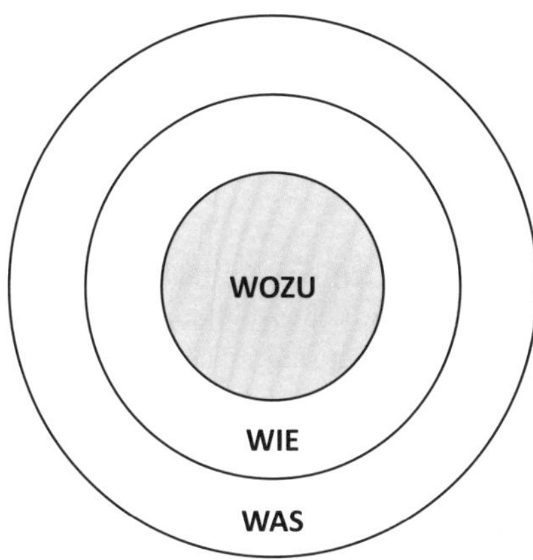

Abbildung 7-20 Goldener Kreis

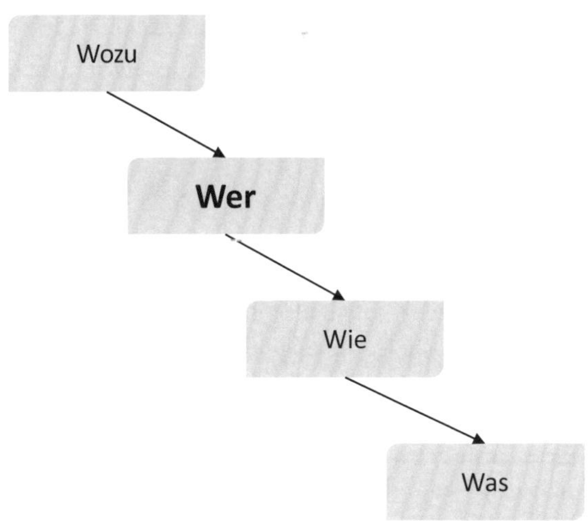

Abbildung 7-21 Impact Mapping wird von der betroffenen Person gesteuert

nen. Sobald die Auswirkung identifiziert ist, können Sie bestimmen, „was" gebraucht wird. Das ist Ihr Ergebnis. Die daraus resultierende Impact Map ermöglicht es Ihnen, die verschiedenen Optionen zu vergleichen und das Ergebnis zu messen (siehe Abbildung 7-22).

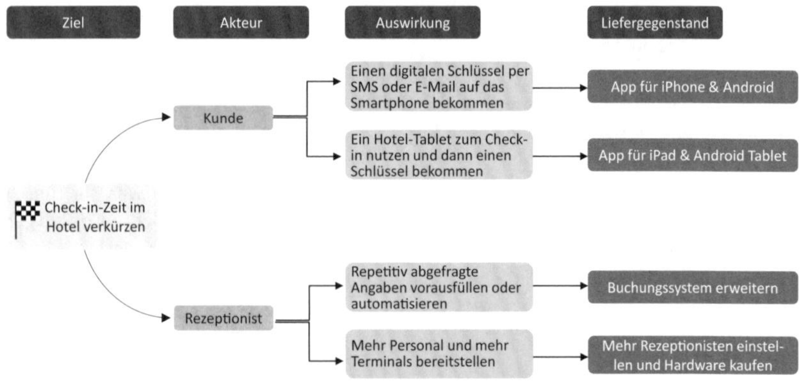

Abbildung 7-22 Beispiel einer Impact Map

Jedes Ergebnis kann wiederum in greifbare Product Backlog Items zerlegt werden, beispielsweise in Form von User Stories (siehe Abbildung 7-23). Wenn das Ziel, der Akteur und das zu liefernde Ergebnis festgelegt sind, dann ist es einfacher, die Product Backlog Items zu definieren.

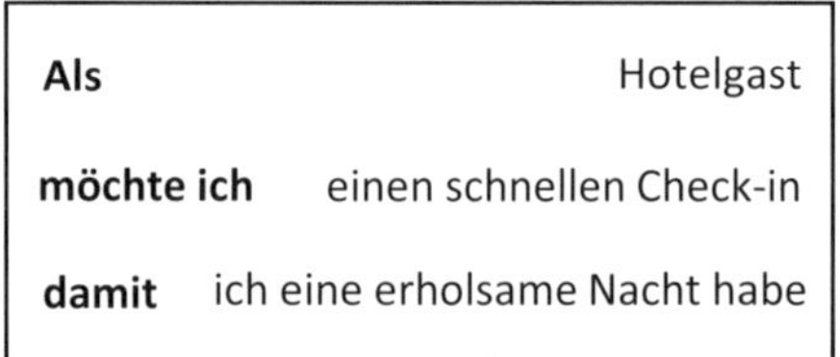

Abbildung 7-23 Product Backlog Item als User Story aus Impact Map

ERFOLGSKRITERIEN

Impact Mapping ist ein wirksamer Weg, um mit den richtigen Ergebnissen ein bestimmtes Ziel zu erreichen. Wäre es jedoch nicht trotzdem großartig, wenn wir im Voraus bestimmen könnten, wie Erfolg gemessen werden kann (siehe Abbildung 7-24)?

Denken Sie über eine Messgröße nach und wie sie Ihre anvisierte Auswirkung validiert. Diese Technik ist nützlich, da sie es unterstützt, Messgrößen zur Validierung des Werts und die daraus resultierenden Kennzahlen im Voraus zu definieren. Es ist ein guter Mechanismus, um Ihre Messgrößen wieder mit Ihren Kennzahlen des evidenzbasierten Managements zu verbinden, in diesem Fall der Kundenzufriedenheit.

Abbildung 7-25 zeigt einen Weg, dies durch eine andere Perspektive auf Ihr Product Backlog transparent zu machen.

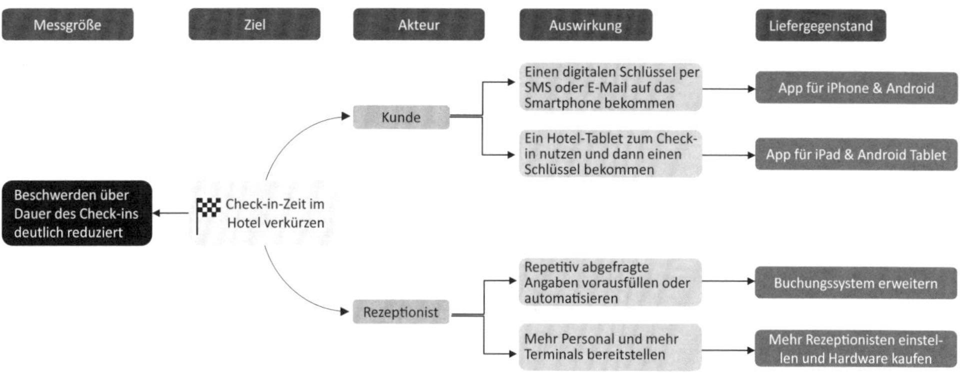

Abbildung 7-24 Erfolgskriterien als Maß für die Impactvalidierung

Jedes Product Backlog Item wird mit einer Auswirkung verbunden und jede Auswirkung besitzt eine eindeutige Messgröße für die Validierung. Die Product Backlog Items zu messen, hilft, den erwarteten Gesamtaufwand und die daraus entstehenden Kosten zu ermitteln.

Das Ziel ist es, jedes Product Backlog Item mit einer Auswirkung zu verbinden. Es gibt vielleicht einige Arbeiten, die nicht zugeordnet werden können. Das ist akzeptabel, solange sie deren Existenz noch rechtfertigen können. Das könnte auch zu neu entdeckten Auswirkungen führen.

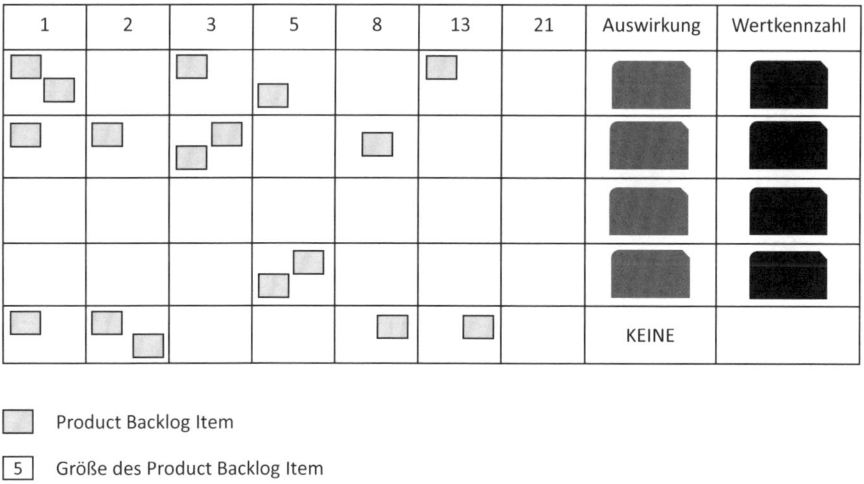

1	2	3	5	8	13	21	Auswirkung	Wertkennzahl
							KEINE	

Product Backlog Item

5 Größe des Product Backlog Item

Abbildung 7-25 Zuweisen von Product-Backlog-Elementen zu Impacts

„SPECIFICATION BY EXAMPLE"

„So wie die Formalität zunimmt, werden Tests und Anforderungen nicht mehr voneinander unterscheidbar sein.

– Robert Martin und Grigori Melnik

Brechen wir das Zitat herunter. Formalität bedeutet nicht, dass Sie im Vorfeld schon einen großen Designaufwand betreiben müssen, um alles im Product Backlog zu spezifizieren. Es bedeutet, dass Sie gerade rechtzeitig genug Unklarheiten aus einem Product Backlog Item entfernen, um „ready" zu sein, damit es mit minimaler Verschwendung entwickelt werden kann.

Anforderungen tendieren dazu, abstrakt zu sein. Am Anfang ist das eine gute Sache, da es Ihre Optionen offenlässt, während Sie sich aus ziemlich weit gefassten Zielen oder einer Produktvision einen Spielraum verschaffen.

Je weiter ein Product Backlog Item jedoch im Product Backlog nach oben wandert, desto mehr muss es „ready" sein, um innerhalb eines Sprint verarbeitet zu werden. Sobald für eine Anforderung Tests stattfinden, die für sie geschrieben worden sind, wird sie präziser (siehe Abbildung 7-26). An dieser Stelle werden Tests und Anforderungen nicht mehr unterscheidbar. Wenn es einmal so etwas Präzises wie einen Test gibt, warum wird die Anforderung dann noch benötigt? Der Test ist die Anforderung und die Anforderung ist der Test.

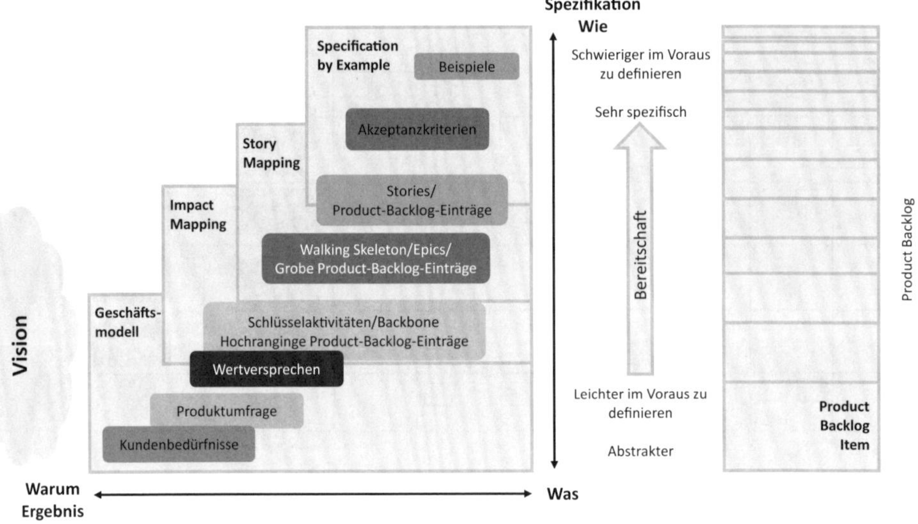

Abbildung 7-26 Verschiedene Stufen und Granularitäten von „Ready"

Separate Anforderungen zu eliminieren, reduziert Verschwendung. Da die Tests ständig durchgeführt werden, sind sie mit größerer Wahrscheinlichkeit auf dem neuesten Stand als ein Anforderungsdokument.

Gleichzeitig ist das menschliche Gehirn nicht sonderlich gut darin, viele Informationen auf einmal zu verarbeiten. Das bedeutet, wenn Sie mehr Präzision benötigen, sollte das kurz vor der Entwicklung geschehen.

Ich war einmal Entwickler/Architekt für ein großes Produkt. Wir waren seit ungefähr fünf Monaten damit beschäftigt (fünf Sprints), als ich an einem bestimmten Feature arbeitete. Ich dachte, ich hätte es ganz gut verstanden und hatte es innerhalb weniger Tage fertig. Ich leitete es über unser Tracking Tool an die Kollegin in der QA weiter. Keine zehn Minuten später bekam ich die Nachricht, dass mein Feature keinen der Tests bestanden habe. Völlig perplex kontaktierte ich die QA-Mitarbeiterin, die mit einem dreiseitigen Test Case zu mir an den Schreibtisch kam. Sie deutete auf die Stelle, an der ich etwas falsch gemacht hatte. Meine Reaktion war für Programmierer wie mich typisch: „Was? Ich wusste nicht, dass es das machen sollte. Wo kam das her?" Sie erklärte mir, dass sie sich vor einigen Wochen mit dem Product Owner getroffen habe, der ihr geholfen habe, den Test Case zu schreiben. Ich fühlte mich ungerecht behandelt, da ich nur Tage zuvor mit dem Feature begonnen hatte und fragte: „Kann ich das beim nächsten Mal bekommen, bevor ich anfange? Oder kannst Du mich einfach zu Deinem Meeting einladen?" Was ich in dem Moment erkannte, war, dass ich aus meiner Perspektive nicht auf einen Test Case schaute. Ich schaute auf die Anforderungen. Dies waren die Antworten auf den Test, den ich so bestanden hätte und die jedem eine Menge Zeit gespart hätten.

Zu diesem Grad an Präzision gelangen Sie, wenn Sie eine Anforderung in alle möglichen Szenarien zerlegen und diese veranschaulichen. Jedes Szenario wird mit mindestens einem konkreten Beispiel illustriert, bei Bedarf auch mit mehreren. Dieser Prozess ist eine Teamaktivität, sodass alle relevanten Perspektiven berücksichtigt werden. Die daraus resultierenden Beispiele leiten dann das Entwicklungsteam bei der Implementierung der Anforderung, und sie leiten auch die Tests. Beide, Entwickler und Tester, bekommen ihre Informationen aus derselben Quelle. Wenn Sie alle Unklarheiten entfernen, indem Sie Tests als Anforderungen und Anforderungen als Tests haben, also ausführbare Anforderungen, werden Sie erfolgreich sein.

Sobald Sie diesen Grad an Präzision erreicht haben, ist es ziemlich einfach, sie auf sinnvolle Weise zu automatisieren. „Specification by Example" nutzt diese Formalität und formuliert Anforderungen durch das Schreiben automatisierbarer Tests. Diese automatisierten Tests können dann als ausführbare Dokumentation fungieren (siehe Abbildung 7-27).

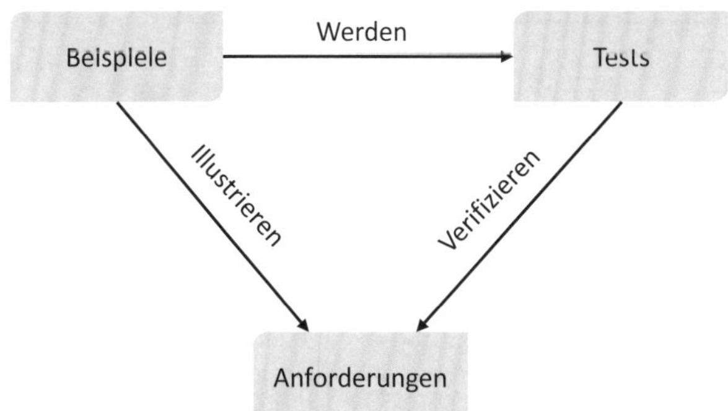

Abbildung 7-27 Beispiele formulieren Anforderungen und Test[19]

[19] https://less.works/less/technical-excellence/specification-by-example.html

Beispiele klingen gut, aber wie kommen Sie dahin? Machen Sie sich mit dem Konzept der Triade[20] vertraut. Die Triade besteht aus je einem Vertreter der folgenden Bereiche:

- Business
- Entwicklung
- Tests

In Scrum werden diese Rollen vom Product Owner und/oder einem Fachbereichsexperten sowie einem Programmierer und einem Tester aus dem Entwicklungsteam ausgefüllt. Wie Sie sehen, können diese drei Bereiche leicht von einem funktionsübergreifenden Scrum-Team abgedeckt werden. Gemeinsam verfeinern und illustrieren sie die Anforderungen und alle Abnahmekriterien mit spezifischen Beispielen.

Betrachten Sie die Triade als einen Zusammenschluss aus dem „Wozu" und dem „Was" aus der Geschäftsperspektive und dem „Wie" aus der Entwicklungsperspektive. Auf den Quadranten für agiles Testen, die erstmals von Brian Marick[21] im Jahr 2003 beschrieben wurden, befinden sie sich daher im Quadrant 2 (siehe Abbildung 7-28). Mit der Entwicklung der Agilität hat sich der Quadrant 2 als wichtigster Bereich für Tests herauskristallisiert.

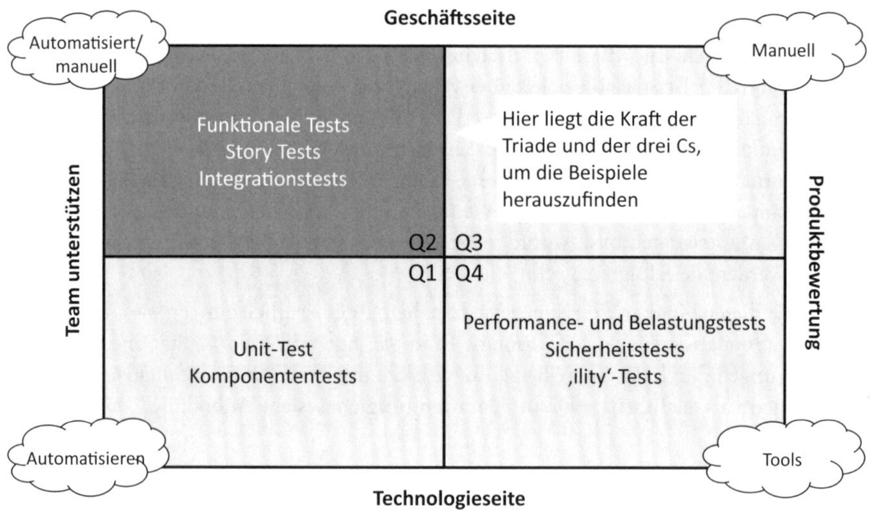

Abbildung 7-28 Agile Testquadranten und die drei Cs oder Triade

Die Verwendung von „Specification by Example" und die Veranschaulichung von Anforderungen durch Beispiele bieten unzählige Vorteile.

Diese enge Zusammenarbeit zwischen den drei Bereichen beugt Missverständnissen hervorragend vor. Sie verhindert Bugs und die daraus resultierenden Bug Fixes. Dadurch entstehen weniger Nacharbeit, eine höhere Produktqualität und schnellere Turnaround-Zeiten.

[20] Der Begriff „Triade" wurde von Ken Pugh geschaffen und ist ein gebräuchlicher Begriff für die „Drei Amigos", der ungefähr 2009 von George Dinwiddie geprägt wurde.

[21] *My Agile Testing Project*, Exampler Consulting, 21. August 2003, http://www.exampler.com/old-blog/2003/08/21.1.html#agile-testing-project-1.

Außerdem, auch wenn das häufig nicht so offensichtlich ist, ermöglicht diese Zusammenarbeit das gleichzeitige Arbeiten an Product Backlog Items innerhalb eines Sprint, da die Aktivitäten der verschiedenen Rollen von Programmierern, Testern und Business-Analysten im interdisziplinären Entwicklungsteam besser aufeinander abgestimmt sind.

Letztendlich bringt „Specification by Example" alle auf denselben Stand. Jeder glaubt zu wissen, was mit Abnahmekriterien gemeint ist, wie:

„Wenn User sich mit falschen Zugangsdaten einloggen, sollten sie einen Warnhinweis bekommen."

In der Realität könnte diese Aussage für verschiedene Leute etwas völlig Unterschiedliches bedeuten. Ungültiges Passwort? Ungültige E-Mail? Falsche Rolle? Kein Passwort? Zu viele Versuche? Welcher Hinweis? Jedes Mal derselbe Hinweis?

Die einfache Frage „Könnten Sie mir einige reale Beispiele geben, wie Sie vorgehen würden, um festzustellen, ob es funktioniert?" könnte viele Unklarheiten lösen. Tabelle 7-2 zeigt solche Beispiele.

Tabelle 7-2 „Specification by Example"

User-Name	Passwort	Ergebnis	Hinweis
suzieq	Wr0ngP@ss	fail	„Falsches Passwort. Bitte versuchen Sie es erneut."
suzieb	R1ghtP@ss	fail	„User-Name ‚suzieb' existiert nicht. Bitte versuchen Sie es erneut."
suzieq		fail	„Bitte ein Passwort eingeben."
bobbyg	R1ghtP@ss	fail	„Sie haben für dieses System keine Berechtigung. Wenden Sie sich bitte an Ihren Vorgesetzten."

Diese Beispiele bestehen aus Daten, die Sie für dieses spezielle Feature zu irgendeinem Zeitpunkt der Entwicklung sowieso einholen müssten (während Sie Unit-Tests schreiben, Testdaten hinzufügen, explorative Tests durchführen etc.). Wenigstens einige von diesen Daten zu einem früheren Zeitpunkt des Entwicklungszyklus zusammenzubringen, ist der Kern von „Specification by Example". Das sind keine Tests mehr, das sind ausführbare Anforderungen.

In Scrum gibt es viele Möglichkeiten, diese Beispiele zu erstellen und zu erweitern, bei der Product-Backlog-Verfeinerung, dem Sprint Planning oder sogar während des Sprint, wenn das Entwicklungsteam mit der Arbeit an einem neuen Product Backlog Item beginnt.

Vor einiger Zeit gehörte ich einem Team an, das forensische Software entwickelte, die helfen sollte, Labore zu validieren, sodass sie ihre Erkenntnisse an die Gerichte übermitteln konnten. Als Labor müssen Sie beweisen, dass Sie immer wieder das richtige und korrekte Ergebnis erhalten. Das bedeutete ebenfalls, dass das Produkt, das wir entwickelten, den Bestimmungen der Arzneimittelbehörde entsprechen musste. Es musste alle gültigen Gesetze und sonstigen Vorschriften berücksichtigen und diesen Laboren eine Anleitung geben, damit sie validiert werden konnten. Es war

zwar aufregend, an so einem Produkt mitzuarbeiten, allerdings lag es deutlich über meiner Gehaltsklasse. Meine Unsicherheit bei der Programmierung bestimmter Features führte immer wieder dazu, dass ich zu unserer Business-Analystin gehen musste. Meine übliche Frage lautete: „Gloria, könntest Du mir bitte kurz nochmal erklären, wie das funktioniert?" Irgendwann war Gloria es leid und gab mir eine Tabelle mit allen wichtigen Informationen über bestimmte Berechnungen (siehe Abbildung 7-29). Statt abstrakter Theorie hatte ich nun konkrete Beispiele für alle möglichen Fälle. Diese Beispiele halfen mir als Programmierer, die Funktionalität erstmals korrekt zu implementieren. Sobald ich damit fertig war, nutzten unsere Tester dieselben Tabellen, um das Produkt zu testen.

Quantitation Precision Study
Detector: **Quantifiler Human**
Sufficient Quanfiler Mix Produced? Yes

Prepare Quantifiler Human Reagent Mix:

Kit Items	Vol of Mix per rxn (ul)	Vol of Mix per rxn (ul) w/ overfill	Total Vol for mix (ul) w/ overfill
Quantifiler Human PCR Reaction Mix	15.7	12.34	424.44
Quantifiler Human Primer Mix	13.3	98.76	822.28
Total	29.00		1246.72

Prepare Standards:

Standards	Target Conc (ng/ul)	Target Vol Produced (ul)	DNA Extract Conc (ng/ul)	DNA Extract vol (ul)	TE Buffer (ul)	Vol of Std Produced (ul)	Conc of Std Produced (ng/ul)	Vol of Std Needed
Standards	50	200	200	50	150	200	50	54
Standards	16.7	150	50	50	100	150	16.7	54
Standards	5.56	150	16.67	50	100	150	5.56	54
Standards	1.85	150	5.56	50	100	150	1.85	54
Standards	0.62	150	1.85	50	100	150	0.62	54
Standards	0.21	150	0.62	50	100	150	0.21	54
Standards	0.068	150	0.21	50	100	150	0.069	54
Standards	0.023	150	0.07	50	100	150	0.023	4

Prepare Standards Master Mix (only include half of the designated overfill %):

Standards	Std Conc (ng/ul)	Vol of Std per rxn	Vol of Std per rxn w/overfill	Total Vol of Std w/ overfill	Vol of Quantifiler Mix per rxn	Vol of Quantifiler Mix per rxn w/overfill	Total Vol of Quantifiler Mix w/ overfill	Total Vol of MM w/ overfill
Standards	50	2	3.14	3.14	23	35.42	35.68	26.3
Standards	16.7	2	3.14	3.14	23	35.42	35.68	26.3
Standards	5.56	2	3.14	3.14	23	35.42	35.68	26.3
Standards	1.85	2	3.14	3.14	23	35.42	35.68	26.3
Standards	0.62	2	3.14	3.14	23	35.42	35.68	26.3
Standards	0.21	2	3.14	3.14	23	35.42	35.68	26.3
Standards	0.068	2	3.14	3.14	23	35.42	35.68	26.3
Standards	0.023	2	3.14	3.14	23	35.42	35.68	26.3
						Total:	284.64	

Prepare Samples/Ctrl Master Mix (only include half of the designate overfill%)

Sample Name	Vol of DNA/Ctrl/ Buffer per rxn	Vol of DNA/Ctrl/ Buffer per rxn w/ overfill	Total Vol of DNA w/ overfill	Total Vol of Ctrl w/ overfill	Total Vol of TE buffer w/ overfill	Vol of Quantifiler Mix per rxn	Vol of Quantifiler Mix per rxn w/overfill	Total Vol of Quantifiler Mix w/ overfilll MM w/ overfill	Total Vol of MM w/ overfill
1001	2	3.14	9.2	0	0	23	35.42	81.4	78.8
1002	2	3.14	9.2	0	0	23	35.42	81.4	78.8
1003	2	3.14	9.2	0	0	23	35.42	81.4	78.8
1004	2	3.14	9.2	0	0	23	35.42	81.4	78.8
1005	2	3.14	9.2	0	0	23	35.42	81.4	78.8
1006	2	3.14	0	3.1	0	23	35.42	81.4	26.3
1007	2	3.14	0	0	3.1	23	35.42	81.4	26.3
							Total:	569.8	

Abbildung 7-29 Agile Testquadranten und die drei Cs oder Triade

In diesem Projekt erfuhren wir „Specification by Example" am eigenen Leib. Nachdem wir diesen Ansatz gewählt hatten – unsere Anforderungen mit vielen Beispielen in Tabellen zu illustrieren –, stiegen unsere Produktivität und unsere Produktqualität sprunghaft an.

Diese Tabellen waren tatsächlich unsere Dokumentation und befanden sich in unserer Versionsverwaltung, in der ein kleines, selbst entwickeltes Programm die Input-Werte auslas und die Ergebnisse mit der Tabelle verglich. Immer wenn Daten der Tabelle ein unerwartetes Verhalten einiger der Proben hervorriefen, bekamen wir eine aktualisierte Tabelle, die dann die bestehende ersetzte. So konnten wir alle Tests noch einmal durchführen. Wenn irgendetwas schieflief, sahen wir es sofort und konnten mit den richtigen Menschen darüber sprechen.

Stellen Sie sich den Entwicklungsfluss bei „Specification by Example" folgendermaßen vor: Zuerst erzeugen Sie ein hochrangiges Product Backlog Item, beispielsweise eine User Story. Diese User Story wird dann verfeinert und mit Beispielen erläutert, so lange, bis sie „ready" ist und Teil der Sprint-Prognose wird. Dann wird jedes Beispiel in einen automatisierten Funktionstest[22] umgewandelt und für jeden dieser Tests wird die Funktionalität entwickelt, getrieben von Unit-Tests (aka TDD – testgetriebene Entwicklung), wie in Abbildung 7-30 dargestellt.

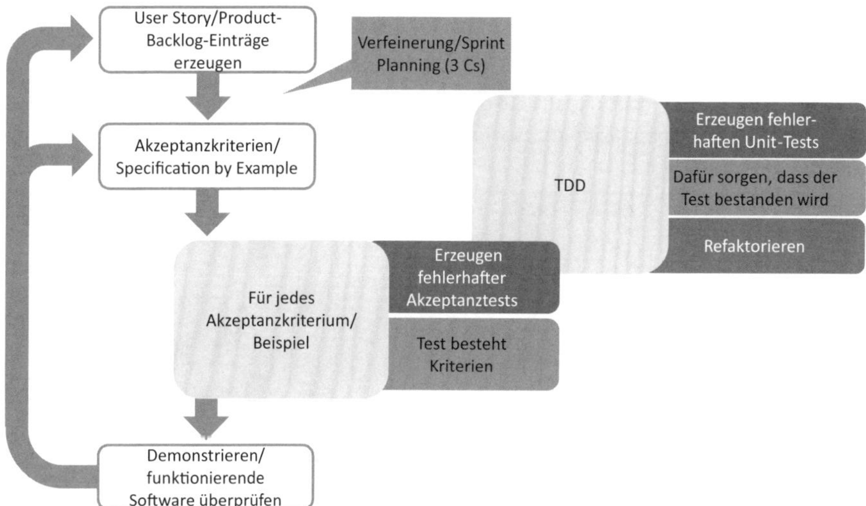

Abbildung 7-30 „Specification by Example" und testgetriebene Entwicklung zusammenbringen

[22] Häufig wird das als ATDD (Acceptance Test-Driven Development) bezeichnet.

QUIZ-ÜBERPRÜFUNG

Vergleichen Sie Ihre Antworten vom Beginn dieses Kapitels mit den folgenden. Nachdem Sie das Kapitel gelesen haben, würden Sie irgendeine Ihrer Antworten ändern? Stimmen Sie den folgenden Antworten zu?

Aussage	Stimme zu	Stimme nicht zu
Das Product Backlog ersetzt die Notwendigkeit anderer Anforderungsdokumente.	☐	☑
Agile Anforderungen bestehen aus nur wenigen Sätzen.	☐	☑
Die User Story ist synonym zum Product Backlog Item.	☐	☑
Defects sollten nicht im Product Backlog sein, da sie vom Entwicklungsteam triagiert werden.	☐	☑
Das Entwicklungsteam sollte keine Product Backlog Items im Sprint zulassen, solange sie nicht der „Definition of Ready" entsprechen.	☐	☑
Ein Product Backlog kann aus Tests bestehen.	☑	☐

Kapitel 8
Release-Management

QUIZ

Zur Einführung in dieses Kapitel überlegen Sie, ob Sie den folgenden Aussagen zustimmen oder nicht. Die Antworten befinden sich am Ende des Kapitels.

Aussage	Stimme zu	Stimme nicht zu
In Scrum müssen Sie am Ende jedes Sprint ein Release durchführen.	☐	☐
Scrum kann keine Release-Daten liefern.	☐	☐
Sie können innerhalb eines Sprint mehrmals ausliefern.	☐	☐
Wenn man Teams nicht erlaubt, während wichtiger Geschäftsperioden auszuliefern (Code Freeze), wird die Agilität reduziert.	☐	☐
In Scrum müssen Product Backlog Items mithilfe von relativen Points bemessen werden.	☐	☐
Ein guter Release-Plan sollte einen Puffer kurz vor dem Release enthalten, um das Produkt zu stabilisieren (Defects fixen, Regressionstests, Dokumentation etc.).	☐	☐

„Zusammenarbeit mit dem Kunden mehr als Vertragsverhandlung."
– Agiles Manifest

Als Product Owner werden Sie zweifellos von Ihren Stakeholdern (Geschäftsleitung, Managern, zahlenden Kunden) im Hinblick auf den Zeitplan und das Budget unter Druck gesetzt.

Das ist der Zeitpunkt, an dem Sie Ihre Haltung verändern sollten, indem Sie der Zusammenarbeit mit dem Kunden Vorrang geben vor Vertragsverhandlungen und Ihrer Eigenschaft als Verkäufer.

Leichter gesagt als getan, oder?

Erwägen Sie stattdessen folgende Antwort: „Auf der Grundlage vergangener Daten können wir jetzt vorhersagen, dass wir „fertig" werden können. Wie Sie jedoch wissen, sind diese Initiativen komplex und Dinge werden sich ändern. Sobald sie das tun, werden wir Sie darüber informieren. Wir können auch nicht wissen, wie viel unser Team leisten kann, bevor wir es nicht ausprobiert haben. Wie wäre es, wenn wir einen oder zwei Sprints durchführen und den Plan dann auf der Grundlage aktueller Daten erneut überprüfen?"

Andernfalls implizieren Sie Sicherheit zu einem Zeitpunkt, an dem Sie und Ihr Team am wenigsten wissen. Ein unflexibler Plan (Umfang, Zeitplan, Budget) in diesem frühen Stadium ist zum Scheitern verurteilt und ihre „realen" Stakeholder wissen das. Letztlich haben Ihre Stakeholder in dieser Situation am meisten zu verlieren, und wenn Sie diesen realistischeren Standpunkt einnehmen, bedeutet das, in deren Interesse zu handeln. Erinnern Sie sich an das Mindset aus Kapitel 1, Produkt über Projekt.

Dieses Kapitel bietet Ihnen Tools, mit denen Sie diese Botschaft noch effektiver übermitteln können.

GRÜNDE FÜR EIN RELEASE

Mittlerweile sollte klar geworden sein, dass ein Release der einzige Weg ist, einen Wert zu schaffen. Für die Agilität Ihres Unternehmens ist es wesentlich, Ihre Produkte im Markt zu testen. Nicht alle Releases werden jedoch auf die gleiche Weise erzeugt. Jeden Tag auszuliefern, klingt vielleicht großartig, aber wenn alles, was Sie tun, nur Notfallwartungs-Patches herstellt, dann ist das nicht so großartig. Abbildung 8-1 listet einige Gründe für ein Release auf.

Idealerweise reagieren Sie auf Kundenanfragen. Diese Arten von Releases kommen einem garantierten Wert am nächsten, da der Kunde versichert, dass er für sie zahlen wird. Der nächstwichtige Grund für ein Release ist, eine Marktchance zu nutzen. Es gibt keine Wertgarantie, aber es besteht eine große Chance, falls Ihre Annahme richtig ist und Sie als Erster am Markt sind.

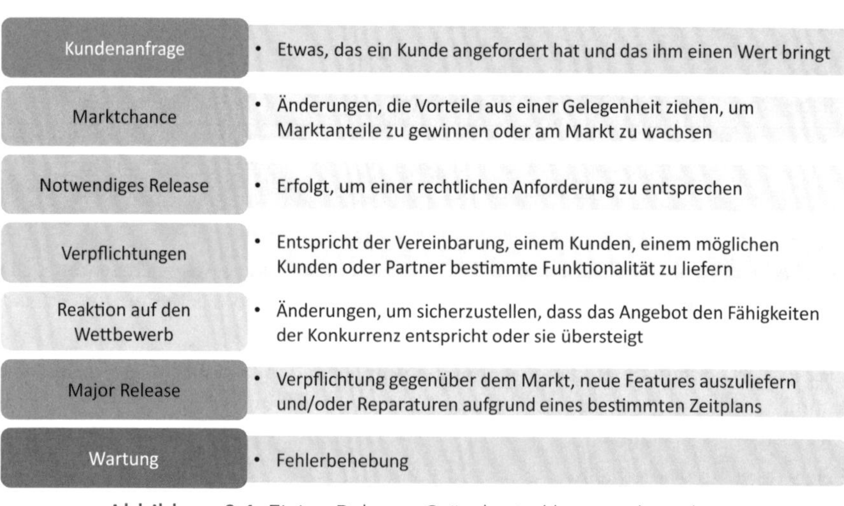

Abbildung 8-1 Einige Release-Gründe sind besser als andere

Je weiter Sie in der Liste hinunterwandern, desto weniger agil sind Sie im Hinblick auf Time-to-Market, Innovation und Kundenzufriedenheit.

Major Releases werden, häufig willkürlich, durch Gründe bestimmt, die im Gegensatz zu einem produktbezogenen Mindset stehen. Vielleicht ist das Release lang und teuer. Vielleicht möchten Sie ein Release nicht während stressiger und wichtiger Geschäftsoperationen riskieren. Vielleicht halten Sie sich einfach an einige Vertragsbedingungen.

Schauen wir uns das etwas genauer an.

RELEASE-STRATEGIE

Wie häufig sollten Sie ein Release durchführen? Das wird oft durch Gründe bestimmt, die außerhalb Ihrer Kontrolle liegen (z. B. Verfahren, Technologie, Vorschriften, Geschäftsanforderungen).

Tabelle 8-1 zeigt, wie der Ansatz die Art des Release bestimmt. Die nachfolgenden Abschnitte beschäftigen sich eingehender damit.

Tabelle 8-1 Mapping-Ansätze für Release-Typen

Ansatz	Üblicherweise verwendeter Begriff	Release	Validierung
phasenweise	Wasserfall	Major (alle 6–12 Monate)	einmal ganz zum Schluss
phasenweise mit agiler Entwicklung	Wasser-Scrum-Fall (oder hybrid)	Major (alle 6–12 Monate)	einmal ganz zum Schluss
Scrum, ohne das Inkrement vor festgelegten Release-Terminen auszuliefern	Scrum	Major (alle 6–12 Monate)	einmal nach dem Release-Termin
Scrum mit einem Release am Ende eines Sprint	Scrum	Minor (alle 1–3 Monate)	bei Sprint-Grenzen
Scrum mit mehreren Releases innerhalb eines Sprint	Scrum	funktional (auf Verlangen)	wenn Features abgeschlossen sind

MAJOR REALEASES

Das Wasserfall-Modell ist offensichtlich bei Major Releases förderlich, aber auch Scrum kann dort eingesetzt werden. Viele Scrum-Teams führen sechs Monate oder länger kein aktuelles Release durch. Wahrscheinlich verwenden diese Teams Scrum eher mit einem projektbezogenen Mindset als mit einem produktbezogenen.

Major Releases (siehe Abbildung 8-2) sind in heutigen Unternehmen immer noch bedeutend. Beim Wasserfall-Modell ist ein Release das Ergebnis eines langen, sequenziellen, phasenweisen Ansatzes. Jede Phase beschreibt bestimmte Projektaktivitäten wie Planen, Analysieren und Design. Das ist eine definierte, lineare Denkweise, die vielleicht funktioniert, wenn man einfache und verständliche Produkte baut. Bei komplexen Produkten kennen Sie die Lösung jedoch nicht. Deswegen ist es äußerst riskant, all Ihre Arbeit zusammenzufassen und so viel in jede Phase zu investieren, was dann in einem großen Release (einer großen Annahme) kulminiert.

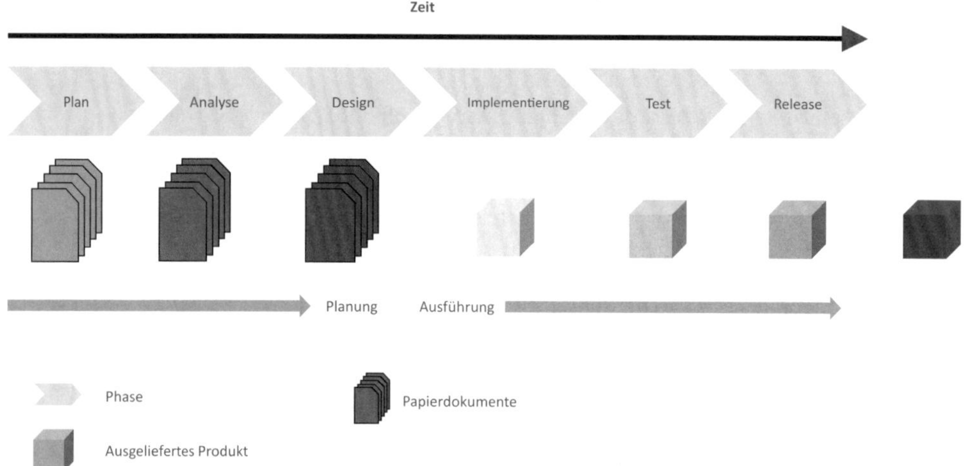

Abbildung 8-2 Major-Release wegen sequenzieller, phasenweiser Entwicklung

Einige Teams stellen einen ihrer Meinung nach agilen Ansatz auf, indem sie die eher technischen Phasen in Iterationen gruppieren (sie nennen sie vielleicht sogar Sprints, z. B. Analyse-Sprint, Design-Sprint, Test-Sprint). Normalerweise gibt es einen vorgeschriebenen Planungs- und Freigabeablauf. Dann wird Scrum genutzt, um die vorab festgelegten Anforderungen zu implementieren, gefolgt von einigen Tests, bevor endgültig ausgeliefert wird. Das ist nichts anderes als ein Wasserfall-Ansatz mit einigen Scrum-Praktiken dazwischen, mit anderen Worten Wasser-Scrum-Fall (siehe Abbildung 8-3).

Wenn man Scrum richtig anwendet, haben Sie in jedem Sprint ein potenziell auslieferbares Inkrement. Sie können Annahmen minimieren, indem Sie das Inkrement den Stakeholdern im Sprint Review präsentieren. Wenn Sie allerdings das Inkrement von einer Freigabe zur Produktion bis zu einem deutlich späteren Termin zurückhalten, haben Sie das Risiko, das falsche Produkt zu bauen, immer noch nicht eliminiert.

Don

Ich wiederhole noch einmal eine Geschichte aus Kapitel 4, da sie für diesen Abschnitt sehr relevant ist: Ich habe ein Jahr lang an einer Initiative gearbeitet, um das erste Onlineprodukt seiner Art für Dokumentendruck zu entwickeln. Nach fünf Monaten konnten wir eine Datei hochladen und einige minimale Druckoptionen einrichten, ohne eine Bezahlmöglichkeit oder weitere komplexe Optionen für die Endbearbeitung hinzuzufügen (Etiketten, Beilagen, Einbände etc.). Zu der Zeit wollte das Management nichts davon hören, früh in die Produktion zu gehen, da wir

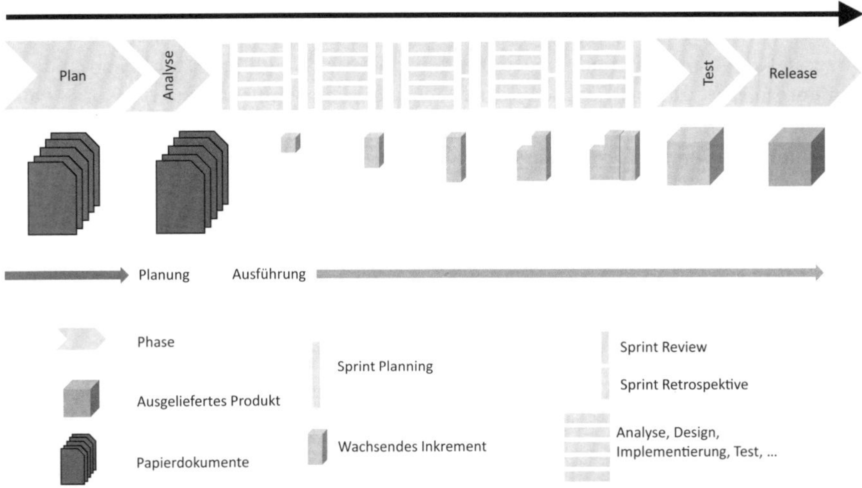

Abbildung 8-3 Wasser-Scrum-Fall

noch nicht „fertig" waren. Sieben Monate später, nach dem Produktionsstart, erkannten wir, dass tatsächlich nur wenige Kunden die Extraoptionen für die Endbearbeitung nutzten, die wir dem Produkt mühsam hinzugefügt hatten. Mithilfe eines Textfelds für spezielle Hinweise erfuhren wir, was die Kunden wirklich wollten: Poster und Banner in ungewöhnlichen Formaten. In der Rückschau wäre das ideale MVP vielleicht ein einfacher Upload gewesen mit minimalen Druckoptionen und einem Textfeld für Hinweise. Wir hätten dann die Produktentwicklung auf der Grundlage der Anforderungen unserer tatsächlichen Einzelhandels-User steuern und so die Feedbackschleife beschleunigen und häufiger echten Wert schaffen können.

Was hindert Teams daran auszuliefern? Das ist eine wichtige Frage. Die Antwort sollte einige entscheidende strategische Bereiche aufzeigen, die angegangen werden müssen.

Liegt es an der Technologie? Ziehen Sie in Betracht, in Technologie zu investieren, die für das Release förderlich ist, wie Testautomatisierung, Continuous Integration und Virtualisierung.

Liegt es an internen Abläufen? Überlegen Sie, diese zu vereinfachen, um häufiger ein „Done" zu schaffen.

Liegt es an der Compliance? Denken Sie darüber nach, die Governance-Mitarbeiter zu echten Stakeholdern zu machen und finden Sie Wege, in jedem Sprint den Vorgaben der Compliance zu entsprechen.

Liegt es an der Aufnahme durch den Kunden? Überlegen Sie, die Anwendung für Ihren Kunden einfacher zu gestalten. Manchmal ist das eine technische Lösung, manchmal geschieht das durch verbesserte Kommunikation und Schulung.

Oft sind es auch die Kunden, die kein Release möchten. Es ist wichtig, herauszufinden, warum das so ist. Sind es vielleicht Befürchtungen, weil vorherige Major Releases so mühsam waren? Dann sollten Sie lieber versuchen, es weniger mühsam zu gestalten, statt einfach nur darauf zu verzichten. Sie müssen den Muskel bearbeiten, bis er nicht mehr schmerzt.

Scrum löst Ihre Probleme nicht, es deckt sie auf.

Berücksichtigen Sie weitere Gründe, die die Kosten (und Mühen) eines Release erhöhen können:

- **zusätzliche Hardware** und Umgebungen, die für die Produktion erforderlich sind;
- **Pilotprojekte,** um das Release in der Produktionsumgebung zu testen, bevor es beim Kunden ausgerollt wird;
- **Datenmigration,** um Produktionsdatenbanken zu aktualisieren;
- **Schulungen** für User über die neuesten Features;
- **Installationen,** die für einige Umgebungen ziemlich komplex sein können;
- **Konfigurationen,** die für verschiedene Umgebungen spezifisch sind.

Sind Major Releases immer schlecht? Wenn Sie die Kosten einer Auslieferung berücksichtigen und feststellen, dass diese Kosten den Wert übersteigen (negatives ROI), dann stimmt das vielleicht.

Denken Sie lange und intensiv darüber nach und machen Sie sich die Arbeit, zu rechtfertigen und zu messen, bevor Sie sich für ein Major Release entscheiden. Falls es eine Möglichkeit gibt, stattdessen die Release-Kosten zu reduzieren, dann sollten Sie sich darauf konzentrieren.

Während meiner Zeit bei einem Life-Science-Unternehmen, wo wir DNA-Sequenzierer entwickelten, gab es zwei Arten von Kunden: Forschungsinstitute wie Universitäten und Pharmaunternehmen sowie Krankenhäuser und validierte Labore.

Erstere konnten eine Reparatur oder ein neues Feature gar nicht schnell genug bekommen, um ihre Forschungen schnellstmöglich voranzubringen. Im Gegensatz dazu analysierten Krankenhäuser und Labore DNA, um Menschen zu helfen. Da es um Menschen ging, musste das Produkt den Bestimmungen der US-Arzneimittelbehörde entsprechen und validiert sein. Bei jeder noch so kleinen Veränderung musste komplett neu validiert werden. Das war zeitaufwendig und teuer.

Da wir liefern konnten, wenn etwas gebraucht wurde, konnten wir auf beide Kunden eingehen: Major Releases für die Krankenhäuser und funktionale oder Minor Releases für die Universitäten.

MINOR RELEASES

Organisationen, die auf Major Releases erpicht sind, stellen schnell fest, dass sie für Items, die nicht bis zum nächsten Major Release warten können, kleinere Releases durchführen müssen. Das können Bug Fixes und Patches oder eigenständige Funktionalitäten sein, die das Major Release vergrößern.

In Scrum sind Minor Releases eher an Sprint-Grenzen ausgerichtet. Die Absorptionskosten und das Risiko für den Kunden sind geringer, aber sie sind immer noch etwas willkürlich, wenn es darum geht, wann ein Wert geliefert wird.

Major und Minor Releases werden häufig durch ihre Versionsnummer unterschieden, beispielsweise v4.1, v8.3.2.

Viele Scrum-Teams betrachten das Release am Ende jedes Sprint als das ultimative Ziel. Können sie es aber auch besser machen?

Funktionale Releases

Wie schaffen es die großen Dotcom-Unternehmen, sich so schnell zu bewegen? Sie sind nicht phasengelenkt, sie sind wertorientiert. Sie sind nicht klüger, sie sind schneller. Die Auslieferung sticht die Strategie immer aus. Immer wenn ein Feature abgeschlossen ist, also auslieferbar, dann wird es ausgeliefert. Sobald das Feature live ist, kann das Team sofort anfangen, seine Annahmen zu messen und zu validieren. Das ist validiertes Lernen vom Allerfeinsten. Amazon führt alle 11,6 Sekunden ein Release durch. Sie lesen richtig – Sekunden.[1] Denken Sie einmal darüber nach: Ein Projekt ist nichts anderes als eine große Tasche mit Features, die hergestellt und ausgeliefert werden müssen. Warum soll man bis zu einem willkürlichen Datum damit warten?

Ein Product Backlog wird in unabhängige wertvolle Features organisiert. Warum sollte man warten, wenn ein Feature abgeschlossen ist? Warum Ihre Bestände ausbauen? Warum den Lernprozess verzögern? Sie müssen nicht 7 500-mal pro Tag ausliefern wie Amazon, aber in der Lage zu sein, in jedem Sprint ausliefern zu können, ist ein großer Sprung nach vorne in die erste Liga (siehe Abbildung 8-4).

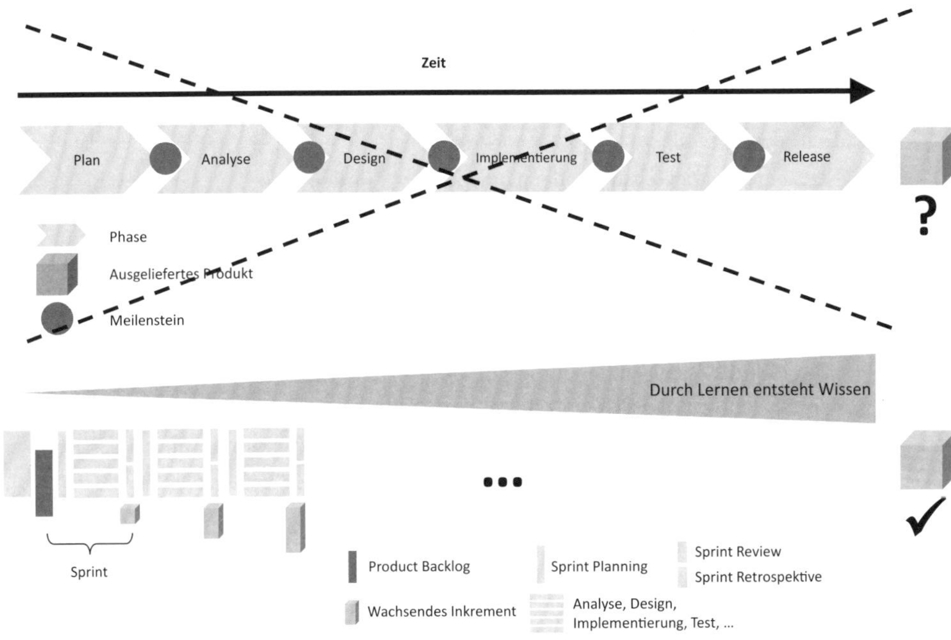

Abbildung 8-4 Kontinuierliches Lernen und Verbessern durch schnelle Feedbackschleifen

Ein weit verbreitetes Missverständnis ist, dass in Scrum nur am Ende des Sprint ein Release durchgeführt wird. Keine Scrum-Regel verbietet es, ein individuelles Product Backlog Item „done" zu bekommen und es innerhalb des Sprint auszuliefern. Tatsächlich bedeutet

[1] Diego de lo Giudice: *Keynote: The State of Scaling Agile in the Age of the Customer*, Scrum Day Europe, Amsterdam, 2014.

das, „released" zur „Definition of Done" hinzuzufügen. Im Sprint Review geht es dann darum, ein Inkrement zu überprüfen, das sich bereits in Produktion befindet. Stellen Sie sich das Vertrauen vor, das zwischen den Stakeholdern, dem Product Owner und dem Entwicklungsteam vorhanden sein muss, damit das passieren kann.

Funktionale Releases haben niedrigere Absorptionskosten und geschehen häufig aufgrund von Kundenwünschen – der ultimativen Feedbackschleife für die Validierung – und sind gleichbedeutend mit „Continuous Delivery" von Wert.

Vergessen Sie nicht, dass jede Arbeit, die Sie erledigen, bevor der Kunde das Feature tatsächlich erhält, als Lagerbestand betrachtet wird, als unnützer Aufwand, der gewartet und verwaltet werden muss (ein Kostenfaktor).

*„Kundenbegeisterung = den Kunden einen **kontinuierlichen** Strom an zusätzlichem Wert bieten und ihn schneller liefern"*

– Stephen Denning

Funktionale Releases sind ein Beispiel für die kontinuierliche Anwendung der drei Vs (Vision, Value, Validation).

Tatsächlich werden viele der Entscheidungen, die Sie zu treffen haben, leichter, je häufiger Sie ausliefern.

Wenn man alle sechs Monate ausliefert, dann kann es logischerweise sinnvoll sein (zumindest auf dem Papier), dass eine Organisation sich den letzten Monat freihält, um zu entscheiden:

- dass eine separate Gruppe alle manuellen Tests durchführt;
- alle ungewöhnlichen Bugs zu fixen;
- Dokumentationen auszuarbeiten;
- an ein operatives Team zu übergeben und
- User zu schulen.

Es ist klar, dass es riskant ist, diese Punkte bis zum Ende aufzuschieben. Abgesehen davon werden viele der oben erwähnten Entscheidungen schwieriger oder sogar unmöglich, wenn dasselbe Unternehmen sich einfach nur dafür entscheidet, häufiger auszuliefern.

Je weiter sich eine Organisation von Major Releases in Richtung funktionaler Releases bewegt (siehe Tabelle 8-2), desto wichtiger werden die folgenden agilen Fähigkeiten:

- Testen in das Entwicklungsteam einbinden
- Operations in das Entwicklungsteam einbinden (DevOps)
- Tests automatisieren
- Deployment automatisieren
- interdisziplinäre Teams schaffen
- selbstorganisierte Teams schaffen
- Stakeholder und User häufiger beteiligen
- viele andere Aktivitäten aus diesem Buch durchführen

Wenn man die Release-Frequenz noch weiter erhöht auf wenigstens einmal pro Sprint, schafft das die Voraussetzungen für ein agileres Geschäft, ein Geschäft, das auf der Grundlage eines hochwertigen, sich selbst testenden Code experimentiert. Die Feedbackschleife der drei Vs wird enger.

Tabelle 8-2 Verschiedene Release-Strategien im Vergleich

Major	Minor	Funktional
viele große Änderungen	umfassende Änderungen	individuelle Funktionalität
selten (häufig an Zeitplänen des Unternehmens ausgerichtet)	vorab geplant (häufig an Sprint-Grenzen ausgerichtet)	Continuous Delivery (häufig während eines Sprint, sogar täglich)
friert andere Arbeiten ein	häufig nicht zusammenhängend	sofortiger Wert
hohe Absorptionskosten für den Kunden	häufig Bug Fixes oder Patches	niedrige Absorptionskosten für den Kunden
hohes Geschäftsrisiko	weniger hohes Geschäftsrisiko	minimales/kein Geschäftsrisiko
→ Je näher Sie an das funktionale Release kommen, desto notwendiger sind agile Fähigkeiten.		

Beachten Sie, dass dieser Ansatz auch die Release-Planung erleichtert. Kunden fragen nicht so häufig nach Terminen, wenn Sie ihnen konstant wertvolle Features liefern. Außerdem können Sie leichter Budgets beschaffen, wenn Kunden kontinuierliche Erträge ihrer Investitionen erkennen. Wir werden im weiteren Verlauf des Kapitels eingehender auf die Budgetierung eingehen.

SCHÄTZUNG UND GESCHWINDIGKEIT (VELOCITY)

Wenn Sie gefragt würden, wie lange Sie benötigten, um von Zürich nach Hamburg zu gelangen, über eine Strecke von 867 Kilometer, dann wäre Ihre erste Frage wahrscheinlich, welche Verkehrsmittel Sie benutzen könnten. Gute Frage. Wenn die Antwort wäre, „einen Porsche 911“, dann würden Sie anders antworten, als wenn Sie nur ein Fahrrad hätten. Die Entfernung bleibt gleich, aber Ihre Geschwindigkeit variiert.

Geschwindigkeit steht für Ihre Fähigkeit, Fortschritte zu machen. Diese Geschwindigkeit ist der bestimmende Faktor dafür, wie lange etwas dauern wird. Die Geschwindigkeit des Entwicklungsteams wird immer variieren: Menschen werden krank, Lösungen ändern sich, Konflikte treten auf, die Hardware geht kaputt. Das ist die komplexe Welt, in der wir leben. Wenn Sie basierend auf der Geschwindigkeit des Entwicklungsteams eine Prognose abgeben sollten, welche würden Sie wählen? Die Geschwindigkeit eines stabilen Teams, das seit sechs Monaten oder noch länger zusammenarbeitet, oder die einer neu gebildeten Gruppe? Die Antwort sollte klar sein: die des stabilen Teams. Ein Team, das mit minimalen Ablenkungen zusammengearbeitet hat, wird eine konstantere Geschwindigkeit halten und daher berechenbar sein. Aus diesem Grund ist der On-Product Index, den wir in Kapitel 3 vorgestellt haben, so wichtig für Sie als Product Owner.

Welcher Staubsaugervertreter kann Ihnen eine zuverlässigere Schätzung darüber abgeben, wie viele Geräte er im nächsten Monat verkaufen wird? Derjenige, der den Job seit zehn Jahren macht, oder derjenige, der soeben aus einer anderen Region gekommen ist und Staubsauger nur in Teilzeit verkauft? Dem erfahrenen Verkäufer wird es leichter fallen, die Umsätze des nächsten Monats vorherzusagen. Er besitzt empirische Nachweise, die es ihm ermöglichen, weit über einen Monat hinaus Prognosen zu treffen. Wenn er den Verkauf von 20 Staubsaugern im Monat als Durchschnittswert nimmt, dann kann er mit ziemlicher Sicherheit sagen, wie viele Geräte er im ganzen Jahr verkaufen wird.

20 Staubsauger pro Monat (Velocity) x 12 Monate = 240 Staubsauger (Gesamtumsatz)

Wie wäre es, wenn Sie denselben Ansatz wählen würden?

Ihr stabiles Entwicklungsteam hat in der Vergangenheit acht Product Backlog Items pro zweiwöchigem Sprint erstellt (Velocity). Der Kunde möchte wissen, wie viel er im Release in sechs Monaten bekommen wird.

8 PBIs pro Sprint (Velocity) x 12 Sprints = 96 Items aus dem Product Backlog

Umgekehrt, wenn der Kunde wissen möchte, wie lange es dauert, bis 50 Items abgeschlossen sind, dann können Sie die Formel folgendermaßen ändern:

50 PBIs (gesamt) / 8 PBIs pro Sprint (Velocity) x 2-wöchige Sprints = 12,5 Wochen

Einfach, oder?

Es wäre schön, wenn alle Ihre Release-Pläne so einfach wären. Es gibt jedoch drei Vorbehalte:

1. **Falsches Gefühl von Sicherheit:** Seien Sie vorsichtig damit, Formeln zu präsentieren. Es könnte Stakeholdern das Gefühl vermitteln, es gebe Präzision und Gewissheit, wo es sicherlich keine gibt. Denken Sie immer daran, dass dies die komplexe Welt der Produktentwicklung ist und alles passieren kann.
2. **Fehlende empirische Daten:** Wenn Sie gestern ein Team eingestellt haben und eine Formel wie diese anwenden, dann bietet Ihr Plan keine Sicherheit. Es gibt in dieser Situation tatsächlich keinen (ehrlichen) Weg, Sicherheit zu erzeugen.
3. **Variierende Größen:** Was ist, wenn es viele unterschiedliche Größen bei Ihren Product Backlog Items gibt? Ein Team hat vielleicht im letzten Sprint eine Geschwindigkeit von acht Produkt Backlog Items erreicht, aber waren es kleine Items? Große Items? Beides?

Bei all diesen drei Bedenken geht es letztlich um Transparenz. Es ist wichtig, dass Sie diese Formel immer wieder anwenden, während Sie weitere Daten sammeln. Dinge ändern sich und Ihre Prognose und Ihr Plan sollten sich entsprechend anpassen. Es ist eine laufende Berechnung.

Wenn es darum geht, mit den unterschiedlichen Größen Ihrer Product Backlog Items umzugehen, gibt es mehr Möglichkeiten.

Sie könnten sich die Zeit nehmen, alle in ähnliche Größen zu zerlegen, oder Sie könnten sie unterschiedlich gewichten.

Ein einfacher Mechanismus für die Gewichtung ist, jedem Item eine T-Shirt-Größe zuzuweisen (XXS, XS, S, M, L, XL, XXL). Wenn Sie dann jede T-Shirt-Größe mit einem numerischen Wert gleichsetzen (Points), dann könnten Sie Points benutzen, statt einfach nur Product Backlog Items zu zählen. Ein beliebte Nummernfolge in der agilen Gemeinschaft ist die Fibonacci-Folge (siehe Tabelle 8-3).

Tabelle 8-3 T-Shirt-Größen und Points

T-Shirt-Größe	Points
XXS	1
XS	2
S	3
M	5
L	8
XL	13
XXL	21

Letztlich ist die gewählte Nummernfolge willkürlich. Die Fibonacci-Folge hat sich als Favorit ergeben, da der Abstand zwischen den Zahlen graduell ansteigt. Das funktioniert gut, denn je größer die Schätzung, desto ungenauer wird Ihre Schätzung sein.

Hier sehen Sie noch einmal die Formel, die unterschiedliche Größen außer Acht lässt:

50 PBIs (gesamt) / 8 PBIs pro Sprint (Velocity) x 2-wöchige Sprints = 12,5 Wochen

Wenn Sie die unterschiedlichen Größen der Product Backlog Items berücksichtigen, indem Sie ihnen Points zuteilen, erhalten Sie ein geändertes Enddatum:

160 Points (gesamt) / 19 Points pro Sprint (Velocity) x 2-wöchige Sprints = 16,8 Wochen

Wenn die Größenunterschiede zwischen den Product Backlog Items nicht so groß sind, könnte es als überflüssig erscheinen, jedes einzelne Item zu messen. Sie könnten sich (und Ihr Entwicklungsteam) fragen, welche Aktivität länger dauert: alle Product Backlog Items auf ungefähr die gleiche Größe zu bringen oder jedem Item Points zuzuweisen.

Ich arbeitete einmal in einem Entwicklungsteam, das seit mindestens sechs Monaten ziemlich konstant zusammengearbeitet hatte. Während eines Meetings, bei dem ein Planning Poker[2] zur Größenbestimmung stattfand, hörte ich, wie ein Teammitglied zu einem anderen sagte: „Ich weiß gar nicht, wieso ich meinen ganzen Stapel Planungskarten mitbringe, wenn doch alles immer eine 3 oder 5 ist." Obwohl es sich anhörte, als würde dieses Teammitglied sich beklagen, drückte es unbewusst aus, dass das Scrum-Team (der Product Owner eingeschlossen) eine Konsistenz erreicht hatte, mit der es Product Backlog Items erstellte. Irgendwann hörten sie auf, große Product Backlog Items zu erzeugen, da sie wussten, dass sie sie später sowieso wieder zerlegen würden. Daraufhin empfahl ich, das Messen mit Points einfach sein zu lassen. Könnten sie sich die Zeit nicht sparen und allen einfach eine 1 zuteilen?

Beachten Sie, dass Sie mit diesen Techniken Release-Pläne (mit Terminen) erstellen können, ohne jemals die Product Backlog Items im Hinblick auf Zeiträume wie Wochen, Tage oder Stunden schätzen zu müssen.

[2] James W. Grenning: *Planning Poker or How to Avoid Analysis Paralysis while Release Planning*, Hawthorn Woods: Renaissance Software Consulting, April 2002.

Studien haben ergeben, dass Menschen ziemlich gut darin sind, Dinge zu vergleichen. Beispielsweise können sie gut die Höhen von Gebäuden vergleichen. Wenn sie allerdings in einer Einheit wie Meter schätzen sollten, wie hoch ein Gebäude tatsächlich ist, dann klappt das nicht so gut.

Indem Sie diese Fähigkeit und vergangene Erfahrungen nutzen, können Sie die Genauigkeit verbessern. Vergessen Sie nicht, dass es nur eine Schätzung ist und keine 100-prozentig genaue Wissenschaft. Eine Studie von Rally[3], in der mehr als 70 000 Scrum-Teams analysiert wurden, stellte fest, dass die deutlich leistungsschwächsten Teams in Stunden schätzten, gefolgt von denen, die überhaupt keine Schätzungen nutzten. Die leistungsstärksten Teams nutzten die relative Schätzung mit Points. Daraus könnte man schließen, dass es besser ist, überhaupt keine Schätzungen vorzunehmen, als welche in Tagen oder Stunden.

Eine abschließende Warnung für die Verwendung von Points für die Geschwindigkeit: Erinnern Sie sich an Kapitel 3, dass die Geschwindigkeit immer noch eine nebensächliche Darstellung des Werts und anfällig für Goodhart's Gesetz ist: „Wenn ein Maß zum Ziel wird, ist es kein gutes Maß mehr."

Geschwindigkeit muss als eine wertneutrale Kennzahl betrachtet und vorrangig vom Scrum-Team genutzt werden, um ein Bewusstsein für dessen Release-Plan zu entwickeln, sodass es ihn auf dem Weg prüfen und anpassen kann. Während es wichtig ist, den Gesamtfortschritt transparent zu gestalten, sollten die Point-Werte als bedeutungslos für Stakeholder, wie das Management und die Kunden, betrachtet werden. Kapitel 3 bietet viele weitere Optionen für Kennzahlen, die den gelieferten Wert besser anzeigen.

MEHRERE TEAMS MANAGEN

Angenommen Sie haben mehrere stabile Entwicklungsteams, jedes mit einer bestimmten Geschwindigkeit. Die Summe aller daraus resultierenden Inkremente ist das, was Ihre Organisation in jedem Sprint liefern kann. Diese Vergangenheit der ausgelieferten „Done"-Inkremente ist ihr wesentlicher bestimmender Faktor für die Zukunft. Sie können für mehr planen, auf mehr hoffen, aber die Chance, dass sich die Geschwindigkeit von selbst steigert, geht gegen null.

Organisationen versuchen häufig, mehr aus ihren Entwicklungsteams herauszuholen, indem sie ihnen mehrere Projekte geben, was dann zu dem Problem führt, das Johanna Rothman in *Manage Your Project Portfolio*[4] beschrieben hat.

Abbildung 8-5 zeigt, dass die Anzahl aktiver Projekte den Kampf um die Zeit der Menschen steigert. Das reduziert die Fähigkeit, Projekte schnell abzuschließen, was wiederum die Anzahl abgeschlossener Projekte reduziert. Alle diese Projekte sind jedoch für das gesamte Geschäftsjahr geplant, und Sie müssen jetzt mit anderen Projekten beginnen. Das ist normalerweise der Moment, in dem es sinnvoll scheint, an mehreren Projekten gleichzeitig zu arbeiten. In diesem komplexen adaptiven System wird dies eine positive Verstärkungsschleife genannt. Diese Schleife nährt sich selbst und verschlechtert die Situation

---

[3] Ken Schwaber und Jeff Sutherland: *Changes to The Scrum Guide*, Scrum.org, 6. Juli 2016, https://www.scrum.org/About/All-Articles/articleType/ArticleView/articleId/1020/Changes-to-the-Scrum-Guide--ScrumPulse-Episode-14 (beginnen Sie bei Minute 30:00).

[4] Johanna Rothman: *Manage Your Project Portfolio: Increase Your Capacity and Finish More Projects* (Raleigh, NC: Pragmatic Bookshelf, 2009), S. 11.

mit jedem Umlauf. Zum Schluss sind Sie so beschäftigt und überlastet und bearbeiten so viele Dinge gleichzeitig, dass nichts ausgeliefert werden kann.

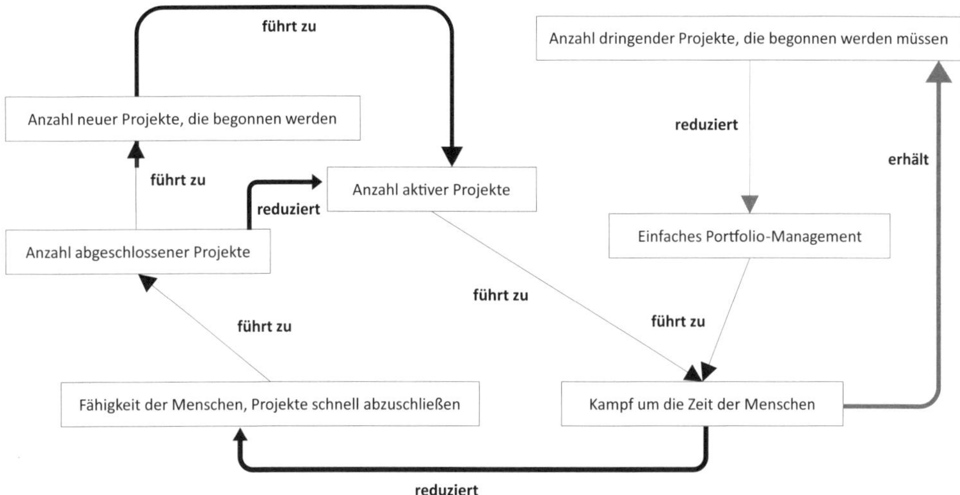

Abbildung 8-5 Niedriger On-Product Index durch Multitasking oder Vollzeitäquivalente (FTE)

Was ist die allzu übliche Lösung? Ein Notfallprojekt. Häufig bekommt es einen lustigen Namen wie „Task Force“, „Tiger Team“ oder „Alpha Team“. Diese Teams müssen einfach dafür sorgen, dass etwas passiert, haben daher viele Freiheiten und sind von der normalerweise geltenden Corporate Governance ausgenommen. Das macht es wiederum schwerer, das Portfolio des Unternehmens zu managen. Die Menschen, die in der Task Force eingesetzt werden, erscheinen jedoch nicht aus heiterem Himmel. Sie werden von anderen laufenden Projekten abgezogen und sind wahrscheinlich leistungsstärkere Teammitglieder. Jetzt haben sie zwei geschlossene Schleifen, die sich gegenseitig beschleunigen. Das ist ein Teufelskreis.

Die Lösung für dieses Problem ist: Hören Sie auf, über langfristige Projekte nachzudenken, denken Sie stattdessen daran, durch Produkte einen Wert zu liefern.

Dann lautet die 50 000-Euro-Frage:

Wie viele parallele Produkte Ihres Portfolios kann Ihre Entwicklungsorganisation unterstützen?

Wenn die Anzahl größer ist als die Anzahl der Entwicklungsteams, dann haben Sie Ihre Kapazität (WIP-Limit) überschritten und alles und jeder wird langsamer, wie oben beschrieben. Ein gute Praxis ist, Ihr Portfolio-Backlog genauso zu bearbeiten wie Ihr Product Backlog: ständige Verfeinerung des Werts, der Größe, des Risikos (siehe Abbildung 8-6).

Es ist entscheidend, eine Vorstellung von der Größe Ihres Portfolio-Backlog im Vergleich zu Ihrer Kapazität zu haben. Wie schon in diesem Buch beschrieben, können Entwicklungsteams nicht mehrere Produkte effektiv unterstützen. Daher kann eine Entwicklungsorganisation, die aus zehn Entwicklungsteams besteht, auch nur zehn oder weniger Produkte unterstützen.

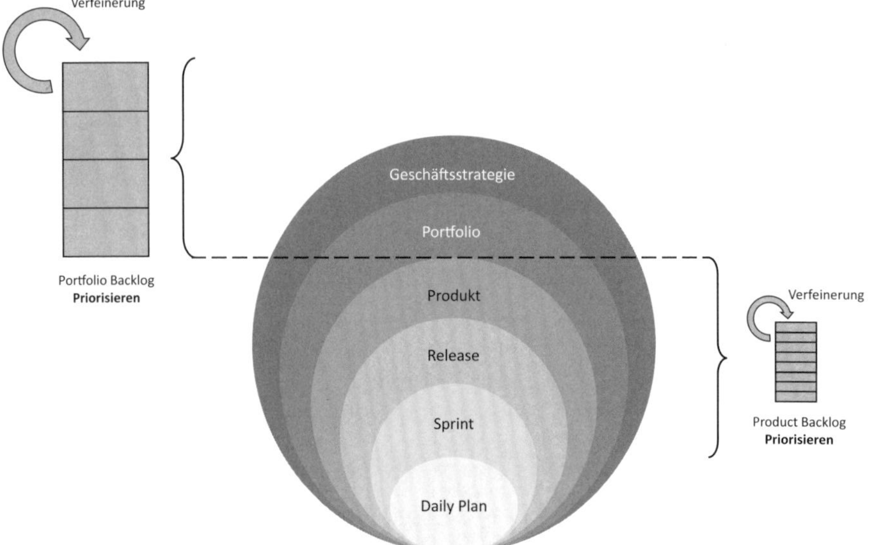

Abbildung 8-6 Produkte in einem Portfolio führen zu Product Backlogs für Scrum-Teams

Mehrere Teams an einem Produkt arbeiten zu lassen, ist sicherlich eine Möglichkeit, die Geschwindigkeit zu erhöhen. Allerdings ist es nicht immer die Lösung, mehr Menschen auf Produkte anzusetzen. Für die Skalierung bedeutet das einen Mehraufwand. Abbildung 8-7 verdeutlicht, dass, wenn Sie nicht aufpassen, Ihr Prozess tatsächlich durch immer mehr Menschen verlangsamt werden kann (Geschwindigkeit).

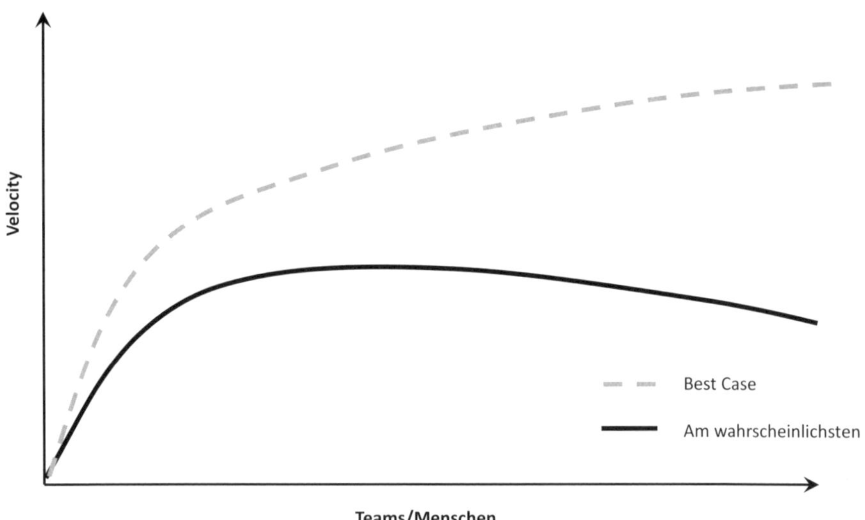

Abbildung 8-7 Die Kosten der Skalierung

„Der Einsatz weiterer Arbeitskräfte in einem in Terminnot geratenen Softwareprojekt verzögert dieses noch mehr."[5]
– Frederick Brooks

PRODUKTE SKALIEREN

Die heutige agile Community ist begeistert vom Skalieren. Was aber bedeutet Skalieren eigentlich und warum müssen Sie das tun? Skalieren Sie den Einsatz agiler Verfahren? Versuchen Sie, die Geschwindigkeit für ein bestimmtes Produkt zu steigern? Haben Sie einfach zu viele Leute, die Sie beschäftigen müssen? Beginnen wir mit dem 2 x 2 in Abbildung 8-8 und schauen uns jeden Quadranten an.

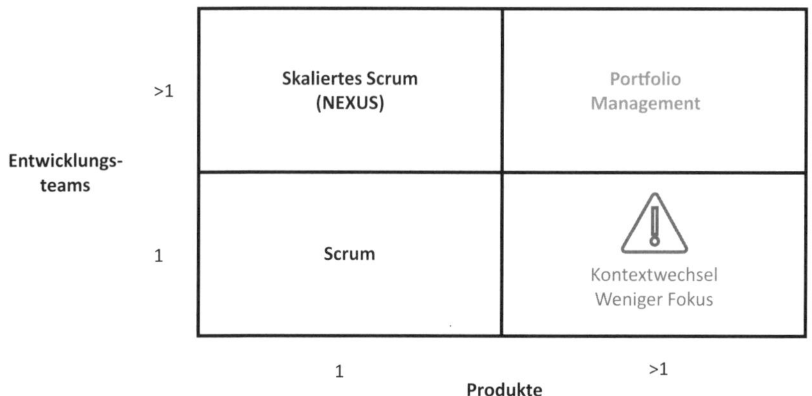

Abbildung 8-8 Anzahl der Entwicklungsteams und Produkte

EIN PRODUKT, EIN ENTWICKLUNGSTEAM

Das ist in Scrum das Optimale: ein bestimmtes Scrum-Team konzentriert sich auf ein einzelnes Produkt. Die Scrum-Regeln helfen den Teammitgliedern, ihre Kommunikation und die Abhängigkeiten bei der Integration zu erarbeiten. Sie werden wahrscheinlich von Menschen, Umgebungen und anderen Dingen außerhalb ihrer unmittelbaren Kontrolle abhängig sein, aber wie jedes selbstorganisierte Team können sie das normalerweise managen.

„Nail it Before You Scale It"

Beim Skalieren versuchen zu viele Organisationen, Scrum auf mehrere Entwicklungsteams zu skalieren, bevor sie überhaupt in der Lage sind, dass auch nur ein Entwicklungsteam zuverlässig in jedem Sprint ein „Done"-Inkrement produziert. Alles, was sie am Ende tun,

[5] Frederick Brooks, The Mythical Man Month (Reading, MA: Addison-Wesley, 1995), S. 25.

ist, ihre Dysfunktionalität zu skalieren und ihre Gesamtgeschwindigkeit zu reduzieren (siehe Abbildung 8-7).

MEHRERE PRODUKTE, EIN ENTWICKLUNGSTEAM

In diesem Quadrant geht es nicht um Skalierung. Es geht um die Verwaltung des Product Backlog, und zwar so, dass ein Kontextwechsel minimiert wird (siehe Abbildung 8-9).

Wie bereits in diesem Kapitel erwähnt, verlieren Sie an Effektivität, wenn Sie mehr Produkte als Entwicklungsteams haben.

Sie könnten versuchen, sich aus dieser Situation herauszumanövrieren, indem Sie ein Entwicklungsteam nur an einem Produkt in einem bestimmten Sprint arbeiten lassen. Das erscheint vielleicht reizvoll und vernünftig. Seien Sie sich aber bewusst, dass das eine suboptimale Lösung ist, die nur funktionieren wird, wenn das Entwicklungsteam während des Sprint nicht gestört wird durch andere „wichtige" Arbeit aus einem anderen Produkt.

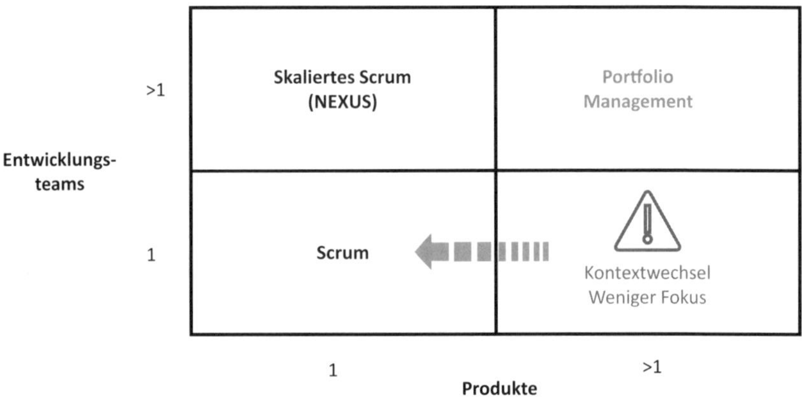

Abbildung 8-9 Nur die Arbeit an einem Produkts in einem bestimmten Sprint verschieben

Ich habe festgestellt, dass die einzige Situation, in der es sinnvoll sein kann, ein Entwicklungsteam an mehreren Produkten arbeiten zu lassen, in kleinen Unternehmen besteht, die mehrere Produkte unterstützen, aber deren Budget nur ein Team zulässt. Ein Product Owner, mit dem ich einmal arbeitete, packte die gesamte Arbeit an allen Produkten in ein Product Backlog und musste in jedem Sprint bestimmen, welche Produkte vorrangig behandelt werden sollten. Das war sicherlich nicht so effektiv, wie ein Entwicklungsteam für jedes Produkt einzusetzen, aber das Unternehmen war bereit, angesichts seiner Lage, diesen Preis zu zahlen.

MEHRERE PRODUKTE, MEHRERE ENTWICKLUNGS-TEAMS

Obwohl es in diesem Quadranten viele Entwicklungsteams und viele Produkte gibt, geht es nicht unbedingt um Skalierung. 100 engagierte Entwicklungsteams, die an 100 Produkten arbeiten, sind gelegentlich voneinander abhängig, aber sie sollten in der Lage sein, das mit Scrum und guten technischen Praktiken zu managen.

Die echte Herausforderung hierbei ist zu bestimmen, welche Produkte die wichtigsten sind und wie hoch das Budget für jedes sein soll, wobei das Budget den Entwicklungsteams entspricht. Das ist Portfoliomanagement.

Johanna Rothman beschreibt das in *Manage Your Product Portfolio:* „Ein Portfolio ist eine Projektorganisation nach Termin und Wert, zu denen sich die Organisation verpflichtet hat oder plant, das zu tun."[6]

Obwohl wir es besser gefunden hätten, wenn Johanna Rothman den Begriff „Produkt" statt „Projekt" verwendet hätte, gilt der Sinn dieser Aussage gleichwohl.

Eine Organisation sollte ein Produktportfolio haben (siehe Abbildung 8-6), das alle Produkte repräsentiert, denen es sich verpflichtet fühlt. Das Management dieses Backlog beinhaltet die Auswahl, das Priorisieren und das Rausschmeißen von Produkten.[7] Die Idee besteht in erster Linie darin, das wertvollste Produkt von oben rechts in den Scaled-Scrum(Nexus)Quadranten oder den Scrum-Quadranten zu verschieben, abhängig von der Anzahl der Entwicklungsteams, die daran arbeiten (siehe Abbildung 8-10).

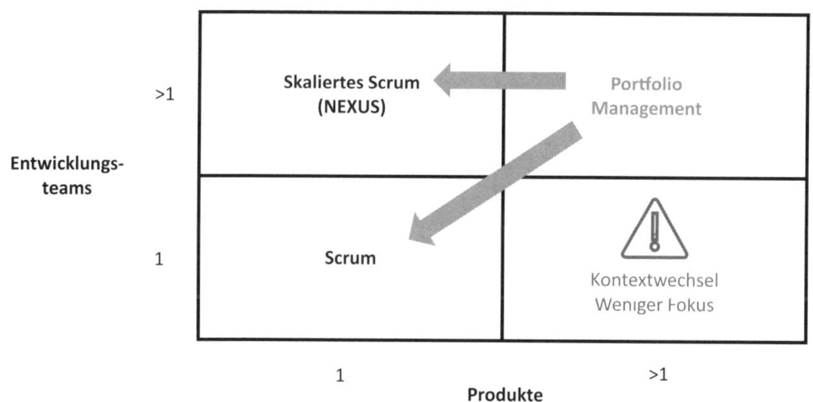

Abbildung 8-10 Priorisierung von Produkten durch Verschieben in die Quadranten „Skaliertes Scrum" oder „Scrum"

6 Rothman: *Manage Your Product Portfolio*, S. 23.

7 Craig Larman und Bas Vodde: *Scaling Lean & Agile Development* (Boston: Addison-Wesley, 2009).

EIN PRODUKT, MEHRERE ENTWICKLUNGSTEAMS

Hier geht es um ein umfangreiches Produkt, durch das letztlich die Skalierung definiert wird. Bei der Skalierung geht es nicht darum, Agilität oder Scrum einzusetzen, Ihr Portfolio zu managen oder mit einem Kontextwechsel umzugehen. Es geht darum, dass mehrere Entwicklungsteams an einem einzigen Produkt arbeiten.

Wenn ein einziges Entwicklungsteam nicht ausreicht, ist vielleicht eine den Scrum-Werten entsprechende Skalierung erforderlich.

Es gibt viele Frameworks zur Skalierung (mit vielen coolen Akronymen), wie Large-Scale Scrum (LeSS), Disciplined Agile Delivery (DAD), Scaled Agile Framework (SAFe), Scrum@Scale und Nexus. Alle haben unterschiedliche Detaillierungsgrade und Ansätze, die jedoch den Rahmen dieses Buches sprengen würden.

Skaliertes Scrum ist immer noch Scrum

Letztendlich gelten die wesentlichen Werte und Praktiken von Scrum auch bei der Skalierung. Nexus, LeSS und Scrum@Scale kommen ihnen noch am nächsten, da sie in Übereinstimmung mit dem *Scrum Guide* entwickelt wurden und *daher ein empirisches Mindset und Selbstorganisation* vertreten. Als Nächstes schauen wir uns schnell Nexus an, das Scaling-Framework, mit dem wir die meiste Erfahrung haben.

DAS NEXUS FRAMEWORK

Merriam-Webster definiert Nexus folgendermaßen:

> „Eine Beziehung oder Verbindung zwischen Gruppen oder Serien; häufig, um einen Schwerpunkt zu setzen.“[8]

Dieser Abschnitt über Nexus hebt einige Schlüsselelemente hervor, die für Product Owner wichtig sind, wenn sie mit Skalierung zu tun haben. Weitere Details finden Sie im Nexus Guide[9] oder in *The Nexus™ Framework for Scaling Scrum.*[10]

Genauso wie Scrum ein Framework ist, das die Zusammenarbeit von drei bis neun Menschen effektiver gestaltet, ist Nexus bei der Skalierung ein ähnliches Framework für die effektivere Zusammenarbeit von drei bis neun Entwicklungsteams. Zwischen Teams gelten dieselben Herausforderungen in der Kommunikation, dem Umgang mit Abhängigkeiten und der Integration wie zwischen den Personen eines Teams.

„Nexus ist das Exoskelett eines skalierten Scrum."
– Ken Schwaber

Nexus (siehe Abbildung 8-11) skaliert bis zu neun Entwicklungsteams für ein Produkt mit einem Product Owner und einem Product Backlog.

---

[8] *Merriam-Webster,* https://www.merriam-webster.com/dictionary/nexus, abgerufen am 22. März 2018.

[9] *The Nexus Guide,* Scrum.org, https://www.scrum.org/resources/nexus-guide, abgerufen am 3. März 2018.

[10] Kurt Bittner, Patricia Kong und Dave West: *The Nexus™ Framework for Scaling Scrum* (Boston: Addison Wesley, 2017).

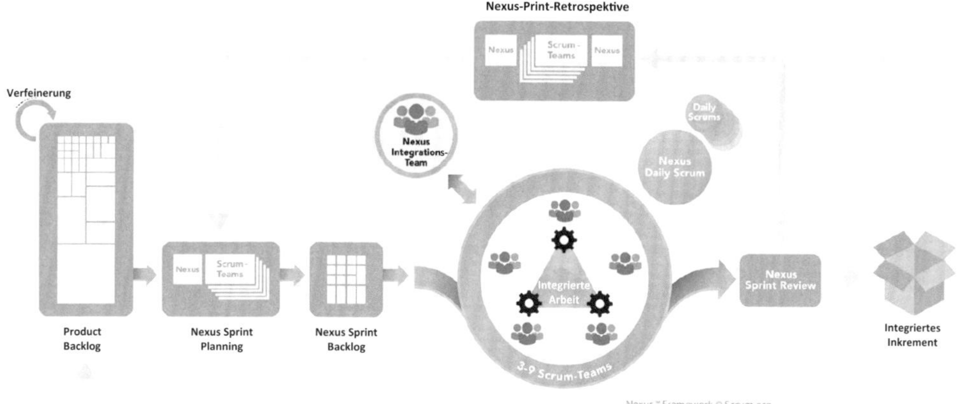

Abbildung 8-11 Das Nexus Framework

Anders als in Scrum mit einem Team ist in Nexus die Verfeinerung des Product Backlog obligatorisch, da mehrere Entwicklungsteams im Zusammenhang mit dem größeren Produkt ausgerichtet werden müssen. Die Nexus-Verfeinerung findet auf zwei Ebenen statt:

1. Als eine Aktivität in allen Entwicklungsteams mit dem Ziel, die Kommunikation zu erhöhen und die Abhängigkeiten zwischen den Teams zu minimieren. Das ermöglicht auch die relative Größenanpassung hochrangiger Product Backlog Items. Der obere Teil des Product Backlog wird dann zwischen den Teams aufgeteilt, die wahrscheinlich daran arbeiten werden.
2. Sobald ein Entwicklungsteam Items aus dem Product Backlog auswählt, verfeinert es sie so, wie es das in Scrum mit nur einem Team tun würde und koordiniert dann die verbleibenden Abhängigkeiten mit anderen Entwicklungsteams. Hier kann es seine eigenen Schätzungen anwenden.

Das erlaubt relative Schätzungen auf zwei Ebenen, möglicherweise sogar mit zwei verschiedenen Skalen, wobei die höhere Ebene die Geschwindigkeit der gesamten Produktentwicklung beschreibt, also die Geschwindigkeit, mit der der Product Owner arbeiten und planen muss. Dann kann das Entwicklungsteam den Fortschritt aller Entwicklungsteams in einen Release-Plan für das eine Product Backlog einfügen. Aus Sicht der Stakeholder sollte die Aufteilung der Arbeit zwischen den Entwicklungsteams (die Magie hinter dem Vorhang) belanglos sein.

Das endgültige Ziel eines Nexus Sprint ist, ein integriertes, lauffähiges Produktinkrement in allen Entwicklungsteams zu haben. Wenn Nexus das erfolgreich schaffen kann, zusammen mit einem gut gepflegten gemeinsamen Product Backlog, dann bietet es dem Product Owner und den Stakeholdern ausgezeichnete Transparenz.

REPORTING

Ein gut geführtes Product Backlog enthält alle notwendigen Informationen für das Reporting.

Aufgrund der Tatsache, dass Scrum Ihnen erlaubt, tatsächlich in jedem Sprint ein wertvolles Produktinkrement zu erzeugen, eröffnet es auch umfangreiche Möglichkeiten beim Reporting.

„Eine funktionierende Software ist das wichtigste Fortschrittsmaß."
– Agiles Manifest

GRUNDLAGEN DER PROGNOSE

Solange das Product Backlog kontinuierlich verfeinert wird und Sie nur ein Product Backlog für Ihr Produkt haben, ist dieses Product Backlog – zusammen mit der Geschwindigkeit des Entwicklungsteams – alles, was Sie für das Reporting benötigen.

Das Beispiel für ein Release Burn-down in Abbildung 8-12 zeigt den Fortschritt im Verlauf der Sprints für ein großes Produkt mit drei Entwicklungsteams. Das Product Backlog war ziemlich groß und wie Sie sehen können, brauchten die Entwicklungsteams ungefähr fünf Sprints, bis sie genug über den Bereich, die Technologie und die bestmögliche Zusammenarbeit zwischen den Teams gelernt hatten – Emergenz. Beginnend mit Sprint 4 nahm die Größe des Product Backlog zu. Das lag entweder an einer neuen Funktionalität (Umfang) oder an einer aktualisierten Schätzung aufgrund eines verbesserten Verständnisses.

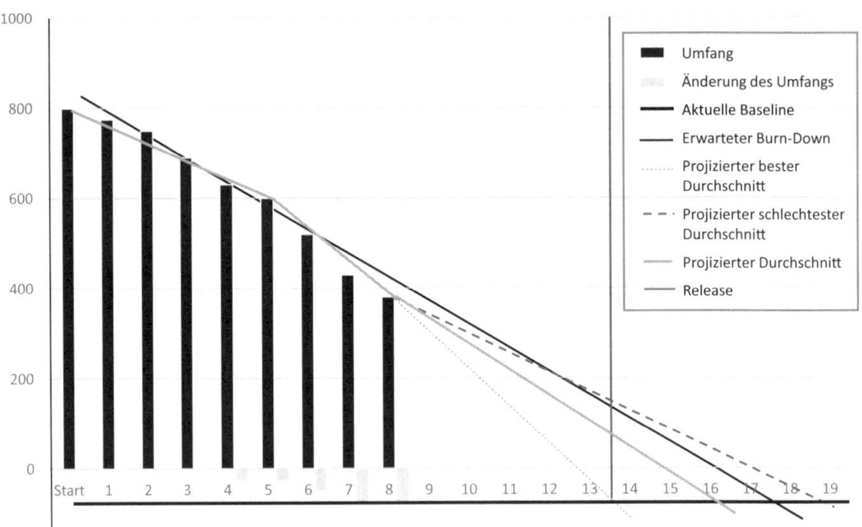

Abbildung 8-12 Release Burn-down ermöglicht eine gewisse Vorhersage

Die dünne schwarze Linie ist die erwartete Burn-down-Trendlinie (basierend auf der Methode der kleinsten Quadrate[11]) über alle bekannten Datenpunkte (alle Sprints). Die dickere graue Linie repräsentiert die durchschnittliche Geschwindigkeit, extrapoliert aus dem letzten bekannten Datenpunkt (dem letzten Sprint). Die gestrichelten Linien zeigen den Durchschnitt der drei niedrigsten und höchsten Sprint-Geschwindigkeiten. Die Ausdehnung dieser Linien wird häufig als „Cone of Uncertainty" bezeichnet, der seine Wurzeln in der Vorhersage der Bahn eines Hurrikans hat. Je weiter Sie in die Zukunft blicken, desto ungenauer wird Ihre Prognose sein.

„Cone of Uncertainty"

Den Fortschritt Ihres Produkts vorherzusagen, ist ein wenig so, wie einen Hurrikan vorherzusagen (siehe Abbildung 8-13).

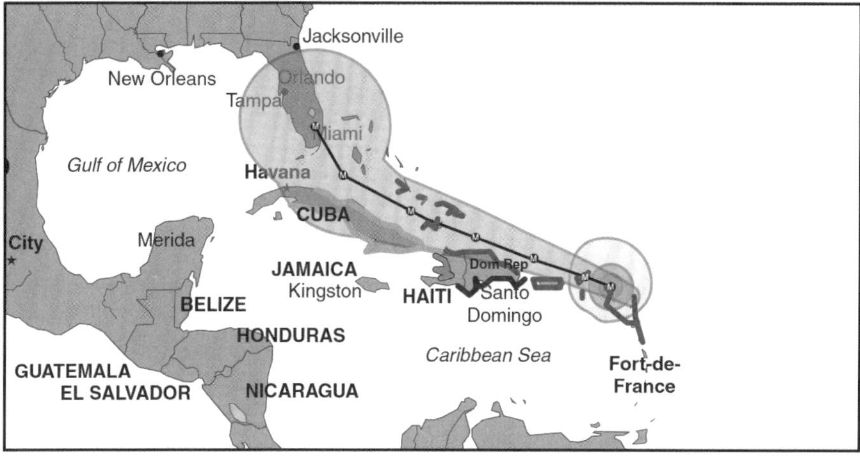

Abbildung 8-13 Hurrikan-Vorhersage mit dem „Cone of Uncertainty"

> **Aus weather.com**
>
> Jedes *tropische System* erhält einen *Prognose*kegel, damit die Öffentlichkeit besser verstehen kann, wohin es sich bewegt.
>
> Der Kegel soll die wachsende Prognoseunsicherheit im Verlauf der Zeit verdeutlichen.
>
> Aufgrund früherer Prognosefehler (der letzten fünf Jahre) kann davon ausgegangen werden, dass die gesamte Bahn des tropischen Wirbelsturms etwa 60 bis 70 Prozent der Zeit innerhalb dieses Kegels bleibt. Der Kegel wird im Laufe der Zeit mit zunehmender Prognoseunsicherheit breiter.[12]

---

[11] *Least Squares Regression*, Math is Fun, https://www.mathsisfun.com/data/least-squares-regression.html, abgerufen am 20. März 2018.

[12] *Cone of Uncertainty: Facts and Myths About This Tropical Forecasting Tool*, weather.com, 4. September 2017, https://weather.com/science/weather-explainers/news/tropical-storm-cyclone-forecast-cone-hurricane.

Ersetzen Sie „tropisches System“ durch „Product Backlog“ und „Öffentlichkeit“ durch „Stakeholder“ und der größte Teil der obigen Erklärung ist auf Ihre Welt übertragbar. Natürlich gibt es keine Garantien. Verrückte Sachen passieren nach wie vor (das unbekannte Unbekannte), während Sie die Produktentwicklung vorhersagen, genau wie beim Wetter. Hurrikane befinden sich 30 bis 40 Prozent der Zeit außerhalb des Kegels. Sie wissen nie sicher, welchen Weg der Hurrikan einschlagen wird, bis der Sturm da ist. Wenn Sie jedoch empirische Daten über den Weg des Hurrikans sammeln, können Sie ein enger gefasstes Gebiet festlegen, wo er auftreffen könnte. Genauso können Sie, vorausgesetzt Sie wenden Scrum richtig an, Daten darüber sammeln, was tatsächlich „done“ gewesen ist, um den Bereich, in dem Sie landen werden, einzugrenzen.

Nutzen Sie den „Cone of Uncertainty“ als eine Möglichkeit, Stakeholder an die Unsicherheit zu erinnern, nicht um Sicherheit zu implizieren.

Im Projektmanagement wird häufig vom „Cone of Uncertainty" gesprochen. Das impliziert, dass Ihre Prognosen präziser werden, je mehr Sie analysieren. Diese Vorstellung, die in diesem Zusammenhang von Barry Boehm[13] eingeführt und später von Steve McConnell[14] aufgegriffen worden ist, ist mittlerweile weitgehend entzaubert worden.[15] Wir nutzen den „Cone of Uncertainty" eines Hurrikans ständig bei unseren Kunden und halten ihn für ein großartiges Werkzeug, um zu zeigen, was „done" gewesen ist, um die Unsicherheiten der Zukunft zu kommunizieren und um sich mehr von traditionellen Statusreports, wie Red-Amber-Green(RAG)-Ampelreports, zu entfernen.

Dies ist auch ein guter Zeitpunkt, Sie daran zu erinnern, dass diese Prognosen zwar nützlich sind, dennoch nur nebensächliche Nachweise über den geschaffenen Wert darstellen. Betrachten Sie sie stattdessen als die zurückgelegten Kilometer (Fortschritt). Die Prognosen zeigen nicht an, ob Sie in die richtige Richtung gehen (oder sich sogar im Kreis bewegen). Wenn Sie direktere Nachweise des Werts möchten, halten Sie sich an die Messungen, die wir in Kapitel 3 beschrieben haben.

Prognosen

Wie in Abbildung 8-14 dargestellt, ist das Ende von Sprint 13 das geplante Release-Datum. Da dieses Release-Burn-down-Diagramm nach Sprint 8 erstellt worden ist, bleiben dem Team noch fünf weitere Sprints, um das Product Backlog abzuschließen. Wie wahrscheinlich ist das und welche Optionen stehen zur Verfügung?

- **Das Release-Datum ändern** → Welche Auswirkung hat eine Terminverschiebung? Können wir Erwartungen an diese Möglichkeit knüpfen? Haben wir einen Notfallplan?
- **Die Geschwindigkeit erhöhen, um den Gesamtumfang abzuschließen** → Können wir weitere Menschen in das Entwicklungsteam aufnehmen? Ist es dafür zu spät? Können wir andere Ablenkungen vom Entwicklungsteam fernhalten? Können wir die Aus-

[13] Barry Boehm: *Software Engineering Economics* (Upper Saddle River, NJ: Prentice-Hall, 1981).
[14] Steve McConnell: *Software Estimation: Demystifying the Black Art* (Redmond, WA: Microsoft Press, 2006).
[15] Laurent Bossavit: *The Leprechauns of Software Engineering,* Leanpub, zuletzt aktualisiert am 27. Juni 2017, https://leanpub.com/leprechauns.

stattung mit Werkzeugen und die Infrastruktur verbessern? Können wir ein weiteres Entwicklungsteam als Unterstützung hinzuziehen?

- **Mit dem Umfang arbeiten** → Was ist für dieses Release absolut notwendig – Minimum Viable Product (MVP)?

Abbildung 8-14 stellt eine Situation dar, in der der Umfang angepasst wurde, da der Termin nicht verhandelbar war.

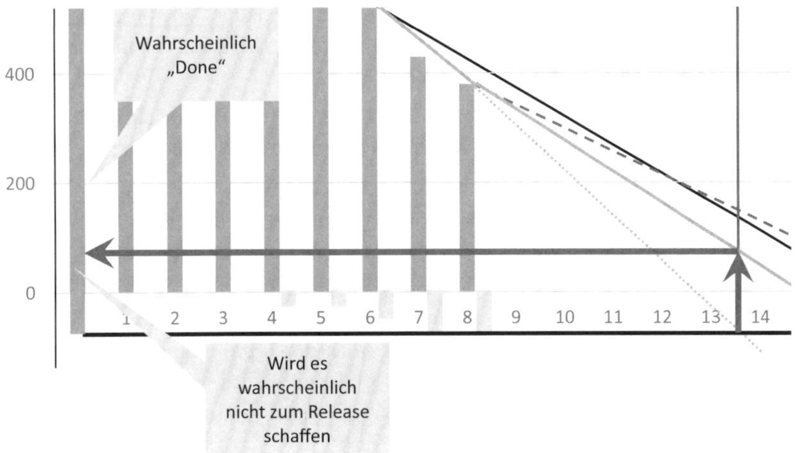

Abbildung 8-14 Umfangsprojektion basierend auf Burn-down-Diagramm

Wenn Sie sich das Burn-down-Diagramm für das Release ansehen, könnten Sie sagen, dass die graue Linie eine vernünftige Prognose darstellt. Da der Termin am Ende von Sprint 13 festgelegt ist, können Sie eine senkrechte Linie vom aktuellen unteren Ende des Umfangs ziehen, bis Sie auf die graue Linie stoßen. Von dieser Kreuzung aus zeichnen Sie dann eine horizontale Linie nach links, bis Sie auf den Product Backlog treffen. Der Umfang oberhalb dieser Linie wird wahrscheinlich bis zum Release-Datum abgeschlossen sein („done“), der darunter eher nicht.

Das sind wertvolle Informationen für den Product Owner, mit denen er ganz bewusste Entscheidungen hinsichtlich des Umfangs treffen kann. Die Funktionalität im „Done“-Teil könnte beispielsweise „vereinfacht“ werden, um weniger Aufwand zu verursachen, und so Raum bieten für eine Funktionalität, die es „derzeit nicht schaffen wird“. Eine andere Möglichkeit wäre, weniger dringende Funktionen bis zu einer zukünftigen Veröffentlichung zu reduzieren. Das ist harte Arbeit für den Product Owner, aber wie meistens im Leben läuft es auf Kompromisse hinaus.

Insgesamt besteht der Wert solcher Release-Pläne darin, den vorhandenen Grad an Unsicherheit zu visualisieren und zu kommunizieren (Transparenz). Hierdurch können das Scrum-Team und die Stakeholder sich der Realität ihrer Situation eher früher als später stellen (prüfen) und dann Pläne entwickeln, um sich neu auszurichten (anpassen).

PROGNOSEN BEI MEHREREN PRODUKTEN

Wie können Sie Scrum-Teams vergleichen, die an verschiedenen Produkten arbeiten?

Nun, das hängt von Ihrer Intention ab. Wenn Sie herausfinden möchten, welches Scrum-Team hinsichtlich der Geschwindigkeit besser ist, dann lautet die Antwort: „Sie können sie nicht vergleichen und sollten es auch nicht versuchen." Jedes Scrum-Team hat seinen eigenen einzigartigen Ansatz, um sein Product Backlog einzuschätzen, ganz zu schweigen von den verschiedenen Ebenen der Komplexität und Kapazität. Wie bereits in Kapitel 3 erwähnt, wird so ein Vergleich darüber hinaus in extrinsischer Motivation resultieren, die dazu führen kann, die Zahlen zu verfälschen.

Wenn es jedoch darum geht, die Fortschritte in einer Weise zu vergleichen, damit sie Kapazitäten und Arbeit besser verteilen können, dann gibt es vielleicht einen Weg.

Wenn Sie anerkennen, dass jedes Team seine eigene relative Schätzweise hat, dann lassen Sie die tatsächlichen Zahlen einmal beiseite und konzentrieren sich auf den Anstieg der Geschwindigkeit, um einen Überblick über den Fortschritt zu bekommen. Unabhängig davon, was die Basiseinheit des jeweiligen Entwicklungsteams ist, die Steigung bleibt vergleichbar.

Angenommen Sie haben einige miteinander verbundene Teilprodukte, jedes mit einem eigenen Scrum-Team. Sie könnten ein Release Burn-down pro Teilprodukt erstellen und diese übereinanderlegen wie in Abbildung 8-15. Dadurch wird transparent, bei welchem das größte Risiko besteht, dass es nicht rechtzeitig fertig wird, und welches sich auf einem kritischen Weg befindet.

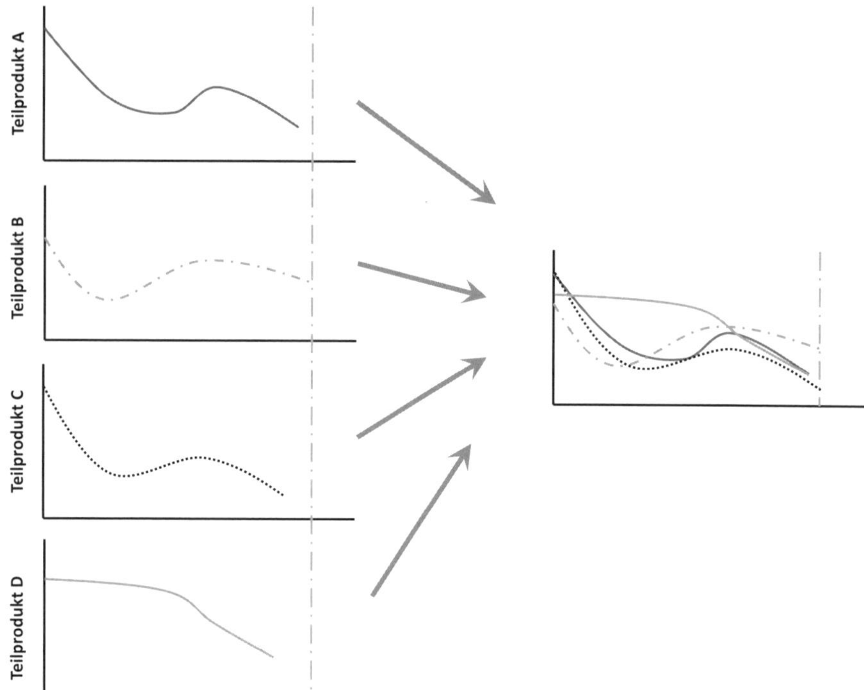

Abbildung 8-15 Übereinanderlegen der Release Burn-downs mehrerer Teilprodukte

Mit diesen wertneutralen Daten können Sie die entsprechenden Entscheidungen treffen und die Entwicklung aktiv steuern. Sie können entscheiden, Mitarbeiter von Teilprodukt C zu Teilprodukt B umzusetzen oder Product Backlog Items von Teilprodukt B zu Teilprodukt C zu verlagern, da dieses im Moment gut läuft. Sie könnten eine weitere Person für die Tests hinzuziehen. Egal, wie Sie sich entscheiden, der nächste Sprint bietet die notwendige Transparenz, um erneut zu prüfen und anzupassen.

Es lohnt sich, noch einmal darauf hinzuweisen, dass diese Informationen missbraucht werden können, wenn man sie mit der Performance eines Scrum-Teams assoziiert. Sie können wertvoll sein, wenn man sie transparent und neutral behandelt mit dem Ziel, zu prüfen und anzupassen.

„PERCENTAGE OF COMPLETION"

Eine einfach zu verstehende, aber nicht immer einfach zu berechnende Kennzahl ist der „Percentage of Completion" (PoC; Grad der Fertigstellung).

Wenn Sie 120 Gurkengläser verpacken sollen, dann ist die Schätzung begründet, dass Sie zu 50 Prozent fertig sind, wenn Sie das 60. Glas eingepackt haben.

Wenn Ihr Projekt jedoch aus einer Reihe voneinander abhängiger Schritte besteht, jeder anders als der nächste, dann wird es schon schwieriger.

Stellen Sie sich vor, Sie sollen ein großes Abendessen ausrichten mit vielen aufeinanderfolgenden einzelnen Aufgaben, dann basiert die einzige Möglichkeit, den PoC zu schätzen, auf der bereits aufgebrauchten und der noch verbleibenden Zeit. Wenn Sie sich selbst zwei Stunden gegeben haben, um das Abendessen zuzubereiten, und Sie bereits eine Stunde damit beschäftigt sind, ist Ihr PoC wie hoch? Wenn Sie dieses Abendessen schon viele Male zubereitet haben, dann können Sie davon ausgehen, dass Sie zu 50 Prozent fertig sind. Wenn Sie das Essen allerdings zum ersten Mal zubereiten und kein rechtes Vertrauen in Ihre ursprüngliche Zwei-Stunden-Schätzung haben, dann führt der PoC von 50 Prozent in die Irre.

Bei eher traditionellen Wasserfall-Prozessen ähnelt der PoC vielmehr dem oben beschriebene Abendessen, das nur die aufgewendete Zeit darstellt. Abbildung 8-16 zeigt ein Beispiel, in dem die Analyse abgeschlossen und das Design zu 80 Prozent fertig ist; das bedeutet, dass das gesamte Projekt zu 37 Prozent abgeschlossen ist.

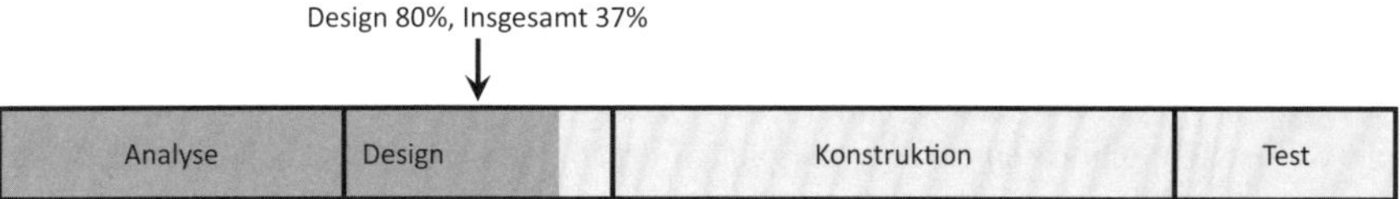

Abbildung 8-16 „Percentage of completion" gemessen an der aufgewendeten Zeit

Diese Art des Reportings geschieht, ohne auch nur mit der Entwicklung angefangen zu haben, und stellt nur selten genau dar, wie viel wirklich abgeschlossen ist, besonders wenn Sie etwas Unbekanntes und Komplexes bauen.

In Scrum kann PoC eine sinnvollere Kennzahl sein. Das Entwicklungsteam schließt tatsächlich in jedem Sprint Features ab wie bei den Gurkengläsern aus dem obigen Beispiel.

Wenn Sie sagen, dass Sie zu 72 Prozent fertig sind, dann soll das bedeuten, dass 72 Prozent der Features abgeschlossen und bereit für die Produktion sind, wenn sie sich nicht sogar schon dort befinden.

Sie können das auch auf einer kleinteiligeren Ebene mit einzelnen Initiativen durchführen. In Abbildung 8-17 sehen Sie ein Beispiel, in dem eine „Initiative für eine Onlineauktion zu 67 Prozent abgeschlossen ist." Woher wissen Sie das? Sechs der neun Product Backlog Items sind tatsächlich „done".

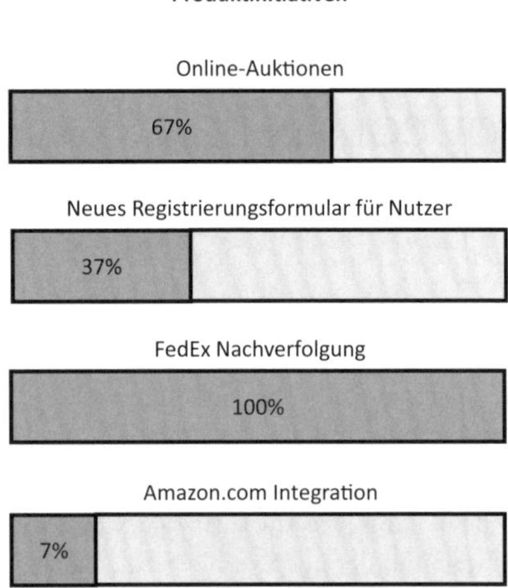

Abbildung 8-17 „Percentage of completion" nach Initiativen

Ziehen Sie in Betracht, Kennzahlen wie diese in Ihre Reports einzubeziehen. Sie sind für Ihre Stakeholder aussagekräftiger, die wahrscheinlich mehr an wertvolle Initiativen als an Analysen, Design, Konstruktion und dergleichen denken. Ein Sprint Review ist eine hervorragende Gelegenheit, sie zu präsentieren.

MONTE-CARLO-SIMULATION

Die Monte-Carlo-Simulation ist eine Technik zur Risikominderung bei Problemen, die eine numerische Antwort erfordern, aber zu komplex sind, um sie analytisch zu lösen. Die Simulation wendet stattdessen Zufallszahlen und Wahrscheinlichkeitsstatistiken an, um die Wahrscheinlichkeit eines jeden möglichen Ergebnisses einer Entscheidung von einem Extrem zum anderen zu untersuchen.

Diese Technik wurde bereits in der Physik, Chemie, Forschung, Wirtschaft und Medizin genutzt und sogar bei der Entwicklung der Wasserstoffbombe.

Wenn man sie bei der Schätzung von Product Backlogs anwendet, funktioniert die Monte-Carlo-Simulation unter der Voraussetzung, dass jedes Product Backlog Item ein Spektrum zwischen einer optimistischen und einer pessimistischen Schätzung aufweist.

Diese Technik simuliert die Realität, indem sie dem Product Backlog Item einen zufälligen Wert innerhalb des optimistischen und pessimistischen Spektrums zuweist. Das wird im ganzen Product Backlog wiederholt und die zufälligen Product-Backlog-Werte werden dann addiert. Die Summe ergibt einen Punkt auf der x-Achse (siehe Abbildung 8-18). Die y-Achse stellt die Häufigkeit von Summen des gleichen Werts dar. Diese Simulation wird mindestens 10 000-mal durchgeführt.

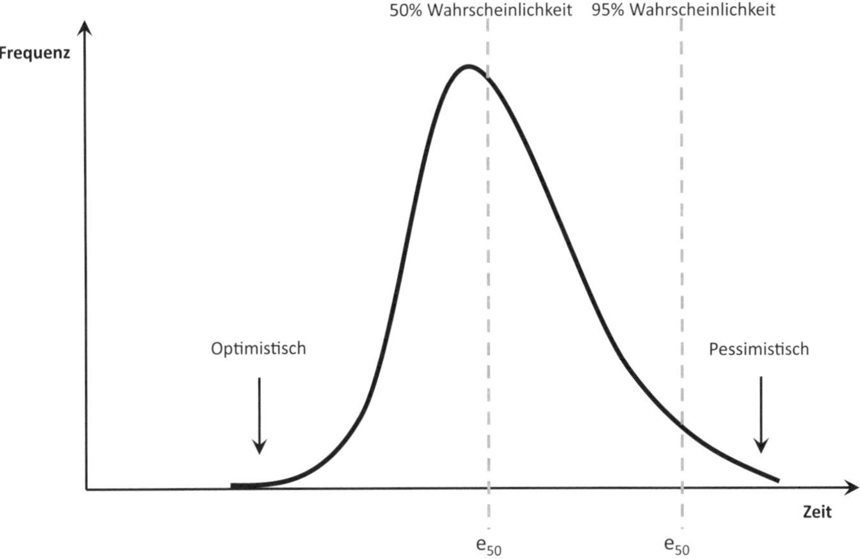

Abbildung 8-18 Wahrscheinlichkeitsverteilung basierend auf der Monte-Carlo-Simulation

Das Ergebnis ist eine Verteilung im Zeitablauf, die den Bereich der Wahrscheinlichkeit zeigt, bis zu dem man fertig ist.

Es gibt zwei Punkte auf der horizontalen Zeitachse, die statistisch interessant sind: e_{50}, an dem Sie eine 50-prozentige Chance haben, fertig zu sein, und e_{95}, an dem Sie mit einer 95-prozentigen Chance fertig sind.

Es gibt einige Onlinetools, die hilfreich sind, Simulationen wie diese durchzuführen. Ich habe ein einfaches Ruby-Script entwickelt, das diesen Job für mich erledigt.

Sie können sogar in Microsoft Excel[16] *eine Monte-Carlo-Simulation durchführen.*

Wie hilft Ihnen das bei Ihren Kunden, die eine Prognose der Termine und Kosten verlangen?

Sie können dieselbe Technik anwenden, wenn Sie die relative Größenbestimmung Ihrer Product Backlog Items nutzen, indem Sie die Zeit durch Aufwand/Größe ersetzen. So

[16] *Introduction to Monte Carlo Simulation*, Microsoft, zuletzt aktualisiert am 21. August 2014, https://support.office.com/en-us/article/introduction-to-monte-carlo-simulation-64c0ba99-752a-4fa8-bbd3-4450d8db16f1.

erkennen Sie an, dass der gesamte Aufwand und die Größe noch unbekannt sind, selbst wenn der Umfang klar ist.

Abbildung 8-19 zeigt eine Monte-Carlo-Simulation mit 100 000 Durchläufen in einem Product Backlog mit 72 Product Backlog Items zwischen 1 und 21 Story Points.

Die Verteilungsannahme pro Product Backlog Item lautet folgendermaßen:

- Die Wahrscheinlichkeit, dass die Größenschätzung korrekt ist, liegt bei 75 Prozent.
- Die Wahrscheinlichkeit, dass es die nächsthöhere Größe ist, beträgt 20 Prozent und die nächstniedrigere 5 Prozent (z. B. für ein Item mit 13 Story Points ist das Spektrum [5 %] 8, [75 %] 13 oder [20 %] 21; bei einem Item mit einem Story Point wäre es 1, 1 oder 2).

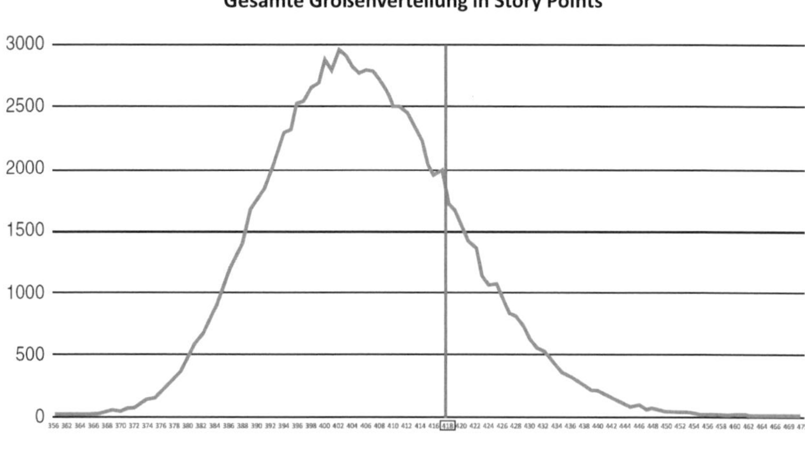

Abbildung 8-19 Reale Monte-Carlo-Simulation für die Product-Backlog-Größe

Gehen wir davon aus, dass Sie in diesem Fall eine 80-prozentige Wahrscheinlichkeit wählen und dass der/die gesamte Aufwand/Größe des Product Backlog höchstens 418 Story Points beträgt. Wenn es keine Änderungen im Product Backlog gibt, dann gibt es immer noch eine 20-prozentige Wahrscheinlichkeit, dass das Product Backlog größer ist.

Jetzt gehen Sie davon aus, dass Sie insgesamt 418 Story Points haben und eine durchschnittliche Geschwindigkeit von 33 Story Points pro Sprint.

Die Geschwindigkeit besitzt ebenfalls eine Varianz, wie in Abbildung 8-20 dargestellt, bei der die letzten acht Sprints eine Varianz zwischen 29 und 37 Points aufweisen.

Mit der Verteilung des Aufwands für das Product Backlog und der durchschnittlichen Geschwindigkeit haben Sie eine Formel, um ein mögliches Abschlussdatum zu berechnen:

$$\textbf{Zeit} = (\textbf{Story Points}_{\text{gesamt}} \,/\, \textbf{Geschwindigkeit}_{\text{Durchschnitt}}) \times \textbf{Sprint-Länge}$$

Jetzt können Sie eine Monte-Carlo-Simulation mit 100 000 Durchläufen ausführen mit Zufallszahlen zwischen 29 und 37 Story Points. Sie subtrahieren diese Geschwindigkeitszahl vom gesamten Product-Backlog-Aufwand – in diesem Fall 418 –, bis Sie bei oder unter null ankommen. Sie zählen die Häufigkeit der sich ergebenden Anzahl an Sprints. Diese Verteilung bietet ihnen ein Sprint-Spektrum bis zu dem Zeitpunkt, zu dem das Product

Backlog abgeschlossen ist (siehe Abbildung 8-21): mit 50-prozentiger Wahrscheinlichkeit in Sprint 14 und mit 95-prozentiger Wahrscheinlichkeit in Sprint 15.

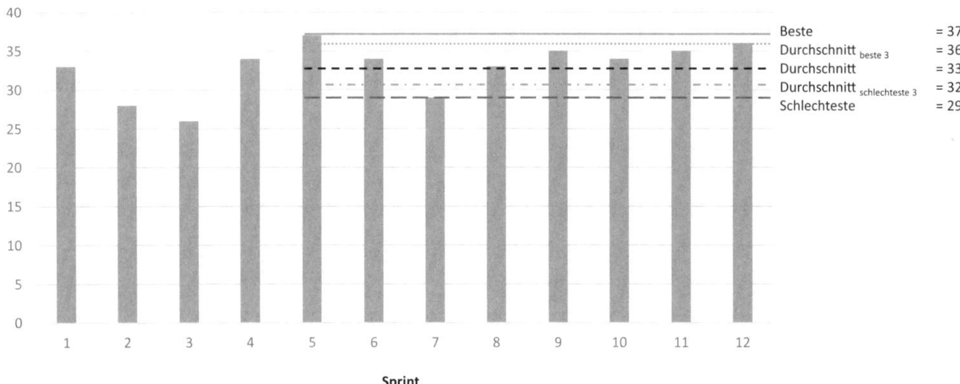

Abbildung 8-20 Varianz der Geschwindigkeit über die Zeit

Funktioniert das? Es kommt auf Ihr Entwicklungsteam an, da es die Schätzung und die Arbeit erledigt. Je instabiler das Entwicklungsteam ist, desto geringer ist die Genauigkeit, woraus sich eine höhere Varianz bei den Schätzungen und der Geschwindigkeit ergibt.

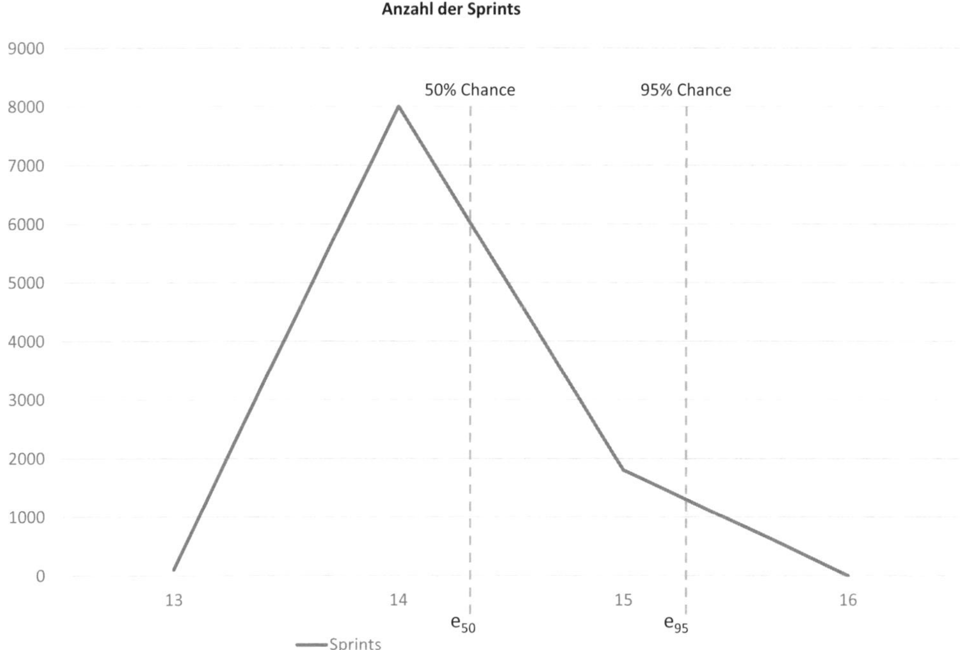

Abbildung 8-21 Monte-Carlo-Simulation für die Anzahl der Sprints

Lassen Sie sich von diesen Statistiken nicht durch ein falsches Gefühl von Präzision täuschen. Jedes Mal, wenn sich das Product Backlog oder das Entwicklungsteam ändert, werden die Berechnungen ungültig und müssen wiederholt werden. Das wird bei einem volatilen Entwicklungsteam fast unmöglich. Keine Technik kann Ihnen Sicherheit garantieren, wenn sich Ihr Team ständig in Bewegung befindet.

Je mehr Zeit ein Entwicklungsteam hat, um zusammenzuarbeiten, um gute Techniken zu entwickeln, um aus vergangenen Fehlern zu lernen, desto besser versteht es den Produktbereich, desto zuverlässiger wird es sein. Statt ein Produkt zu fördern, überlegen Sie lieber, ein Entwicklungsteam zu fördern, damit es das bestmögliche Produkt baut, mit dem größtmöglichen Wert innerhalb der gegebenen Beschränkungen.

„Unser Tool schätzt nicht ab, wie lange Ihr Projekt dauern wird; es sagt Ihnen lediglich, wie viel Unsicherheit mit welcher Schätzung auch immer verbunden sein sollte."[17]

– Tom DeMarco und Timothy Lister

WELCHE FARBE HAT IHRE GESCHWINDIGKEIT (VELOCITY)?

Angenommen Sie hatten in den vergangenen zwei Jahren ein stabiles Entwicklungsteam, das eine konstante Geschwindigkeit von 100 Points hatte. Könnten Sie als Product Owner versichern, dass dieses Entwicklungsteam im Verlauf dieser Zeit in jedem Sprint denselben Wert generierte?

Die Antwort sollte „nein" sein. Ihr Entwicklungsteam hat vielleicht dieselbe Menge an Arbeit erledigt, aber ist der Output derselbe? Hat sich die Innovationsrate Ihres Teams mit der Zeit verändert?

Das kann man visualisieren, indem man Ihre Product Backlog Items und die daraus resultierende Geschwindigkeit kategorisiert (siehe Abbildung 8-22).

Features sind gut. Sie schaffen einen Wert, indem sie neue Kunden anziehen oder bestehende halten.

Technische Schulden sind nicht so gut. Allerdings müssen die in der Vergangenheit getroffenen schlechten Entscheidungen noch immer aufgearbeitet werden. Die Auseinandersetzung mit den technischen Schulden sollte dazu beitragen, dass in Zukunft weniger Nacharbeit anfällt, sodass Sie sich auf innovativere Funktionen konzentrieren können.

Infrastruktur ist Arbeit, die Sie erledigen müssen und die weder in die Kategorie Features noch zu den technischen Schulden passt. Es kann beispielsweise bedeuten, eine geclusterte Load Balancing Database zu installieren oder ein Upgrade von Umgebungen durchzuführen. Noch einmal, dies sollte helfen, im Lauf der Zeit mehr Wert zu erzeugen.

Bugs sind immer schlecht. Sie zeigen die Unfähigkeit, ein hochwertiges Produkt auszuliefern. Bugs schlagen eine Brücke über den gesamten Lebenszyklus der Lieferung, von der ersten Erstellung, der Verfeinerung, der Implementierung, bis zu den Tests und Releases. Ein Bug bedeutet, dass in einem dieser Schritte ein Fehler gemacht worden ist.

---

[17] Tom DeMarco und Timothy Lister: *Waltzing with Bears: Managing Risk on Software Projects* (New York: Dorset House, 2003), S. 91.

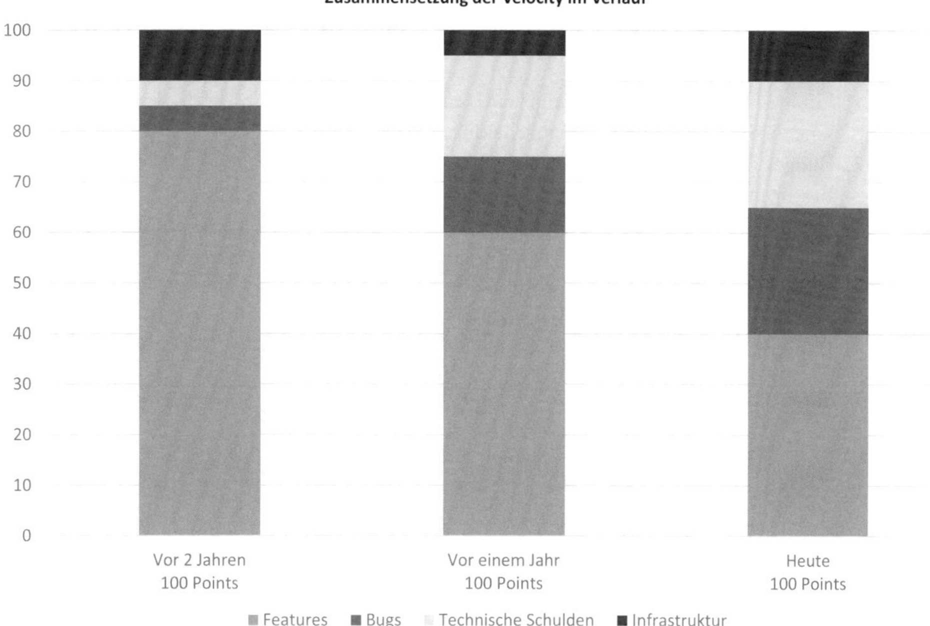

Abbildung 8-22 Geschwindigkeitsverteilung nach Arbeitstypen

Im obigen Beispiel performt das Entwicklungsteam genauso gut wie vor zwei Jahren. Es liefert immer noch einen Output von ungefähr 100 Points.

Der produzierte Wert hat jedoch dramatisch abgenommen. Er fiel von 80 Points vor zwei Jahren auf nur noch die Hälfte, 40 Points heute. Entsprechend nahm die Bearbeitung der technischen Schulden und der Bugs zu.

Die Infrastruktur ist am Anfang häufig umfangreicher und nimmt im Lauf der Zeit ab, verschwindet aber nie komplett. Es ist wichtig, die Infrastruktur und die Architektur stabil zu halten.

Die wichtige Erkenntnis hier besteht darin, diese Zahlen sorgfältig im Blick zu behalten, da dieses Muster alltäglich ist und leicht verschleiert werden kann. Der Wert der Zahl an sich ist nicht so wichtig wie ihr Trend im Zeitverlauf, der anzeigen kann, ob Sie sich verbessern oder verschlechtern. Betrachten Sie die Daten in Ihrem bestimmten Kontext, schaffen Sie Transparenz und steuern Sie von dort aus Ihre Entscheidungen.

BUDGETIERUNG

Irgendwann hat jemand eine Idee für eine Produktinitiative. Diese Idee bietet zukünftige Einkünfte oder Kosteneinsparungen für die Organisation. Vielleicht wird ein Business Case erstellt, um diesen potenziellen ROI zu zeigen. Der nächste Schritt ist die Budgetierung.

In einer bestimmten, phasengesteuerten Organisation wird die Budgetierung normalerweise einem Projektmanager übergeben und richtet sich dabei nach folgenden Schritten:

1. **Budget vorbereiten**
   Finden Sie heraus, was benötigt wird, erstellen Sie einen Plan für die Initiative und senden sie ihn dann an die Entscheidungsträger.
2. **Budget freigeben**
   Bestimmen Sie, ob das Budget noch immer mit dem angeblichen ROI der Initiative übereinstimmt. Lohnt sie sich nach wie vor? Dies kann häufig eine politische Aktivität sein, bei der vor der Freigabe Änderungen und Kürzungen erwartet werden, was häufig Auswirkungen auf die Entwicklungszeit hat.
3. **Budget verwenden (und kontrollieren)**
   Die Arbeit erledigen und die Kosten kontrollieren; hier werden Scoop Creep (schleichende Umfangausweitungen) gemanagt und Änderungswünsche zur Anpassung des Budgets gestellt.
4. **Budget evaluieren**
   Stellen Sie sicher, dass das Geld richtig genutzt und ausgegeben wurde, denn dies ist der Moment der Wahrheit, wenn Sie das erkennen.

Das Problem bei diesem Ansatz besteht darin, dass das Budget und der Termin festgelegt werden, bevor die tatsächliche Arbeit überhaupt begonnen hat, also genaugenommen zu einem Zeitpunkt, zu dem jeder nur ein Minimum darüber weiß, was gebaut wird (siehe Abbildung 8-23). Bis jetzt hat noch kein echter Lernprozess stattgefunden und über die Komplexität weiß man auch noch nichts. Der Job des Projektmanagers ist es, ein bestimmtes Projekt im Rahmen des Budgets, des Zeitplans und des Umfangs zu liefern.

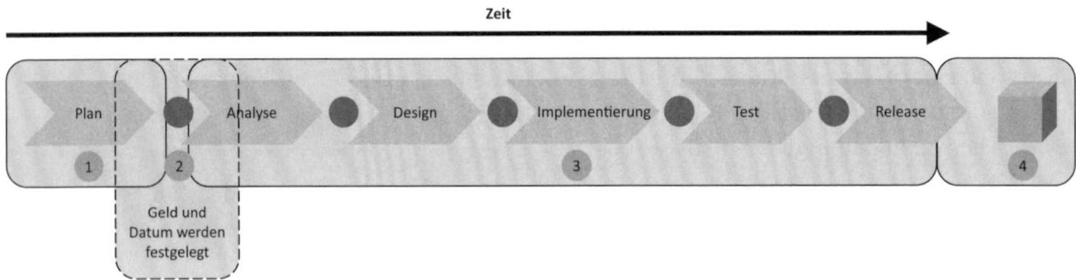

Abbildung 8-23 Festlegung von Termin und Budget, wenn die geringsten Kenntnisse vorhanden sind

Der anfängliche Business Case hat sicherlich Vorzüge. Der lange Prozess der Budgetierung selbst kann jedoch zu immer neuen Phasen der Planung und Übergaben führen, die schließlich die ursprüngliche Produktvision verschleiern. Denken Sie sich an das Produktmanagement-Vakuum, das wir im ersten Kapitel beschrieben haben.

Statt sich diese Fesseln anzulegen, bevor Sie die Chance haben, etwas zu lernen, sollten Sie Emergenz wirksam einsetzen, indem Sie echte Daten – empirische Beweise – dadurch sammeln, dass Sie einen kleinen Teil des geplanten Produkts bauen. Dieser Teil sollte sich mit den erwarteten Features oder technischen Risiken beschäftigen, da Sie echte Daten haben wollen, um eine Go-/No-Go-Entscheidung zu treffen. Die Kosten für diesen Lernprozess sind relativ einfach zu kalkulieren: Es ist die Anzahl der Mitglieder Ihres Entwicklungsteams für die Dauer der Lernphase (siehe Abbildung 8-24). Normalerweise sollten einige

Sprints ausreichen, genügend empirische Daten zu erheben, um eine fundierte Entscheidung zu treffen. Diese Zeit (und Kosten) kann sogar kürzer sein als die erforderliche Zeit, um einen umfassenden Plan und ein Budget zu erstellen.

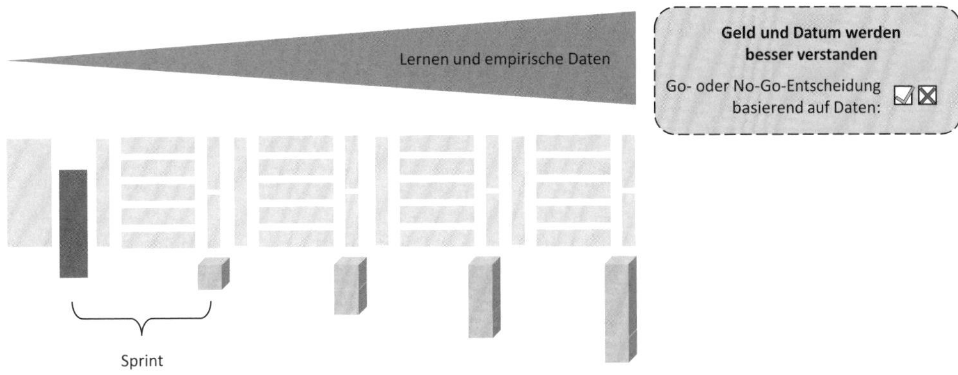

Abbildung 8-24 Zweistufige Budgetierung: Engagement nach Erlangung tatsächlicher Erkenntnisse

Falls die Daten ergeben, dass die Risiken nicht zu managen sind und die resultierende Unsicherheit daher zu hoch ist, könnte dies ein guter Moment sein, den Stecker zu ziehen. Sie verlieren etwas Geld, aber Sie würden vorher wissen, wie viel es sein würde.

Falls die Daten ergeben, dass es eine realistische Chance gibt, das Produkt zu bauen und auszuliefern, dann fahren Sie fort. Dies könnte ein guter Zeitpunkt sein, die Auslieferung zu beschleunigen, indem Sie Ihr Entwicklungsteam vergrößern.

„Seien Sie klug genug, nicht unbesonnen zu sein, aber mutig genug, große Risiken einzugehen."
– Frank Warren

Noch besser als den ersten Teil des Produkts zu bauen, um Daten zu sammeln und eine Go-/No-Go-Entscheidung zu treffen, ist es, das Produkt tatsächlich vor der nächsten Budgetierungsphase auszuliefern. Es ist viel einfacher, einen Budget Case zu erstellen, wenn Sie den tatsächlichen ROI präsentieren können. Denken Sie sich an das MVP, das wir in Kapitel 4 vorgestellt haben.

Ich arbeitete in einem Scrum-Team für eine interne Callcenter-Anwendung. Wir im Entwicklungsteam hatten keine Ahnung, dass das Budget fast aufgebraucht war. Einige Sprints zuvor, als wir einige neue Funktionalitäten zeigten, überzeugte uns einer der User jedoch, ihm diese Funktionalität früher zur Verfügung zu stellen, da es ihm bei seinen täglichen Aufgaben Zeit sparen würde. Als dann später verkündet wurde, dass das Budget aufgebraucht war, konnte dieser User zeigen, wie viel Zeit (Geld) das Team durch die neue Funktionalität gespart hatte. Das machte es einfacher, neue Budgets zu beantragen.

Fünf Schritte für agiles Budgetieren (FEED-ME):

1. Unterstützen Sie Produkte und ihre *Visionen* statt Projekte (**F**und).
   Denken Sie produkt- statt projektbezogen. Ein Produkt zu haben, kostet Geld. Ein zweiwöchiger Sprint, der 45 000 Euro kostet, entspricht einem Jahresergebnis von 1,2 Millionen Euro. Wie viele Menschen und Entwicklungsteams können damit finanziert werden?
2. Ermächtigen Sie den Product Owner (**E**mpower).
   Anstatt den Umfang, den Zeitplan und das Budget einem Projektmanager zu übergeben, erlauben Sie dem Product Owner, eher ein Sponsor mit einem unternehmerischen Mindset für das Produkt zu werden. Geben Sie ihm treuhänderische Verantwortung.
3. Schaffen Sie Transparenz (**E**stablish).
   Statt in einem definierten linearen Ansatz zu denken und zu handeln, etablieren Sie empirische Feedbackschleifen, die kontinuierliche Messungen erlauben. Fragen Sie sich immer wieder, ob Sie den Kurs halten und ob sie den *richtigen* Kurs halten.
4. Zeigen Sie früher einen *Wert* (**D**emonstrate).
   Je häufiger Sie ausliefern, desto häufiger werden Ihre Stakeholder einen Return on Investment erkennen. So fahren sie bereitwilliger fort mit der Finanzierung oder erhöhen sie.
5. Managen Sie die Erwartungen der Stakeholder (**M**anage).
   Stellen Sie sicher, dass die Stakeholder ständig darüber informiert sind, wofür das Geld ausgegeben wird und was sie dafür bekommen. Erinnern Sie sie an die Unsicherheiten beim Bauen komplexer Produkte und dass sich Richtungen vielleicht ändern müssen. Halten Sie nach neuen Stakeholdern Ausschau, während die Arbeit voranschreitet.
6. Nutzen Sie empirische Budgetierung durch *Validierung* (**E**mploy).
   Statt sich von einem festen Budget leiten zu lassen (und einem Umfang und einem Zeitplan), erkennen Sie an, dass die Budgets variieren müssen, um mit den gesammelten Beweisen umzugehen und gleichzeitig Ihre Annahmen zu validieren. Budgets müssen vielleicht neu zugeteilt, gesenkt, erhöht oder sogar gestrichen werden. Planen Sie ein, das Budget jedes Mal, wenn Sie validieren und neue Beweise gesammelt werden, zu überprüfen.

Dies ist alles leichter gesagt als getan und eine agilere Budgetierung einzuführen, geschieht auch nicht über Nacht. Am Ende können Sie nur die Karten ausspielen, die Ihnen ausgeteilt worden sind. Denken Sie einfach daran, dass, egal wie die Finanzierung läuft, ein agiler Ansatz immer noch funktionieren kann.

Wenn Ihre Organisation dennoch ein Vorab-Budget verlangt und …

… **Sie etwas bei der Budgetierung zu sagen haben:**

1. Erstellen Sie ein Product Backlog.
2. Bestimmen Sie mit dem Entwicklungsteam eine potenzielle Geschwindigkeit.
3. Bestimmen Sie die Anzahl der Sprints.
4. Multiplizieren Sie die Anzahl der Sprints mit den Kosten eines Sprint.
5. Machen Sie sich klar, dass eine weitere Finanzierung einfacher sein wird (bei Bedarf), sobald Sie Funktionalität ausliefern, die eine Rendite bringt.

… Sie bei der Budgetierung nichts zu sagen haben, die Verwendung aber Ihnen überlassen wird:

1. Erstellen Sie ein Product Backlog.
2. Bestimmen Sie mit dem Entwicklungsteam eine potenzielle Geschwindigkeit.

3. Bestimmen Sie, wie weit Sie mit dieser potenziellen Geschwindigkeit im Product Backlog nach unten gelangen können.
4. Machen Sie sich klar, dass eine weitere Finanzierung einfacher sein wird (bei Bedarf), sobald Sie Funktionalität ausliefern, die eine Rendite bringt.

… Sie ein festes Budget für einen festen Umfang kalkulieren sollen:

1. Machen Sie sich bewusst, dass Sie aufgefordert worden sind, das gesamte Risiko zu übernehmen. Kommunizieren Sie daher höhere Kosten, um dieses Risiko effektiv zu managen.
2. Erstellen Sie ein Product Backlog.
3. Bestimmen Sie mit dem Entwicklungsteam eine potenzielle Geschwindigkeit.
4. Bestimmen Sie die Anzahl der Sprints.
5. Erhöhen Sie die Kosten des Sprint um ein oder zwei zusätzliche Mitglieder pro Entwicklungsteam, um das Risiko zu reduzieren. Betrachten Sie das als Puffer, um den Mehraufwand bei Änderungen des Umfangs zu managen.
6. Multiplizieren Sie die Anzahl der Sprints mit den Kosten eines Sprint.
7. Machen Sie sich bewusst, dass Kunden Änderungen möchten, sobald Sie Funktionalität ausliefern. Akzeptieren Sie jede Änderung, falls Sie dafür Kapazitäten haben oder sie mit gleich großen Items getauscht werden können. Erhöhen Sie die Kosten für alle weiteren Änderungen, andernfalls leidet die Qualität des Produkts darunter.
8. Stellen Sie sicher, dass das Budget eine Wartungsperiode enthält, die auf die Initiative folgt, da es immer unvorhergesehene Arbeit nach einem Release gibt.

Wie Sie sehen können, limitieren ein festes Budget und ein fester Umfang die Agilität. Letztendlich wird eine Anbieter-Managementsituation geschaffen, in der der Kunde nach einem Produkt fragt, als wenn er es von der Stange kaufen würde. Der Unterschied ist, dass das Produkt noch gar nicht existiert und der Anbieter diese Unsicherheit berücksichtigen muss.

Ich arbeite für ein Software-Entwicklungsunternehmen, das Improving heißt. Als ein Anbieter, der Produkte für Kunden baut, möchten wir so viel wie möglich mit ihnen zusammenarbeiten, um das richtige Produkt zu bauen. Leider bitten viele Kunden um einen Festpreis und einen festen Umfang. Wir haben am eigenen Leib erfahren, dass es letztlich unseren Gewinn senkt, uns manchmal sogar in die roten Zahlen bringt, wenn wir Änderungswünschen unserer Kunden nachgeben, ohne das Risiko zu berücksichtigen und keine zusätzlichen Leute hinzuzuziehen. Das hilft weder uns noch den Kunden. Daher bieten wir gerne zwei Optionen: (1) Zeit und Materialkosten, das ermöglicht dem Kunden, das Budget zu erhöhen oder zu senken, wenn er einen Wert im Verlauf erkennt, oder (2) einen höheren Festpreis, wenn wir das Risiko tragen müssen.

Um all diese Risiken zu managen, ist es letztendlich das Beste, am Ende jedes Sprint ein lauffähiges „Done“-Produkt zu haben.

Indem Sie sich selbst in die Lage versetzen, durchgehend einen Wert zu schaffen, verändern sich die grundlegenden Diskussionen über Budgets und Zeiträume. Die Frage lautet nicht länger, ob wir es schaffen, sondern, ob wir aus jedem Sprint den besten ROI herausholen.

Dieser Ansatz erleichtert nicht nur die Budgetentscheidungen, sondern er hilft auch bei anderen wichtigen Faktoren, wie zum Beispiel dabei, die Erwartungen der Stakeholder zu erfüllen sowie den Governance- und den Regulierungsanforderungen zu entsprechen.

GOVERNANCE UND COMPLIANCE

Die ersten beiden Werte des Agilen Manifests von 2001 lauten:

> **Individuen und Interaktionen** mehr als **Prozesse und Werkzeuge**
> **Funktionierende Software** mehr als **umfassende Dokumentation**

Beides spiegeln die potenzielle Verschwendung innerhalb von Governance-Aktivitäten wider, die mit der Absicht der Risikominimierung durchgeführt werden. Agile Teams mindern Risiken, indem sie funktionierende Software erstellen; daher werden Compliance-Dokumente, Abzeichnungen und Audits häufig als überflüssig betrachtet.

Bedeutet das, dass alle Governance- und Compliance-Aktivitäten überflüssig sind?

Um das besser zu beantworten, werfen wir einen Blick auf einige gebräuchliche Dokumente in der Produktentwicklung an (Tabelle 8-4).

Tabelle 8-4 Gebräuchliche Dokumente in der Produktentwicklung im Vergleich

Anforderungen	User-Handbücher
Geschäftsprinzipien	Schulungsmaterial
Testfälle	Legal Compliance (Sarbanes-Oxley)
UI Mockups	Support und Wartungshandbücher
Designs	Security Compliance
Coding Style Guides	Legal Traceability-Matrix (FDA, FAA etc.)

Erkennen Sie einen Unterschied zwischen den Dokumenten auf der linken und denen auf der rechten Seite?

Die Dokumente auf der linken Seite werden vom Entwicklungsteam verwendet, die auf der rechten von Stakeholdern außerhalb des Scrum-Teams. Wer sollte also bestimmen, welche Dokumente gebraucht werden? Idealerweise sollte das Entwicklungsteam die Dokumente auswählen, die ihm helfen (links), während der Product Owner die Dokumente auswählen sollte, die den Stakeholdern helfen (rechts). Daher sollten sich die Dokumente der linken Seite entweder im Sprint Backlog und/oder der „Definition of Done“ befinden. Die der rechten Seite sollten im Product Backlog oder auch ein Teil der „Definition of Done“ sein.

Das ist eine gute Gelegenheit, um auf die Governance zu schauen. Es gibt interne Governance für die Dokumente auf der linken Seite und externe Governance für die auf der rechten. Externe Governance mag als überflüssig betrachtet werden, aber sie ist notwendig. Sie behandeln sie so, wie Sie jede andere Anfrage eines Stakeholders behandeln würden. Interne Governance mag eine gute Gelegenheit sein, Überflüssiges zu reduzieren.

Es gibt zwei wesentliche Gründe, die interne Governance zu implementieren.

Der erste ist mangelndes Vertrauen in das Entwicklungsteam, weshalb es gebeten wird, seine Arbeit zu dokumentieren, um sicherzustellen, dass es nicht vom Kurs abkommt. Sollte das dennoch passieren, wird es wahrscheinlich gebeten, weitere Dokumentationen zu liefern, die einen Plan beinhalten, um wieder in die Spur zu kommen.

Der zweite ist, dass die Organisation Konsistenz zwischen den Teams, den Produkten und den Abteilungen möchte, um letztlich die Kosten zu senken.

Der erste Grund, mangelndes Vertrauen, wird durch Scrum angegangen, indem man in jedem Sprint lauffähige Inkremente erzeugt. Daher sollte der einzige echte Grund für interne Governance sein, eine Konsistenz innerhalb der Organisation zu erreichen.

Je größer das Unternehmen, desto mehr Governance ist notwendig, um die Übersicht und die Kontrolle zu behalten. Beim Wasserfall-Ansatz richten sich die Governance-Checkpoints an den Meilensteinen zwischen den Entwicklungsphasen aus (siehe Abbildung 8-25). Bis etwas gebaut wird, gibt es nur die Verwaltung von Papierkram.

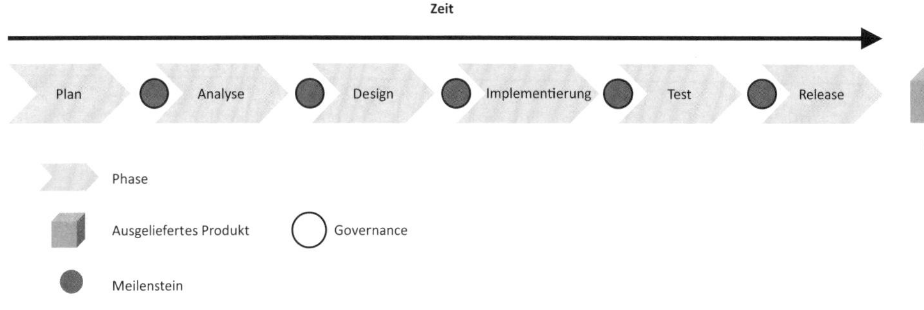

Abbildung 8-25 Governance in Meilensteinen

Wenn Dinge schieflaufen, erhöht sich normalerweise die Governance, was das Release weiter verlangsamt.

Ein Mythos besagt, dass ohne Governance ein Chaos entsteht, je mehr Governance, desto mehr Ordnung (siehe Abbildung 8-26).

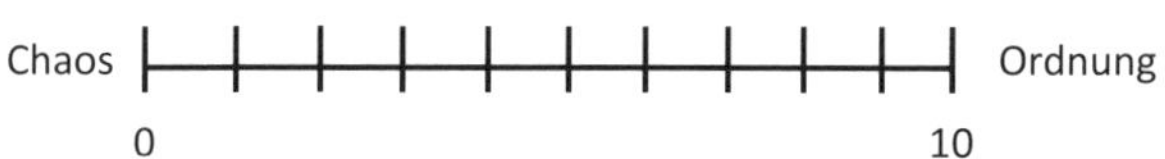

Abbildung 8-26 Governance-Spektrum

Die Governance ist vor einem Release am aufwendigsten, da ein Release das größte Risiko darstellt. Das ist für Organisationen problematisch, die versuchen, agiler zu sein und häufiger ein Release durchzuführen.

Ich coachte einige Teams einer großen Einzelhandelskette bezüglich E-Commerce. Die Organisation nutzte normalerweise sechs- bis zwölfmonatige Release-Zyklen und hatte eine interne Governance-Regulierung, nach der 17 Unterschriften erforderlich waren für die Planung eines Release und dann noch einmal vor dem Release. Da wir geplant hatten, in jedem zweiwöchigen Sprint ein Release durchzuführen, wurde das zu einem eindeutigen Engpass. Bei einem Major Release wäre das vielleicht möglich gewesen, aber wir versuchten, häufiger einen Wert zu liefern. Es war unmöglich, im Sprint Planning und dann noch einmal nach dem Sprint Review 17 Unterschriften zu bekommen. Nachdem wir die Governance-Gruppe und das Stakeholder-Management darauf aufmerksam gemacht hatten, änderten sie ihre Praktiken.

Mit einem klaren Focus auf dem Wert durch kontinuierliche Auslieferung eines Produkts haben Sie alles, was Sie brauchen, um Dinge zu regeln.

Jeder Papierkram, der den Fortschritt beschreibt, ist nutzlos – kein Kunde wird dafür bezahlen. Kunden bezahlen nur für ein funktionierendes Produkt. Wie bekommen Sie dieses funktionierende Produkt? Überlassen Sie das den Menschen, die die Arbeit erledigen, indem Sie eine klare Vision bieten und es ihnen ermöglichen, häufig auszuliefern. Begraben Sie sie nicht in Bürokratie.

John Kotter beschreibt das sehr gut:[18]

Die alte Methodik ist dem schnellen Wandel einfach nicht mehr gewachsen. Hierarchien und standardisierte Managementprozesse sind, selbst wenn sie nur wenig bürokratisch sind, in sich wenig risikofreudig und resistent gegenüber Veränderungen.

„Ohne mehrstufige Bürokratie, Befehls- und Kontrollvorschriften und Six-Sigma-Prozesse wird ein Grad an Individualität, Kreativität und Innovation ermöglicht, den selbst die flachsten Hierarchien nicht bieten können."

– John Kotter

Wenn Sie am Ende des Sprint ein lauffähiges „Done"-Produkt haben, dann verfügen Sie über das gesamte Feedback und die Erkenntnis, um Dinge richtig zu regeln (siehe Abbildung 8-27).

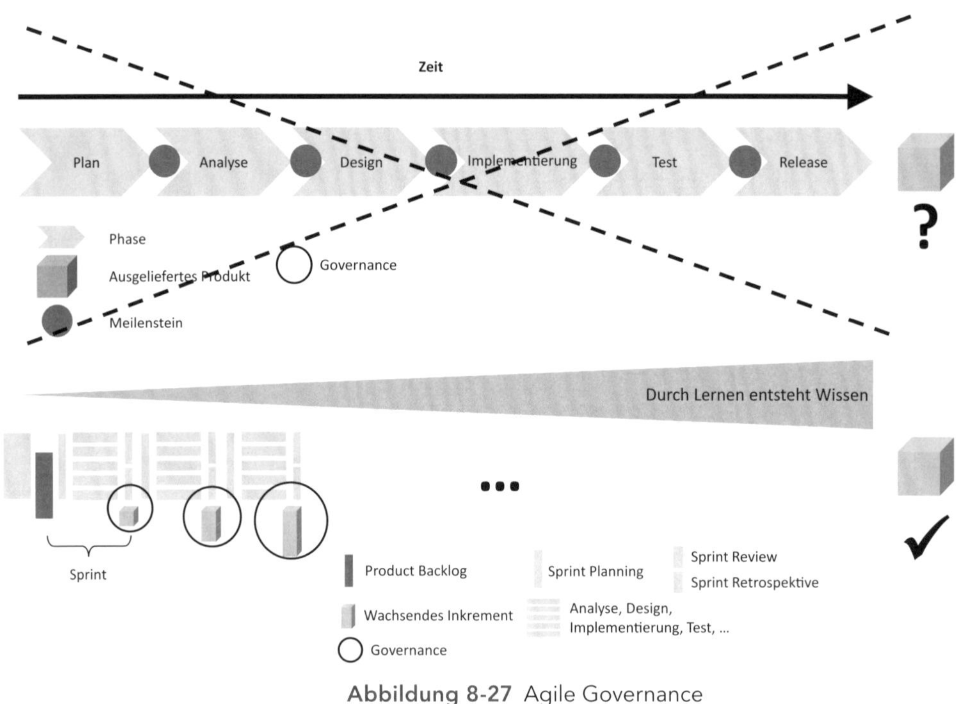

Abbildung 8-27 Agile Governance

[18] John Kotter: *Accelerate!*, *Harvard Business Review*, November 2012.

Ich bin ein großer Fan von den Toyota-A3-Reports, wie sie von Durward Sobek und Art Smalley[19] beschrieben werden. Also fragte ich mich, wie man sie für das Reporting in Scrum nutzen könnte. Das Ergebnis nenne ich mal „Agile A4 Sprint Report“, da er gut auf eine Seite passt (siehe Abbildung 8-28). Oben links wird beschrieben, wie der vergangene Sprint lief und ob es Lerneffekte oder Schwierigkeiten gab. Direkt darunter sehen wir den Zufriedenheitsindex des Entwicklungsteams. Darunter wiederum befinden sich alle Risiken, die von Scrum selbst nicht bearbeitet werden können. Jedes Risiko wird anhand seiner Wahrscheinlichkeit und seiner Auswirkungen, falls es eintritt, beschrieben.

Oben rechts sehen Sie das Burn-down-Diagramm für unser Product Backlog. Unten rechts befindet sich die Anzahl der offenen Bugs.

In der Mitte gibt das Entwicklungsteam an, ob das Produkt „done“ ist und ausgeliefert werden kann.

Dieser Report wird in jedem Sprint aktualisiert und kann eingesehen werden. So ist es leicht, über die Sprints hinweg zu vergleichen und Trends zu entdecken. Das war die ganze Governance, die wir brauchten.

Sprint 04 (July 15th – July 26th)

Good	Found solution on how to persistent geo data
Difficult	Bootstrap JS is not as easy to program as assumed
Different	JavaScript is an easy to use language and versatile

Happiness Index			
Poll	1	2	3
Date	03/06/2013	28/06/2013	28/06/2013
Product Owner	4	4	4
Scrum Master	4	4	4
Influence Work	3	4	4
Easy to release	3	2	2
Process that fits the team's mission	4	3	3
Org Support	3	3	3
Mission	4	4	3

Abbildung 8-28 Agile A4 Sprint Report

19 Durward K. Sobek II und Art Smalley: *A3 – Understanding A3 Thinking* (New York. Taylor and Francis, 2008).

KICK-OFF

Wenn man ein Release plant, ist es wichtig, einen guten Start zu haben.

Sandy Mamoli und David Mole[20] schreiben, dass 30 Prozent des Erfolgs davon abhängt, wie das Team startet. Auch wenn das Kick-off nicht am wichtigsten ist, so hat es doch das Potenzial alles zu ruinieren.

In meiner Freizeit jogge ich gerne und habe schon an einigen Marathonläufen teilgenommen. Für die Zielzeit ist Training am wichtigsten, aber es ist nicht alles. Sobald Sie am Start stehen und bereit sind, Ihr Bestes zu geben, ist in der Vorbereitung schon viel passiert: einfache Dinge wie Fußnägel schneiden, die richtigen Socken, Hose und Shirt auswählen, um Hautreizungen zu vermeiden, die bei einer Distanz von 42,195 Kilometern schon recht schmerzhaft sein können, oder berechnen, wie häufig man welche Flüssigkeit zu sich nimmt, wie hoch das erforderliche Tempo sein muss, um die angestrebte Zielzeit zu erreichen, wie viel von der richtigen Nahrung man am Tag zuvor zu sich nehmen muss, genügend zu trinken, dass man nicht dehydriert, aber auch nicht ständig Wasser lassen muss. Nach dem Start geht es darum, Ihren Rhythmus, Ihre Atmung und Ihr Tempo zu finden. Es ist verlockend, in der Gruppe mitzulaufen, die wie zu einem 100-Meter-Sprint startet. Wenn Sie sich jedoch an Ihre Prinzipien halten, garantiere ich Ihnen, dass Sie sie nach ungefähr einem Drittel der Strecke eingeholt haben. Nachdem die ersten fünf Kilometer geschafft sind, geht es nur noch darum, die Zeit, das Tempo, den Puls und die Distanz zu überprüfen und anzupassen.

Wie man seine Produktentwicklung startet, ist leider allzu oft nur ein Nebengedanke. Es scheint wichtiger zu sein anzufangen, statt richtig anzufangen. Das Mantra „fangt einfach an, was wir genau brauchen, erfahrt ihr später“ ist weit verbreitet. Grundsätzlich verfolgen zu wenige Entwickler mit nicht passenden Fähigkeiten eine nicht formulierte Vision. Das ist in vielerlei Hinsicht frustrierend und führt nicht dazu, dass sich das Entwicklungsteam engagiert.

Diana Larsen und Ainsley Nies beschreiben in ihrem Buch *Liftoff*[21], wie sie ihre Produktentwicklung gerne starten. Abbildung 8-29 ist eine kurze Einführung in ein Kick-off.

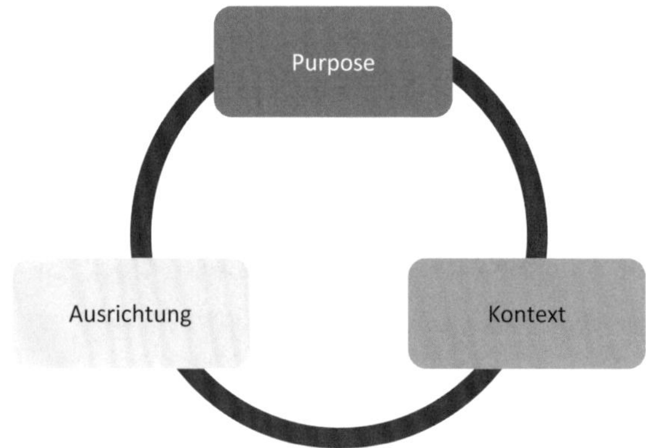

Abbildung 8-29 Kick-off mit Purpose, Kontext und Ausrichtung

[20] Sandy Mamoli und David Mole: *Creating Great Teams: How Self-Selection Lets People Excel* (Dallas: Pragmatic Bookshelf, 2015).

[21] Diana Larsen und Ainsley Nies: *Liftoff* (Hillsboro, OR: Onyx Neon Press, 2012).

Ziel ist es, ein Zeichen zu setzen, eine klare Vision zu formulieren und zu entscheiden, wie man dorthin gelangen kann (siehe Abbildung 8-30).

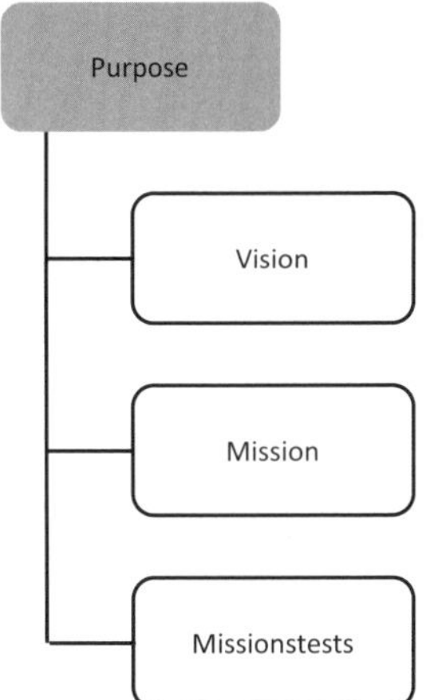

Vision

- Was ist die Vision des Produkts? Dies wird in Kapitel 2 besprochen.

Mission

- Häufig kann die Vision nicht in einem Schritt erreicht werden. Es sind eine Reihe kleinerer Missionen erforderlich, um die Vision zu erreichen. Was ist Ihr erster/nächster Schritt in Richtung der Vision?

Missionstests

- Wie können Sie messen, ob Sie bezüglich Ihrer Mission den richtigen Kurs eingeschlagen haben? Siehe Kapitel 3 über evidenzbasiertes Management (EBMgt).

Abbildung 8-30 Purpose

Ich arbeitete einmal an einem landwirtschaftlichen Produkt. Die Vision bestand darin, den Ernteertrag durch eine klügere Nutzung des Wassers, in der Region ein knappes Gut, um 20 Prozent zu steigern. Unsere erste Aufgabe war es, mindestens 100 Landwirte zu gewinnen, die an dem Pilotprojekt teilnahmen, da wir unser mathematisches Modell validieren wollten. Die Tests waren ziemlich einfach: 100 Landwirte sollten den Vorteil dieses Produkts erkennen.

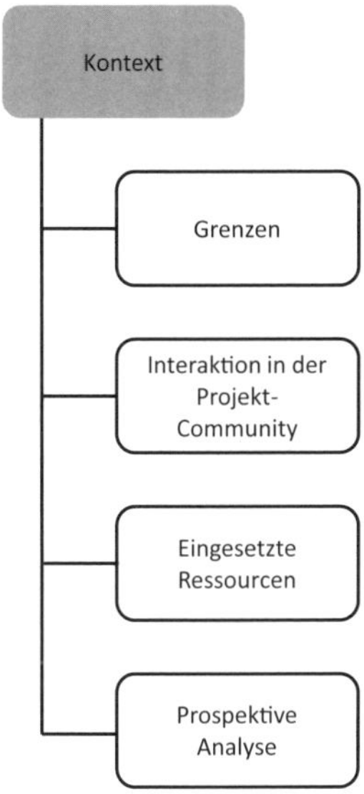

Kontext

Grenzen

Interaktion in der Projekt-Community

Eingesetzte Ressourcen

Prospektive Analyse

Grenzen
- Was sind unsere Abhängigkeiten von anderen Komponenten oder Teams?
- Physikalische Arbeitsumgebung

Interaktion in der Projekt-Community
- Wer sind unsere Stakeholder?
- Kunden
- Verkauf
- Marketing
- User

Eingesetzte Ressourcen
- Reisen
- Infrastruktur
- Hardware/Software

Prospektive Analyse
- Wie lauten unsere Annahmen?
- Sind wir realistisch in Bezug auf das, was uns zur Verfügung steht und auf unser Ziel?
- Was sind bekannte Gefahren und große Risiken?
- Was wird passieren, wenn die Dinge sich verschlechtern?
- Was sind unsere Möglichkeiten und Vorteile?

Abbildung 8-31 Kontext

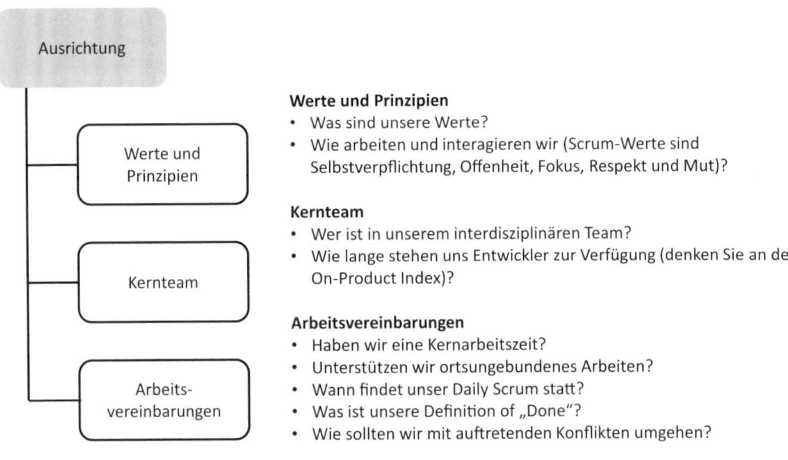

Abbildung 8-32 Ausrichtung

Wenn man die Schritte in den Abbildungen 8-30, 8-31 und 8-32 befolgt und für jeden Punkt eine Antwort ausarbeitet, dann ist das ein gelungener Start. Ja, das ist eine Teamleistung, nichts, das Sie in aller Abgeschiedenheit erledigen. Holen Sie alle in denselben Raum (siehe Abbildung 8-33) und lassen Sie das Team die Sache selbst in die Hand nehmen, mit viel Unterstützung.

Wie lange dauert das? Sie können im Allgemeinen einen Tag einplanen. Falls ein Tag nicht ausreicht, erledigen Sie einige Vorarbeiten und halten dann das Kick-off als großes Event ab oder Sie fahren für zwei Tage irgendwohin für einige teambildende Maßnahmen.

Abbildung 8-33 Kick-off bei der Schweizerischen Post in der VIP-Lounge im Stade de Suisse (Quelle: Ralph Jocham)

QUALITÄT

Starten wir mit einigen Definitionen von Qualität.

DEFINITIONEN

Jeder möchte einen qualifizierten Service oder ein hochwertiges Produkt. Was genau aber ist Qualität? Wenn das Produkt hochwertig ist, sollte es dann nicht ein Erfolg sein?

Hier sind einige Definitionen:

- **Ursprüngliche Definition von Qualität ISO 9000:** Grad, in dem eine Reihe vorhandener Merkmale Anforderungen erfüllt
- **Philip B. Crosby**[22] (seine Arbeit zum Qualitätsmanagement ist sehr angesehen): Erfüllung von Anforderungen

Bei Qualität geht es darum, das zu tun, was Sie am Anfang festgelegt haben, wahrscheinlich vor sehr langer Zeit, als Sie am wenigsten wussten. Qualität konzentriert sich auf Prozesskonformität und nicht auf Werte und End-User-Zufriedenheit.

Johan Laurenz Eveleens und Chris Verhoef[23] betrachten die Definition von Projekterfolg auf der Grundlage der Definition der Standish Group:

Resolution Typ 1 oder erfolgreiches Projekt

Das Projekt wird rechtzeitig im Rahmen des Budgets abgeschlossen und bietet alle Features und Funktionen, die anfangs festgelegt wurden.

Resolution Typ 2 oder teilweise erfolgreiches Projekt

Das Projekt ist abgeschlossen und betriebsbereit, jedoch über dem Budget und dem veranschlagten Zeitrahmen, und es bietet weniger Features und Funktionen, als ursprünglich festgelegt wurden.

Resolution Typ 3 oder nicht erfolgreiches Projekt

Das Projekt wird an irgendeinem Punkt im Entwicklungszyklus abgebrochen.

Jørgensen und seine Kollegen zeigen, dass diese Definitionen nicht alle Möglichkeiten abdecken. **Beispielsweise passt ein Projekt, das Budget und Zeit zwar einhält, aber weniger Funktionalität bietet, in keine der Kategorien** (siehe Tabelle 8-5, vierte Zeile).

Tabelle 8-5 Mögliche Definitionen eines erfolgreichen Projekts

#	Pünktlich	im Budget	alle Features	Status	zufriedener Kunde
RT1	ja	ja	ja	erfolgreich	?
RT2	länger	mehr	weniger	teilweise erfolgreich	?
RT3	?	?	?	abgebrochen	? (nein)
4	o.k.	o.k.	weniger	?	ja

22 https://en.wikipedia.org/wiki/Philip_B._Crosby

23 Johan Laurenz Eveleens und Chris Verhoef: *The Rise and Fall of the Chaos Report, IEEE Software 27,* Nr. 1 (2010): S. 30–36.

Was ist, wenn die fehlende Funktionalität wenig Wert bietet und vom Kunden gar nicht vermisst wird? Wird dadurch die Produktqualität reduziert? Nicht unbedingt, da es bekannt ist, dass ungefähr 50 Prozent der Features kaum jemals genutzt werden. Betrachten Sie einen zufriedenen Kunden sowie ein zufriedenstellendes Einhalten von Budget und Zeit als die wichtigsten Qualitätskriterien. „Zufriedenstellend" bedeutet, dass das ausgegebene Geld und die investierte Zeit im entsprechenden Kontext angemessen waren. Das kann bedeuten, dass mehr oder sogar weniger aufgewendet wurde. Diese Beurteilung muss jedoch aufgrund der Zusammenarbeit mit den Stakeholdern durch den Product Owner erfolgen.

Da Sie nach jedem Sprint „done" sind, ist es auch absolut in Ordnung, weniger Zeit und weniger Geld aufzuwenden als ursprünglich geplant und häufiger auszuliefern, um echtes Feedback vom Markt zu erhalten, vielleicht für jedes Feature, um echte Wertschöpfungskennzahlen zu sammeln.

QUALITÄTSTYPEN

Qualitätstypen sind Produktqualität und technische Qualität.

Produktqualität

Bei der Produktqualität geht es nur darum, das richtige Produkt zu schaffen – die richtigen Features und Funktionalitäten. Diese Verantwortung liegt beim Product Owner und ihr muss durch den richtigen Umfang entsprochen werden, der durch das Product Backlog dargestellt wird.

In einer regulierten Umgebung nennt man das *Validierung*, das Richtige tun.

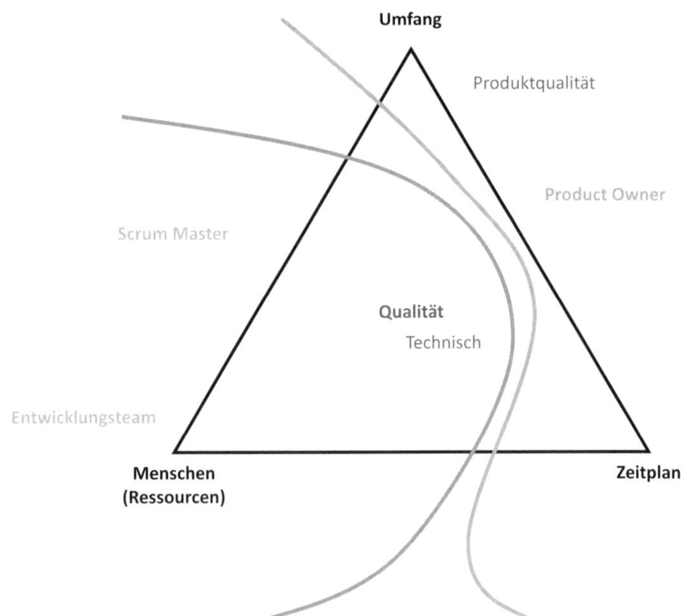

Abbildung 8-34 Eisernes Dreieck der Qualität und Beziehung zur Qualität mit den Scrum-Rollen

Technische Qualität

Die technische Qualität ist Aufgabe des Entwicklungsteams. Es ist dafür verantwortlich zu gewährleisten, dass das entwickelte Produkt immer in einem guten Zustand, ohne technische Schulden sowie „done" und auslieferbar ist.

In einer regulierten Umgebung nennt man das *Verifizierung*, es richtig machen.

Am Ende geht es nur darum, das Richtige richtig zu machen.

QUALITÄT ERHALTEN

Das Softwareprodukt wächst inkrementell. Denken Sie an Lego, wo Sie einen Stein auf den anderen setzen, bis Sie das haben, was Sie möchten. Das würde funktionieren, wenn Sie alles im Voraus wüssten, aber da Sie in einem komplexen Bereich operieren, werden Sie Änderungsanforderungen für das bestehende Inkrement bekommen. Das Inkrement wächst, aber die bestehende Funktionalität wird durchgehend angepasst. Das ist der iterative Teil von iterativ und inkrementell.

Qualität muss vom ersten Tag an in das Produkt eingebaut werden, sie kann nicht am Ende im Produkt getestet werden. Beim nachträglichen Testen geht es um Stabilität nicht um Qualität. Qualität muss in das Produkt eingebaut werden und Sie müssen sicherstellen, dass sie auch dortbleibt (siehe Abbildung 8-35). Sie müssen gewährleisten, dass die erreichte Qualität – produktbezogen und technisch – nicht mit der Zeit verschwindet (siehe Abbildung 8-36). Wenn man sie einmal erreicht hat, bedeutet das nicht, dass sie auch in Zukunft bleibt.

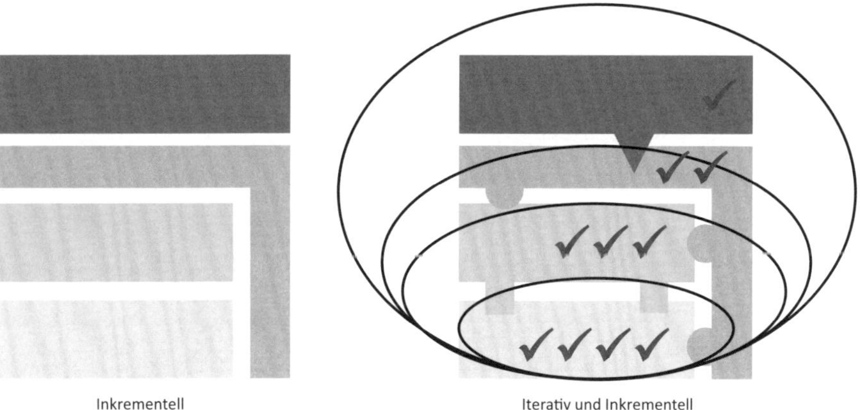

Abbildung 8-35 Qualität über die Zeit erhalten

Daher muss ein umfassender Regressionstest stattfinden für das, was hinzugefügt wurde, und für das, was bereits vorhanden war. Dafür brauchen Sie eine Testautomatisierung. Manuelles Testen ist für eine große Anzahl von Sprints nicht skalierbar. Wenn Ihre einzige Teststrategie manuell ist, dann werden Ihre Regressionstests schnell mehr Zeit Ihres Sprint einnehmen als die tatsächliche Entwicklung. Dann haben Sie allerdings ein großes Problem. Sie können die Produktqualität nicht länger garantieren, da Sie nicht mehr so leicht ein „Done" erreichen können.

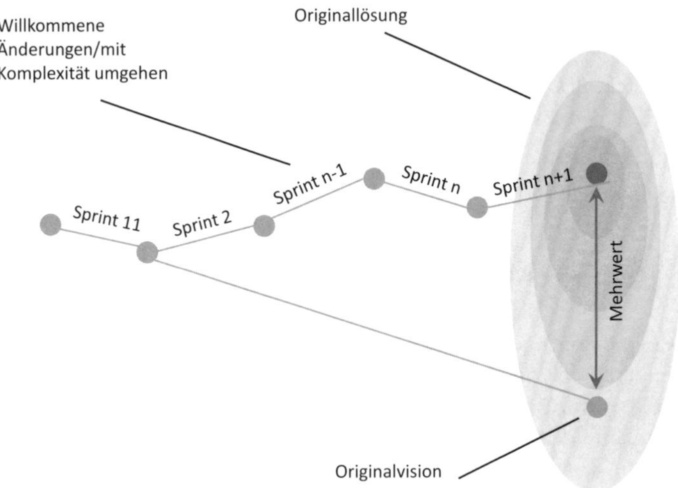

Abbildung 8-36 Wertmaximierung und Werterhaltung durch Sicherstellung der Qualität

Schauen wir uns noch einmal die agilen Testquadranten an (siehe Abbildung 8-37), die im Abschnitt „Specification by Example“ in Kapitel 7 bereits eingeführt wurden.

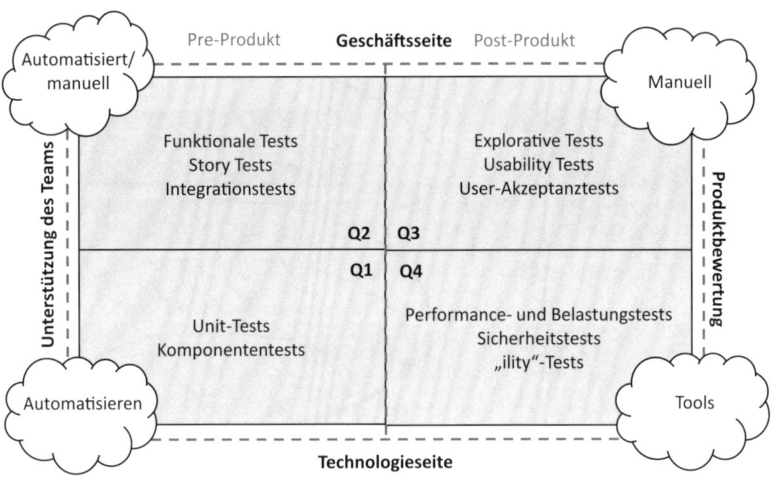

Abbildung 8-37 Agile Testquadranten mit einer Produktansicht

Quadrant 1

In diesem Quadranten geht es um solides handwerkliches Können: gutes Design, gute Technik, gute Programmierung und Disziplin. Quadrant 1 bildet die Grundlage, auf der das Produkt gebaut wird. Die Basis sind Hunderte oder Tausende automatisierte Unit-

Tests. Hier kommen beispielsweise Test-Frameworks wie JUnit[24] ins Spiel, das ursprünglich von Kent Beck entwickelt wurde. Es testet individuelle Funktionen und Klassen. Diese Tests gewährleisten einen Großteil der technischen Qualität.

Ein Unit-Test berührt kein File System, keine Datenbank oder irgendein anderes System, er erfolgt nur In-Memory (im Arbeitsspeicher). Darum sind Unit-Tests so schnell und Tausende von Tests können in kurzer Zeit durchgeführt werden. Wenn man die Umgebung simuliert, muss man das Verhalten der Umgebung verstanden haben. Genau dieses Verständnis steuert bessere Designentscheidungen.

Darüber hinaus sind solche Tests eine ausführbare Dokumentation, die das Verhalten der verwendeten Systeme genau beschreibt. Noch besser, diese Art der Dokumentation lügt auch niemals. Entweder ist sie grün, bei einem erfolgreichen Test, oder rot, wenn etwas schiefgelaufen ist.

Quadrant 1 dreht sich um das ***Wie****.*

Quadrant 2

Dieser Quadrant wurde durch die agile Softwareentwicklung in den Vordergrund gerückt, da er die Perspektiven des Geschäfts, der Technik und der Prüfung zusammenführt. Dieser Quadrant ist wichtig, um das Produktmanagement-Vakuum zu überbrücken, indem man entscheidende Gespräche führt, um alles Abstrakte aus den Anforderungen zu entfernen. Die Tests in diesem Quadranten gewährleisten die Geschäftsqualität. Sie sollten bis auf gelegentliche Ausnahmen automatisiert werden. Falls die Testautomatisierung in diesem Quadranten unrealistisch erscheint, ist das häufig ein Zeichen für schlechte Architektur-Entscheidungen. Das zeigt häufig, dass die Geschäftslogik nur durch die User Interface (Benutzerschnittstelle) getestet werden kann, da sie nicht ausreichend von der Präsentationsebene entkoppelt ist.

Da es bei Quadrant 2 auch um Integration geht, findet die Integration mit allen anderen Systemen hier statt. Simulationen werden durch die Wirklichkeit ersetzt und Tests sind nicht mehr nur In-Memory – dies ist der Augenblick der Wahrheit.

Wenn Sie es richtig gemacht haben, können Sie tatsächlich die meisten Ihrer Unit-Tests aus Quadrant 1 wiederverwenden, indem Sie den Test von der Simulation in die Wirklichkeit umleiten. Nochmals, dies sollte unkompliziert sein, vorausgesetzt Sie verfügen über die richtige Architektur und das richtige Design.

Quadrant 2 dreht sich um das ***Was****.*

Pre-Product

Die Quadranten 1 und 2 liegen in der Pre-Product-Phase. Alle Tests in diesen Quadranten führen zum Produkt. Wenn ein Test scheitert, dann haben Sie kein Produkt. Diese beiden Quadranten sind Ihre Qualitätswächter. Wenn alle Tests erfolgreich sind, haben Sie ein Produkt. Sie erledigen kontinuierliche Routinearbeit und daher sollten diese Tests automatisiert werden.

Diese Automatisierung ist nicht billig, aber sie zahlt sich langfristig aus. Was könnte besser sein als ein Produkt, das sich selbst testet?

---

[24] *About*, JUnit.org, http://junit.org, abgerufen am 3. März 2018.

Daher ist Continuous Integration, zusammen mit automatisierten Builds und Tests, heutzutage ein Muss. Es ist riskant, wenn Ihr Entwicklungsteam kein Continuous-Integration-System hat. Stellen Sie sicher, dass es in jedem Sprint genug Kapazitäten hat, um die richtige Infrastruktur zu implementieren, oder Sie zahlen letztlich zu einem späteren Zeitpunkt dafür (mit Zinsen) in Form technischer Schulden.

In diesen beiden Quadranten geht es darum, das Entwicklungsteam in seiner täglichen Arbeit zu unterstützen, um „Done"-Inkremente kontinuierlich auszuliefern und die Grundlage für eine emergente Architektur zu bauen.

Quadrant 3

Sobald Sie ein Produkt haben, ist es Zeit sicherzustellen, dass es genau das tut, was der User möchte. Hier bieten Sie die Gelegenheit für praktische Spielereien, entweder von der Testseite durch explorative Tests oder durch echte User, die zielgerichtete Arbeiten durchführen. Erwarten Sie eines von zwei Feedbacks: funktioniert für mich/uns oder funktioniert nicht für mich/uns. Im zweiten Fall erklären Sie die Funktionalität als nicht „done" und führen Sie sie für eine zukünftige Evaluierung wieder ins Product Backlog zurück. Im ersten Fall – super! Automatisieren Sie die UATs (User-Abnahmetests) und schieben Sie sie in Quadrant 2. So gewährleisten die Pre-Product-Tests, dass die Qualität erhalten bleibt.

Da es in diesem Quadranten um den menschlichen Aspekt geht, ist es klar, dass diese Tests manuell ablaufen. Diese Tests sind Arbeit genug, um das Testen beizubehalten, ein weiterer Grund, die Quadranten 1 und 2 zu automatisieren.

Im Quadrant 3 geht es um den ***User.***

Quadrant 4

Wie stellen Sie sicher, dass Ihre Architektur skalierbar und zuverlässig ist und unter Belastung gut funktioniert? Sicher, sie können in Quadrant 1 und vielleicht auch in Quadrant 2 viele dieser Aspekte testen, aber am Ende ist die einzig wahre Messgröße dieser Qualitätsmerkmale das finale Produkt. Wenn Sie das Produkt haben, bekommen Sie die Chance sicherzustellen, dass das System und die Architektur all diese nichtfunktionalen Anforderungen erfüllen. Diese Tests basieren häufig auf Werkzeugen, entweder durch ein gekauftes Tool oder eine kundenspezifische Entwicklung. Nochmals, Sie müssen so viele Tests wie möglich automatisieren.

Im Quadrant 4 geht es um ***nichtfunktionale Anforderungen.***

Post-Product

Die Quadranten 3 und 4 betreffen die Post-Product-Phase. Alle diese Tests werden am bestehenden Produkt durchgeführt, um es zu bewerten, zu beurteilen und zu kommentieren. Diese Validierung geschieht noch im Unternehmen, es ist also kein Feedback des Markts. Die Wahrscheinlichkeit, ein erfolgreiches Produkt auszuliefern und das Produktmanagement-Vakuum zu verringern, ist größer, wenn man diese Tests kontinuierlich und häufig durchführt.

QUIZ-ÜBERPRÜFUNG

Vergleichen Sie Ihre Antworten vom Beginn dieses Kapitels mit den folgenden. Nachdem Sie das Kapitel gelesen haben, würden Sie irgendeine Ihrer Antworten ändern? Stimmen Sie den folgenden Antworten zu?

Aussage	Stimme zu	Stimme nicht zu
In Scrum müssen Sie am Ende jedes Sprint ein Release durchführen.	☐	☑
Scrum kann keine Release-Daten liefern.	☐	☑
Sie können innerhalb eines Sprint mehrmals ausliefern.	☑	☐
Wenn man Teams nicht erlaubt, während wichtiger Geschäftsperioden auszuliefern (Code Freeze), wird die Agilität reduziert.	☑	☐
In Scrum müssen Product Backlog Items mithilfe von relativen Points bemessen werden.	☐	☑
Ein guter Release-Plan sollte einen Puffer kurz vor dem Release enthalten, um das Produkt zu stabilisieren (Defects fixen, Regressionstests, dokumentieren etc.).	☐	☑

Kapitel 9
Der professionelle Product Owner

Nun, da wir die Rolle des Product Owner eingehend beschrieben haben, fassen wir noch einmal zusammen, indem wir untersuchen, was es bedeutet, ein professioneller Product Owner zu sein. Welche Eigenschaften besitzt er? Woher weiß er, wann er erfolgreich ist?

Beginnen wir damit, uns noch einmal ein Bild aus Kapitel 1 anzuschauen.

Die erfolgreichsten Product Owner befinden sich weiter entlang der Linie in Abbildung 9-1. Erinnern Sie sich, dass es hier eher um Einstellungen und Mindsets geht als um Titel.

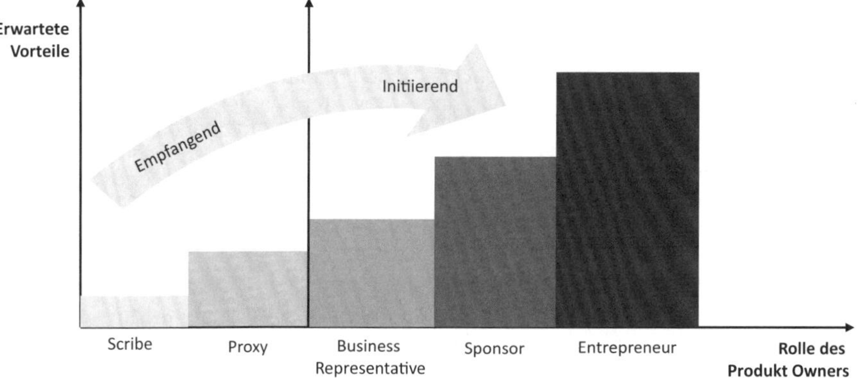

Abbildung 9-1 Die Persönlichkeit des Product Owners beeinflusst das Ergebnis

DEN ERFOLG DES PRODUCT OWNER VERSTEHEN

Beachten Sie die beiden Extreme eines Product Owner, die wir in den nächsten beiden Abschnitten beschreiben.

DER EMPFANGENDE PRODUCT OWNER

Ein Product Owner dieses Typs arbeitet häufig für ein größeres Unternehmen und ist für ein existierendes Produkt verantwortlich. Die obere Führungsebene liefert ihm die Leistungskennzahlen (KPIs), an denen er gemessen wird, häufig in Zusammenhang mit festgelegten Anforderungen. So wird es schwierig, proaktiv und visionär zu sein. Selbstzufriedenheit (z. B. „So erledigen wir die Dinge hier eben.") verschlimmert die Situation noch weiter und macht aus dem empfangenden Product Owner eher einen Projektmanager. Viele Organisationen verstehen die strategischen Aspekte der Rolle des Product Owner nicht und setzen sie mit dem Projektmanagement gleich.

Wenn das Ihre Rolle beschreibt, dann gehen Sie dazu über, das Produkt wirklich zu besitzen, und verstärken Sie Ihren Einsatz, die richtigen Dinge zu tun. Kämpfen Sie beispielsweise für Ihr Recht, ein starkes, zweckbestimmtes Entwicklungsteam aufzubauen (oder Teams), da Sie sich auf es werden verlassen müssen. Stellen Sie sicher, dass Sie genügend Bandbreite haben, um ein guter Product Owner zu sein. Betrachten Sie es als Fulltime-Job. Ziehen Sie mit Ihrem Schreibtisch zum Entwicklungsteam und bauen Sie eine echte Beziehung zu ihm auf, was zu einem Produktivitätssprung führen wird.

Ich coachte einmal ein großes Versicherungsunternehmen. Dort war ein Product Owner, der 50 Prozent seiner Zeit am Produkt arbeiten durfte. Die anderen 50 Prozent waren für andere Tätigkeiten vorgesehen. Er war ein wirklich guter Product Owner, aber 50 Prozent erwiesen sich als zu wenig. Als ich versuchte, seinen Chef davon zu überzeugen, das zu ändern, bekam ich nur eine Absage und die Information, dass der Product Owner am Ende des Jahres aufgrund seiner anderen Tätigkeiten beurteilt würde. Er befand sich zwischen Baum und Borke. Es war nicht möglich, mit nur 50 Prozent eine gute Arbeit als Product Owner abzuliefern, und die verbleibenden 50 Prozent schienen von der Menge der Arbeit eher wie 100 Prozent. Schließlich zog dieser Arbeitnehmer den Stecker und wechselte zu einer anderen Versicherungsgesellschaft.

Wenn Sie kein Fachexperte in dem Bereich sind, für den das Produkt gebaut wird, dann werden Sie einer. Praktizieren Sie *Genchi Genbutsu* (gehen Sie dorthin, wo die Arbeit erledigt wird), ein Konzept von Toyota. Identifizieren Sie Ihre Stakeholder und sprechen Sie mit ihnen, selbst wenn das bedeutet, das Gebäude zu verlassen. Sie müssen ihre Bedürfnisse, ihre Befürchtungen, ihren Ärger und ihre Hoffnungen verstehen, sodass sie wirkliche Empathie für den Kunden entwickeln können. Festigen Sie diese Beziehung durch Feedbackschleifen aus dem Sprint Review. Zeigen Sie, dass Sie zuhören und sich um sie kümmern. Finden Sie bei Stakeholdern, die nicht regelmäßig am Review teilnehmen können, andere Wege, um von ihnen Feedback zu erhalten, damit Sie zeigen, wie wichtig Ihnen ihre Meinung ist.

DER INITIIERENDE PRODUCT OWNER

Dieser Product Owner besitzt alle Freiheiten, selbst hinsichtlich des Budgets, alles Notwendige für die Produktvision zu tun. Dieses Maß an Unternehmertum steht höchstwahrscheinlich im Widerspruch zu den typischen Technologieabteilungen, da diese nicht genügend Verbindungen zum Management und zu den Entwicklungsteams haben. Ein initiierender Product Owner, der mit Menschen spricht, Deals aushandelt, Networking betreibt, die Vision verbreitet und das Feld für das Produkt beackert, hat nicht genügend Zeit, die er mit den Menschen vor Ort verbringen kann.

Wenn das Ihre Rolle beschreibt, dann suchen Sie sich vertrauenswürdige Adjutanten und befähigen Sie sie, Ihnen zu helfen, wo immer es nötig ist, indem Sie ihnen klare Ziele und Informationen liefern. Lassen Sie sie eigenständig Antworten finden und die Details ausarbeiten. Tätigkeiten und die damit verbundenen Verantwortlichkeiten können delegiert werden, aber Sie bleiben nach wie vor für das Produkt verantwortlich, da nur Sie die visionäre Autorität besitzen. Nehmen Sie sich die Zeit, Beziehungen zum Entwicklungsteam (oder den Teams) aufzubauen, indem Sie unaufhörlich die Produktvision teilen und Feedback liefern.

SIE

Diese beiden Typen von Product Owners befinden sich an den beiden äußersten Enden des Spektrums und stellen häufig zwei völlig verschiedene Persönlichkeiten dar. Ihre Realität befindet sich wahrscheinlich irgendwo dazwischen. Nutzen Sie die Anleitungen aus diesem Buch, um Ihren eigenen Ansatz zu entwickeln, damit Sie ein außerordentlicher Product Owner werden. Probieren Sie Ideen aus und messen Sie die Ergebnisse, um zu sehen, ob sie hilfreich oder hinderlich sind; seien Sie empirisch.

FÄHIGKEITEN UND EIGENSCHAFTEN

Unsere Product-Owner-Kurse schließen mit einer Übung ab, die die Rolle des Product Owner reflektiert. Die Teilnehmer werden nach den Fähigkeiten und Eigenschaften gefragt, die einen guten Product Owner ausmachen.

Was ist eine Fähigkeit und was eine Eigenschaft?

- Eigenschaften zeigen, wer Sie sind; Fähigkeiten sind das, was Sie können.
- Fähigkeiten sind leichter zu lernen; Eigenschaften erfordern eine Veränderung der Persönlichkeit.
- Leistungsbeurteilungen und Vorstellungsgespräche konzentrieren sich zu häufig auf Fähigkeiten, wie die Erfahrung, wie man etwas macht, und das Wissen über Verfahren, und die Qualität der Ergebnisse.

Mit dieser Beschreibung im Hinterkopf werden die Teilnehmer gebeten, die Fähigkeiten und Eigenschaften eines idealen Product Owner aufzulisten.

Die Charts in den Abbildungen 9-2 und 9-3 zeigen, wie oft eine Fähigkeit oder eine Eigenschaft nach Hunderten von Kursen und Tausenden von Schülern identifiziert wurde.

Die wichtigste Fähigkeit ist das Wissen über den Bereich und das Geschäft, dicht gefolgt von ausgeprägter Kommunikationsfähigkeit.

Die wichtigste Eigenschaft ist Entscheidungsfreudigkeit – die Macht und die Fähigkeit, Entscheidungen zu treffen und Debatten zu beenden –, gefolgt von Visionskraft.

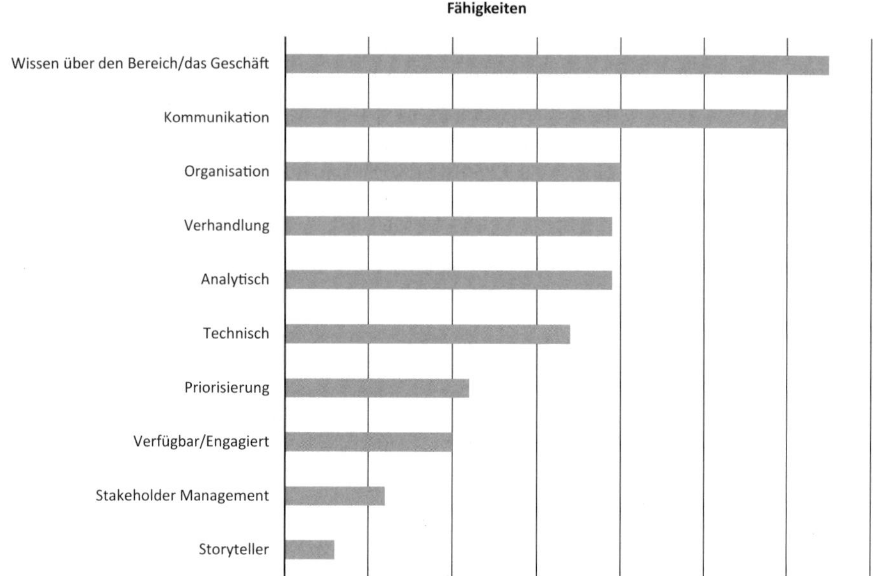

Abbildung 9-2 Fähigkeiten eines guten Product Owners

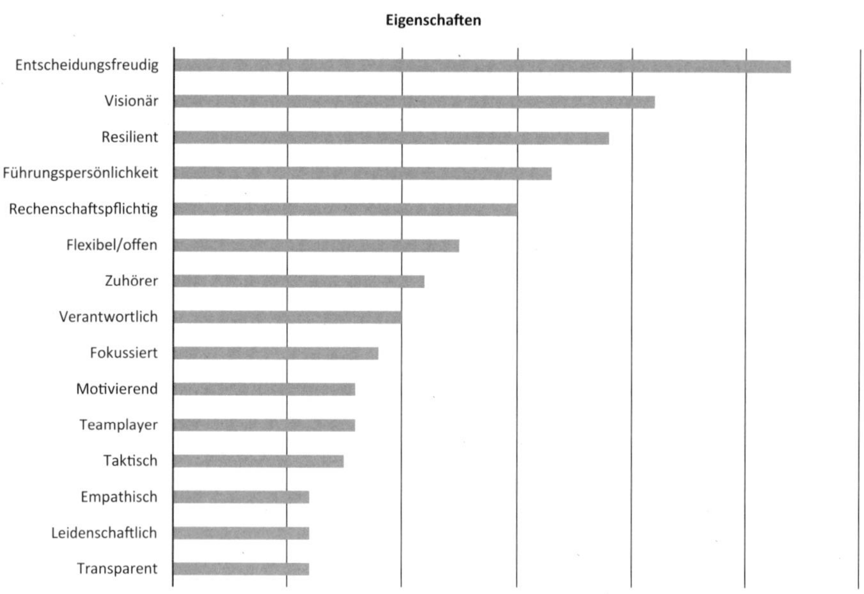

Abbildung 9-3 Eigenschaften eines guten Product Owners

Wenn Sie vorhaben, als Product Owner zu arbeiten, beschreiben diese beiden Charts im Wesentlichen Ihren Job.

Beispielhafte Jobbeschreibung für einen Product Owner:

Wir suchen eine visionäre Person mit ausgezeichnetem Verständnis für das Geschäft und den Bereich. Wir erwarten, dass Sie in Ihrer Rolle eine entschlossene Führungspersönlichkeit sind, die gegenüber allen Stakeholdern und beteiligten Personen ein ausgeprägtes Verhandlungsgeschick an den Tag legt. Ihre Leidenschaft für das Produkt und Ihre Fähigkeit zum Zuhören helfen Ihnen, mit Änderungen und gelegentlichen Rückschlägen umzugehen.

Diese Beschreibung ist sicher eine große Herausforderung. Ein Product Owner zu sein, ist kein Spaziergang. Der Product Owner ist eine Schlüsselrolle in Scrum.

Verwenden Sie diese Liste, um sich selbst zu beurteilen und beginnen Sie, an sich zu arbeiten. Es gibt immer Möglichkeiten zu wachsen.

In dem Buch *Balancing Agility and Discipline: A Guide for the Perplexed*[1] von Barry Boehm und Richard Turner befindet sich eine interessante Gedächtnisstütze, um den idealen Kunden zu beschreiben: CRACK.

Diese Gedächtnisstütze ist genauso gut, um die Fähigkeiten und Eigenschaften eines Product Owner zusammenzufassen.

Product Owner auf CRACK halten:

- Kollaborativ (**C**ollaborative):
  Arbeiten Sie eng mit dem Entwicklungsteam und den Stakeholdern zusammen. Lernen Sie sie kennen. Geben Sie ihnen Ihre Handynummer. Bitten Sie sie, Ihnen jederzeit Nachrichten zu schicken oder Sie anzurufen. Beteiligen Sie sich am Sprint. Warten Sie nicht bis zum Schluss mit dem Feedback. Betrachten Sie sich als Teil des Teams.
- **R**epräsentativ:
  Entwickeln Sie eine Empathie gegenüber Ihren Stakeholdern und Kunden. Seien Sie deren Stimme, wenn sie nicht anwesend sind. Etablieren und kommunizieren Sie eine Produktvision, die präzise ihre Bedürfnisse widerspiegelt. Repräsentieren Sie ebenfalls das Scrum-Team, indem Sie sich gegenüber dem Management behaupten, das den Druck in Bezug auf die Auslieferung erhöht.
- **A**utorisiert:
  Sie sind autorisiert, alle produktbezogenen Entscheidungen hinsichtlich des Umfangs, des Zeitplans und des Budgets zu treffen. Treffen Sie die endgültige Entscheidung, wenn die Stakeholder keine Einigung erzielen können. Vertrauen Sie darauf, dass Sie Ihren Weg später anpassen können, wenn Sie mehr Informationen haben.
- Verpflichtet (**C**ommitted):
  Product Owner ist ein Fulltime-Job. Bleiben Sie dem Produkt, dem Entwicklungsteam, den Stakeholdern und der Qualität verpflichtet. Halten Sie sich an die drei Vs (Vision, Value, Validation) und den empirischen Prozess, der Scrum ist. Lassen Sie sich von nichts aus der Bahn werfen.
- **K**enntnisreich:
  Kennen Sie sich in Ihrem Bereich aus und lernen Sie immer weiter. Arbeiten Sie eng mit den Users und den Fachexperten zusammen, um alle Wissenslücken zu schließen. Seien Sie bei den Technologietrends auf dem neuesten Stand. Untersuchen Sie den Markt und die Konkurrenz, um an der Spitze zu bleiben.

---

[1] Barry Boehm und Richard Turner: *Balancing Agility and Discipline: A Guide for the Perplexed* (Boston: Addison-Wesley, 2003).

ERFOLG MESSEN

Letztendlich gründet sich der Erfolg des Product Owner und somit auch des Produkts auf den drei Vs (siehe Abbildung 9-4).

Wie deutlich ist Ihre Produktvision? Wissen die Menschen, die das Produkt erstellen, davon? Ihre Stakeholder? Spiegelt Ihr Product Backlog diese Vision wider? Entsprechen Ihr Release-Plan und die Sprint-Ziele der Vision?

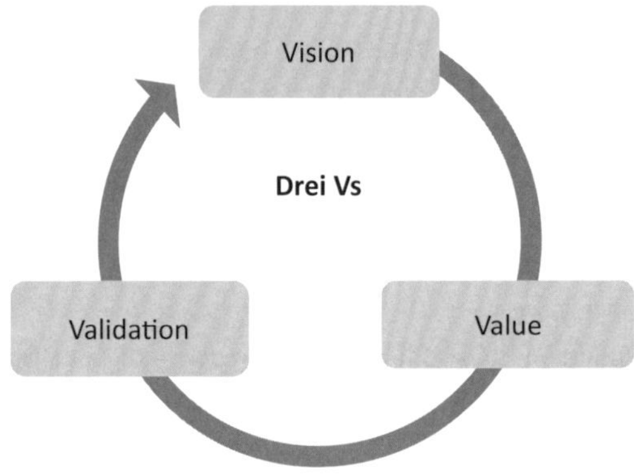

Abbildung 9-4 Die drei Vs

Wie messen Sie den Wert? Wie oft messen Sie ihn? Maximieren Sie Ihren Return on Investment? Sind Ihre Kunden zufriedener? Wie steht es mit Ihrem Entwicklungsteam? Wie viel Ihres Budgets wird für neue, innovative Features ausgegeben, nach denen Ihre Kunden fragen, statt für die Wartung?

Validieren Sie das Produkt mit Ihren Stakeholdern und dem Markt? Wie oft tun Sie das? Passen Sie die Richtung des Produkts entsprechend an? Ist die Qualität des Produkts konsistent genug, um bei Bedarf auszuliefern zu können?

Wenn Sie bei jeder diese Fragen positive Trends aufzeigen können, dann gratulieren wir: Sie sind ein echter professioneller Product Owner.

Index